U0287168

智能科学技术著作丛书

多目标学习算法及其应用

赵佳琦 著

科学出版社

北 京

内 容 简 介

很多机器学习任务中有多个冲突的目标需要同时被优化,基于群搜索策略的进化算法在求解多目标优化问题领域得到了广泛的应用。多目标机器学习在近几年引起了广泛的关注,并且得到快速的发展。但是多目标机器学习在模型建立和优化学习方面仍然存在很多瓶颈问题。本书内容围绕多目标机器学习新模型探索和多目标学习算法设计展开,主要包括:多目标学习基础、基于三维凸包的进化多目标优化算法、基于三维增量凸包的进化多目标优化算法、进化多目标稀疏集成学习、多目标稀疏神经网络学习、多目标卷积神经网络及其学习算法、基于多目标学习的垃圾邮件检测,以及多目标深度卷积生成式对抗网络。

本书可作为计算机、人工智能等相关专业的研究生教材,也可作为人工智能领域科研和技术人员的参考书。

图书在版编目(CIP)数据

———————————————————————————————

多目标学习算法及其应用 / 赵佳琦著. —北京:科学出版社,2019.6
(智能科学技术著作丛书)
ISBN 978-7-03-061261-8

Ⅰ. ①多… Ⅱ. ①赵… Ⅲ. ①机器学习-算法 Ⅳ. ①TP181

中国版本图书馆CIP数据核字(2019)第094678号

———————————————————————————————

责任编辑:张海娜 赵微微 / 责任校对:郭瑞芝
责任印制:吴兆东 / 封面设计:陈 敬

斜 学 出 版 社 出版
北京东黄城根北街16号
邮政编码:100717
http://www.sciencep.com

北京凌奇印刷有限责任公司印刷
科学出版社发行 各地新华书店经销

*

2019年6月第 一 版 开本:720×1000 1/16
2025年2月第五次印刷 印张:14
字数:279 000
定价:120.00元
(如有印装质量问题,我社负责调换)

《智能科学技术著作丛书》序

"智能"是"信息"的精彩结晶,"智能科学技术"是"信息科学技术"的辉煌篇章,"智能化"是"信息化"发展的新动向、新阶段。

"智能科学技术"(intelligence science & technology,IST)是关于"广义智能"的理论方法和应用技术的综合性科学技术领域,其研究对象包括:

• "自然智能"(natural intelligence,NI),包括"人的智能"(human intelligence,HI)及其他"生物智能"(biological intelligence,BI)。

• "人工智能"(artificial intelligence,AI),包括"机器智能"(machine intelligence,MI)与"智能机器"(intelligent machine,IM)。

• "集成智能"(integrated intelligence,II),即"人的智能"与"机器智能"人机互补的集成智能。

• "协同智能"(cooperative intelligence,CI),指"个体智能"相互协调共生的群体协同智能。

• "分布智能"(distributed intelligence,DI),如广域信息网、分散大系统的分布式智能。

"人工智能"学科自 1956 年诞生以来,在起伏、曲折的科学征途上不断前进、发展,从狭义人工智能走向广义人工智能,从个体人工智能到群体人工智能,从集中式人工智能到分布式人工智能,在理论方法研究和应用技术开发方面都取得了重大进展。如果说当年"人工智能"学科的诞生是生物科学技术与信息科学技术、系统科学技术的一次成功的结合,那么可以认为,现在"智能科学技术"领域的兴起是在信息化、网络化时代又一次新的多学科交融。

1981 年,中国人工智能学会(Chinese Association for Artificial Intelligence,CAAI)正式成立,25 年来,从艰苦创业到成长壮大,从学习跟踪到自主研发,团结我国广大学者,在"人工智能"的研究开发及应用方面取得了显著的进展,促进了"智能科学技术"的发展。在华夏文化与东方哲学影响下,我国智能科学技术的研究、开发及应用,在学术思想与科学方法上,具有综合性、整体性、协调性的特色,在理论方法研究与应用技术开发方面,取得了具有创新性、开拓性的成果。"智能化"已成为当前新技术、新产品的发展方向和显著标志。

为了适时总结、交流、宣传我国学者在"智能科学技术"领域的研究开发及应用成果,中国人工智能学会与科学出版社合作编辑出版《智能科学技术著作丛书》。需要强调的是，这套丛书将优先出版那些有助于将科学技术转化为生产力以及对社会和国民经济建设有重大作用和应用前景的著作。

　　我们相信，有广大智能科学技术工作者的积极参与和大力支持，以及编委们的共同努力，《智能科学技术著作丛书》将为繁荣我国智能科学技术事业、增强自主创新能力、建设创新型国家做出应有的贡献。

　　祝《智能科学技术著作丛书》出版，特赋贺诗一首：

智能科技领域广

人机集成智能强

群体智能协同好

智能创新更辉煌

涂序彦

中国人工智能学会荣誉理事长

2005 年 12 月 18 日

前　　言

　　机器学习是人工智能领域一个很重要的分支。顾名思义，机器学习是想让机器像人类一样具备学习的能力，通过模拟人类的学习行为，获取新的知识或者技能。机器学习从 20 世纪 50 年代被提出到现在已经有近 70 年的历史，取得了很多理论和实践成果，并且对人们的生产生活产生了很大的影响。网络搜索引擎(如百度、谷歌等)利用机器学习技术可以快速地帮助我们搜索到需要的信息；照相机利用机器学习技术可以快速地检测到人脸，并且根据人脸的位置和光线进行聚焦甚至自动美颜；外出旅行时可以利用百度地图或者高德地图搜索路线或者导航；等等。可以说机器学习技术已经融入到我们日常生活中的方方面面，我们每天的生活都在自觉或者不自觉地使用机器学习技术。随着经济的发展和社会的进步，数据成为越来越重要的资源。如何从数据中挖掘出有用信息是机器学习的一个重要任务，数据分类是机器学习领域中一个很重要的课题。数据分类的任务中存在很多多目标优化的问题。进化计算是受自然界生物进化过程中自然选择机制和遗传信息传递规律启发发展的一种优化算法，其在解决多目标优化问题时表现出了很好的性能。

　　很多机器学习任务中具有多个冲突的目标，这些目标需要同时优化求解。基于群搜索策略的进化优化算法在求解多目标优化问题领域得到了广泛的应用。多目标机器学习在近几年引起了广泛的关注，并且得到快速的发展。但是多目标机器学习在模型建立和优化方法设计方面仍然存在很多瓶颈问题。本书内容围绕多目标机器学习新模型探索和多目标学习算法设计展开。第 1 章介绍多目标学习的基础知识，对进化计算、最优化方法、机器学习和多目标学习进行简要介绍。第 2 章介绍基于增广检测权衡图的多目标机器学习模型，并针对这个模型的求解提出基于三维凸包的进化多目标优化算法，同时通过一系列实验验证了模型的有效性。第 3 章针对第 2 章提出算法计算复杂度高的问题，采用增量学习的策略，提出基于三维凸包的进化多目标优化算法。第 4 章针对集成学习问题中分类器冗余和计算量大的问题，提出进化多目标稀疏集成学习，该模型不仅可以降低弱分类器的个数，也能有效地降低分类器的虚警率和漏检率。第 5 章介绍多目标稀疏神经网络学习，并提出多目标稀疏神经网络参数学习模型和多目标稀疏神经网络结构修剪模型，同时采用多种进化多目标优化算法对模型进行求解。第 6 章介绍多目标卷积神经网络及其学习算法，在学习算法中介绍新的编码方法和交叉变异算子，通过多组实验验证了所提方法的有效性。第 7 章介绍多目标学习方法在垃圾邮件检测问题中的应用，其中介绍多种多目标垃圾邮件检测模型，通过实验对比多种进化多目标学习算法。第 8 章介绍多目标学习方法在深度卷积生成式对抗网络模型中的应用。第 9 章是本书主要工作总结和展望。

　　本书的主要内容是作者在西安电子科技大学智能感知与图像理解教育部重点实验室、智能感知与计算国际合作联合实验室以及智能感知与计算国际联合研究中心从事博士课题研究期间以及在中国矿业大学计算机学院从事博士后研究期间的成果。

　　在此衷心感谢我的博士生导师西安电子科技大学焦李成教授一直以来对我科研工作的悉心教诲，以及生活上深切的关心。感谢师母刘芳教授，她对科研的严谨，对生活的乐观，对工作的热爱，让我深刻认识到"兴趣"是最好的老师。感谢中国矿业大学夏士雄教授对我博士后工作的指导和关心。

　　限于作者水平，书中难免存在不妥之处，敬请广大读者批评指正。

目　　录

第1章　多目标学习基础

1.1　进化计算

自地球上诞生生命以来，生物经历了漫长的进化历程，从简单、低级的生物逐渐发展为复杂、高级的物种。达尔文的自然选择学说为生物进化提供了理论依据，也是人们广泛认可的学说。达尔文认为，在自然环境里，生物为了生存，相互之间存在着斗争关系，适应环境的物种能生存下来，不适应环境的物种会被淘汰，这就是自然选择的规律。以上所述，就是我们常听到的"物竞天择，适者生存"，现代基因学的诞生，为此提供了重要的证据。

生物要在复杂的自然环境中生存下来，需要不停地进行生存斗争。生存斗争包括生物与自然环境之间的斗争、不同种群之间的竞争以及相同物种之间的竞争几个方面。在生存斗争过程中，具有有利变异的个体容易存活下来，并且把这种变异遗传给下一代；具有不利变异的个体容易被淘汰，产生后代的机会也会变少。因此，对环境适应性强的个体在生存斗争中容易获胜，对环境适应性差的个体容易被淘汰，达尔文把这个过程称为自然选择。达尔文的自然选择学说认为，遗传和变异(mutation)是决定生物进化的主要因素。遗传是指子代继承了父代的特性，并且在性状上表现相似的现象。变异是指子代的个体在性状上跟父代个体存在差异的现象。遗传能让生物的特性传递给后代，从而保持了物种的性状。变异能够让生物的性状根据环境改变，从而产生新的物种。在生物与自然环境相互作用的过程中，遗传和变异是相辅相成的，一个生物在遗传的过程中为了更好地适应环境会发生些许变异，一个物种发生的变异也会遗传给下一代。

根据现在遗传学和细胞学的研究可知，染色体(chromosome)是遗传物质的主要载体，它主要由脱氧核糖核酸(DNA)和蛋白质组成，其中脱氧核糖核酸是主要的遗传物质。脱氧核糖核酸主要由基因(gene)构成，基因存储着遗传信息，可以被复制和突变，是遗传效应的片段。生物体通过对基因的复制(reproduction)和交叉(crossover，基因分离、基因自由组合和基因连锁互换)的操作使生物的性状得到选择和控制。同时，通过基因重组、基因突变以及染色体在结构和数量上的变异产生多种变异。生物的遗传特性，使得生物界的物种能够保持相对的稳定；生物的变异特性，使得新的物种产生，推动了生物的发展和进化。

生物在自然界中的进化是一个不断循环迭代的过程，在这一过程中，生物种群不断地发展和完善，从而更好地适应环境，因此生物进化是一种优化过程。在计算机技术迅速发展的时代，计算机不仅可以模拟进化过程，还可以通过模拟生物进化的行为创立新的优化方法，并用于处理复杂的工程问题[1]。

基于达尔文自然选择学说的进化算法（evolutionary algorithm，EA）利用自然界中生物的进化过程，遵循适者生存的原则，模拟生物染色体的交叉和变异机制，主要用于解决工程和科学中的复杂优化问题。进化算法主要包括遗传算法（genetic algorithm，GA）、进化规划（evolutionary programming，EP）、进化策略（evolutionary strategy，ES）等。群体搜索策略和种群中个体之间的信息交换是进化算法的两大特点[2]。进化算法相对于其他优化算法的优越性表现在：第一，进化算法在搜索过程中不容易陷入局部极值点，在有噪声的情况下，即使所采用的适应度函数是不连续的，进化算法也能以很大的概率找到全局最优解；第二，由于进化算法是基于群搜索的策略，它们固有的并行性，使其非常适合于分布式的并行计算；第三，进化算法实现起来非常灵活，可以很容易介入已有的模型中，并且易于同其他技术融合。

1.1.1 遗传算法

遗传算法由美国科学家 Holland[3]首次提出，它是一类借鉴生物界的"适者生存，优胜劣汰"的进化规律演化而来的随机搜索方法。遗传算法处理优化问题的特点是不要求对函数进行连续性和求导的限制，可以直接对目标函数或者结构对象进行操作。遗传算法采用随机概率搜索的寻优方法，能自动在解空间获取搜索和优化方向，自适应地调整搜索方向。遗传算法采用种群搜索的方式寻优，具有内在的并行性和很好的全局寻优能力。遗传算法的这些特点已被广泛地应用于组合优化[4]、机器学习[5]、信号处理[6]、自适应控制[7]等领域。

遗传算法是从代表问题可行解的一个种群（population）开始的，这个种群则由一定数目的个体（individual），即染色体组成，每个个体由基因编码组成。染色体，即多个基因的集合，是遗传物质的主要载体，它决定了个体形状的外部表现。因此，在算法的开始需要实现从表现型到基因型的映射，即编码工作。由于仿照基因编码的工作很复杂，需要进行简化处理，我们常用二进制编码和实数编码方式对问题编码。初代种群产生之后，按照适者生存和优胜劣汰的原理，逐代（generation）演化产生出越来越好的可行解，在每一代，根据问题域中个体的适应度（fitness）大小选择个体，并采用遗传算子（genetic operator）进行组合交叉和变异操作产生出代表新的解集的种群。这个过程像自然进化一样，会让种群的后代比前代更加适应环境，末代种群中的最优个体经过解码（decoding），可以作为问题近似最优解。因为遗传算法没有采用梯度信息，所以往往找不到最优解。

遗传算法的流程图如图 1.1 所示，遗传算法的过程如下所述。

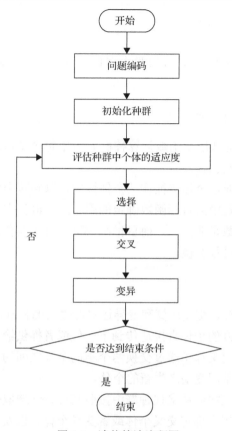

图 1.1　遗传算法流程图

1. 问题编码

编码是设计遗传算法的一个关键步骤，也是应用遗传算法首要解决的问题。编码方式影响交叉算子、变异算子的运算方法，很大程度上决定遗传进化的效率。结合所要求解问题的特点，对问题的解进行编码，常采用的编码方式包括二进制编码、浮点编码和符号编码等[8,9]。

二进制编码只采用 0 和 1 两种"碱基"，一个位能表示两种状态，将它们串成一条链形成染色体。1-0-1-1-1-1-0-1-1-0 是一个长度为 10 的二进制编码。二进制编码简单直观，但存在着连续函数离散化时的映射误差，对于连续函数的优化问题局部搜索能力较差。为了提高连续函数优化问题的精度，常采用浮点编码法。浮点编码中个体的每个基因值用某一范围内的一个浮点数来表示，如 3.6-1.2-3.1-2.2-7.1-7.6。在采用交叉算子、变异算子运算后得到新个体的基因值也要在这个区间限制的范围内。在处理非函数优化问题时，可以采用符号编码法，符号编码是指个体中的基因值取自一个无数值含义的符号集，如{B-I-D-L-C}。

2. 初始化种群

设置进化代数计数器 $t=0$，设置最大迭代次数为 T_{max}，随机生成 M 个个体作为初始化种群 $P(0)$。

3. 评估种群中个体的适应度

根据所求解问题的适应度函数计算种群 $P(t)$ 中每个个体的适应度，适应度的大小直接反映个体的性能。

适应度函数主要通过个体特征评估个体性能，以判断个体的适应度。适应度函数也称评价函数，是根据目标函数确定的用于区分群体中个体好坏的标准。通常情况下，适应度函数是非负的，而目标函数可能有正有负，因此需要在目标函数与适应度函数之间进行变换。

4. 新种群产生

通过采用选择运算、交叉运算和变异运算产生新的种群 $P(t+1)$。选择运算的目的是把性能表现较好的个体直接遗传到下一代或者提供给交叉运算和变异运算用于产生新的个体。交叉算子通过交换两个不同个体之间的基因产生新的个体。变异算子通过对个体基因变动产生新的个体。

选择运算用来确定如何从父代种群中按照某种方法选取个体，以便遗传到下一代群体。选择运算用来确定交叉个体或者变异个体，以及被选个体将产生多少个子代个体。常见的选择算子包括如下几种：

(1) 轮盘赌选择方法是一种放回式随机采样方法，每个个体进入下一代的概率等于它的适应度值与整个种群中个体适应度之和的比例。

(2) 最佳保留选择方法是首先采用轮盘赌选择方法执行选择操作，然后将选中的个体中适应度高的个体复制到下一代的种群中。

(3) 随机竞争选择方法是每次先按照轮盘赌选择方法选出一对个体，然后选中适应度高的个体，重复上述过程直到选满。

(4) 最佳保留策略是种群中适应度最高的个体不参与交叉计算和变异计算，用它取代当代种群中经过交叉、变异操作产生的适应度最低的个体。

交叉运算是对两个相互配对的染色体按照某种方式相互交换其部分基因，从而形成两个新的个体。常见的交叉算子包括如下几种：

(1) 单点交叉是在个体编码串中随机设置一个交叉点，在该点交换两个配对个体的部分染色体。

(2) 两点(多点)交叉是先在个体编码中随机设置两个(多个)交叉点，然后进行部分基因互换。

(3)均匀交叉是两个配对个体的每个基因都以相同的交叉概率进行交换,从而形成两个新个体。

(4)算术交叉是对于两个浮点编码的个体,通过线性组合产生两个新个体。

变异运算是将个体染色体中的某些基因位上的基因用其他基因值来替换,从而形成新的个体。常用的变异算子包括如下几种:

(1)基本位变异是对个体编码串中以变异概率随机指定的某一位或某几位基因位上的基因做变异运算。

(2)均匀变异是用符合某一范围内均匀分布的随机数,以某一较小的概率来替换个体编码串中基因位上的原有基因。

(3)边界变异是针对最优点位于或接近于可行解的边界时的一类问题,随机取基因位上的两个对应边界基因值之一去替代原有基因。

(4)非均匀变异是对每个基因座都以相同的概率进行变异运算,即对原有的基因做一随机扰动,以扰动后的结果作为变异后的新基因值。

(5)高斯近似变异是进行变异操作时用均值为 μ、方差为 σ 的正态分布的随机数来替换原有的基因。

5. 终止条件判断

判断算法是否已经达到最大迭代次数 T_{max} 或者种群是否已经收敛。如果 $t >$ T_{max} 或者种群不再更新,则停止迭代,直接输出算法结果,否则算法继续迭代。

1.1.2　进化规划

进化规划是由美国学者 Fogel 等[10]在 1966 年为求解有限状态机的预测问题提出的一种有限状态机进化模型。这些机器的状态通过在对应的有界、离散的集合进行随机变异更新。20 世纪 90 年代,Fogel[11]对进化规划进一步拓展,使它可以处理实数空间的优化问题。通过把正态分布的变异算子引入进化规划中,让它应用到很多实际问题中,成为一种优化搜索工具。进化规划和遗传算法类似,可用于解决目标函数或者复杂的非线性实数连续优化问题。进化规划和遗传算法在原理上相似,但是在具体实现方面存在着差异。主要的区别体现在进化规划仅通过变异操作实现种群中个体的更新,不采用交叉算子。

进化规划流程如图 1.2 所示,算法过程如下所述。

1. 问题编码

根据问题的特点设计合适的编码方式表示所求解问题的可行解。

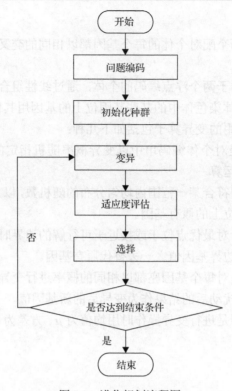

图 1.2 进化规划流程图

2. 初始化种群

设置最大迭代次数 T_{max}，种群规模 N，随机产生 N 个个体。

3. 变异操作

对种群中 N 个个体分别进行变异操作，产生 N 个新的个体。

4. 适应度评估

对上述过程中产生的 $2N$ 个个体进行性能评估。

5. 选择操作

根据每个个体的性能从 $2N$ 个个体中选择出 N 个个体进行下一代的操作。

6. 终止条件判断

判断算法是否已经达到最大迭代次数 T_{max} 或者种群是否已经收敛。如果 $t >$ T_{max} 或者种群不再更新，则停止迭代，直接输出算法结果，否则算法继续迭代。

1.1.3　进化策略

进化策略的思想与遗传算法和进化规划的思想有很多相似之处，但是它是独立于遗传算法和进化规划而发展起来的。进化策略由德国科学家 Rechenberg[12]和Schwefel[13]提出用于处理流体动力学问题，通过利用流体工程研究所的风洞做实验，确定气流中物体的最优外形。与遗传算法相比，进化策略中的自然选择是按照确定的方式进行的。进化策略中包含交叉算子，但进化策略中的交叉算子不同于遗传算法中的交叉算子，它不是将个体的某一部分互换，而是使个体中的每一位发生结合，所得到的新的个体中每一位都包含两个旧个体中的信息。

进化策略的算法流程图与遗传算法和进化规划相似，在此不再赘述。在进化策略中，选择完全是按照确定的方式进行的，常见的选择策略包括以下几种。

1. (1+1)-进化策略

最原始的进化策略称为(1+1)-进化策略，只考虑单个个体的进化，每次迭代由一个父代个体进化得到 1 个子个体，进化过程中只采用随机突变方式，与进化规划类似。在每次迭代中，通过变异操作得到一个新的个体，计算新的个体适应度，如果新的个体适应度优于父代的个体适应度，则用新的个体代替旧的个体，否则不替换。

2. (μ+1)-进化策略

(1+1)-进化策略没能体现种群的优势，(μ+1)-进化策略改进了它的不足，该策略在 μ 个个体上进行进化，每次进化获得的新的个体数目仍然为 1，同时增加了交叉算子用于生成新的个体，再对得到的个体进行变异操作。然后将新产生的个体与 μ 个个体中性能最差的个体比较，如果优于最差的个体，则取代它，否则重新执行交叉操作和变异操作产生另外一个新个体。

3. (μ+λ)-进化策略

在 μ 个父代个体中通过交叉操作和变异操作生成 λ 个新的个体，然后从父代和子代所有的个体中选择出 μ 个性能最好的个体。该策略可以保证解集的性能单调提升，但是不适合处理动态优化问题。

4. (μ, λ)-进化策略

从 λ 个子代的个体中集中选取 $\mu(1 \leqslant \mu \leqslant \lambda)$ 个性能最好的个体。

1.2　最优化方法

最优化方法是一种数学方法,它是研究在给定约束条件之下如何寻求变量值,以使某一(或某些)指标达到最优的一些方法的总称。最优化问题[14]是我们日常生活中常见的问题之一。例如,对于每天的工作我们希望在给定的时间里完成尽可能多的工作任务,对于购物我们希望在给定的预算下买到自己心仪的物品,对于投资我们希望在有限的投资下能获得更多的收益回报。在现实世界里许多问题都存在多个目标函数需要同时优化,并且这些目标之间还存在相互冲突的关系。例如,对于工厂的产品生产问题,往往希望产品的生产成本低,但是产品质量要好,而通常情况下降低产品的生产成本会同时降低产品的质量。通常最优化问题可以分为单目标优化问题和多目标优化问题。

1.2.1　单目标优化问题

对于只考虑一个目标函数的优化问题我们称其为单目标优化问题(single-objective optimization problem,SOP),如式(1.1)所示:

$$
\begin{cases}
\min f(x), & x = (x_1, x_2, \cdots, x_n)^{\mathrm{T}} \\
\text{s.t. } g_i(x) > 0, & i = 1, 2, \cdots, m \\
h_j(x) = 0, & j = 1, 2, \cdots, p
\end{cases}
\tag{1.1}
$$

其中,x 为决策变量;$f(x)$ 为目标函数;$g_i(x) > 0 (i=1,2,\cdots,m)$ 为不等式约束条件;$h_j(x)=0(j=1,2,\cdots,p)$ 为等式约束条件。式(1.1)可以简化为式(1.2),其中 Ω 表示可行域或者可行解集合:

$$
\min_{x \in \Omega} f(x), \quad \Omega = \{x \mid g_i(x) \geqslant 0, i = 1, 2, \cdots, m\}
\tag{1.2}
$$

在式(1.2)中,如果 $f(x)$ 和 $g_i(x)$ 都是线性函数,则称为线性规划;如果 $f(x)$ 是二次函数,$g_i(x)$ 都是线性函数,则称为二次规划;如果 $f(x)$ 不是一次函数或者二次函数,$g_i(x)$ 不全是一次函数,则称为非线性规划。一些常见的单目标优化问题参考网站 http://www.sfu.ca/~ssurjano/optimization.html。

在式(1.2)中,如果 $\min_{x \in \Omega} f(x) = f(x^*), x^* \in \Omega$,即 $\exists x^* \in \Omega$,$\forall x \in \Omega$ 恒有 $f(x) \geqslant f(x^*)$,则称 x^* 为最优解或者全局最小值点。如果 $\exists x^* \in \Omega$,$\forall x \in \Omega, x^* \neq x$,恒有 $f(x) > f(x^*)$,则称 x^* 为严格全局最小值点。如果 $\exists x^* \in \Omega$,$\exists x^*$ 的 δ 邻域 $N_\delta(x^*) = \{x \mid \|x - x^*\| < \delta, \delta > 0\}$,使 $\min_{x \in \Omega \bigcap N_\delta(x^*)} f(x) = f(x^*)$,即 $\forall x \in \Omega \bigcap N_\delta(x^*)$,恒有 $f(x) \geqslant f(x^*)$,则称 x^* 为局部极小值点。如果 $\forall x \in \Omega \bigcap N_\delta(x^*), x^* \neq x$,恒有

$f(x) > f(x^*)$，则称 x^* 为严格局部极小值点。对于上述优化问题，全局最小值点必为局部极小值点。

常用的单目标最优化方法包括基于数值计算的方法和基于启发式的搜索方法。基于数值计算的方法包括梯度下降法、牛顿法和拟牛顿法、共轭梯度法等。在采用基于数值计算的优化方法时，通常需要所优化的目标函数具有连续可导等约束条件，然而在现实的很多工程应用问题中目标函数不具备很好的数学性质。基于启发式的搜索算法对所要优化的问题没有连续可导的限制，因而吸引了很多学者的研究，进化计算是一种典型的基于启发式的搜索算法。

1.2.2　多目标优化问题

在现实生活中很多问题需要同时优化多个相互冲突的目标，例如，在目标检测系统中，我们希望系统不仅具有低虚警率，同时希望它具备很低的漏检率。通常情况下，虚警率和漏检率是相互冲突的，对于给定的目标检测系统，虚警率的降低势必会造成漏检率的提升。对于需要同时考虑多个相互冲突目标的优化问题我们称其为多目标优化问题(multi-objective optimization problem, MOP)[15]。不失一般性，一个具有 m 个目标变量，n 个决策变量的多目标优化问题表示为

$$\begin{cases} \min y = F(x) = \left(f_1(x), f_2(x), \cdots, f_m(x)\right)^{\mathrm{T}} \\ \text{s.t. } g_i(x) > 0, \ i = 1, 2, \cdots, q \\ \qquad h_j(x) = 0, \ j = 1, 2, \cdots, p \end{cases} \tag{1.3}$$

其中，$x = (x_1, x_2, \cdots, x_n)^{\mathrm{T}} \in X \subset \mathbf{R}^n$ 是 n 维决策变量，X 为 n 维决策空间；$y = (y_1, y_2, \cdots, y_m) \in Y \subset \mathbf{R}^m$ 为 m 维目标向量，Y 为 m 维目标空间；目标函数 $F(x)$ 定义了 m 个由决策空间向目标空间的映射函数；$g_i(x) > 0 (i=1,2,\cdots, q)$ 定义了 q 个不等式约束；$h_j(x) = 0 (j=1,2,\cdots, p)$ 定义了 p 个等式约束。接下来给出如下重要的定义。

定义 1.1(可行解)　对于某个 $x \in X$，如果 x 满足式(1.3)中的约束条件 $g_i(x) > 0$ $(i=1,2,\cdots, q)$ 和 $h_j(x) = 0 (j=1,2,\cdots, p)$，则称 x 为可行解。

定义 1.2(可行解集合)　由 X 中所有的可行解组成的集合称为可行解集合，记为 X_f，且 $X_f \subseteq X$。

在处理多目标优化问题时，有两种主要的处理方式：第一种是通过采用加权的方式将多目标优化问题转化为单目标优化问题；第二种是利用多目标空间中 Pareto 支配的关系得到一组相互不支配的解。在第一种方法中，要预先设定每个目标的权重，所求得的最终结果受权重影响很大，当权重改变时需要重新对目标函数进行优化。在很多实际应用的问题中，每个目标的权重是不可预知的，同时用户的偏好也会随着时间和环境的变化而改变。因此，现在普遍采用基于 Pareto

支配的方法求得一组非支配解集，然后根据实际情况进一步决策。

帕累托最优(Pareto optimality)，也称帕累托效率(Pareto efficiency)，由意大利经济学家 Pareto 在 1896 年提出，是博弈论中的重要概念，最初用于经济学领域。在经济学领域中，帕累托最优是指资源分配的一种状态变化，即在没有使任何一方境况变坏的情况下，使得至少一个方面改善。后来很多学者把 Pareto 最优理论用于多目标优化问题，接下来给出多目标优化领域中几个重要的概念。

定义 1.3(Pareto 占优)　假设 $x_1, x_2 \in X_f$ 是式(1.3)所示多目标优化问题的两个可行解，则称与 x_2 相比，x_1 是 Pareto 占优的，当且仅当

$$\forall i = 1, 2, \cdots, m, f_i(x_1) \leqslant f_i(x_2) \wedge \exists j = 1, 2, \cdots, m, f_i(x_1) < f_i(x_2) \tag{1.4}$$

记作 $x_1 \succ x_2$，也称为 x_1 支配 x_2。

如果 x_1 支配 x_2，说明解 x_1 的性能是完全优于解 x_2，也就是说二者的性能是可以比较的，对于这种情况我们很容易选择出好的解。如果 x_1 和 x_2 之间不满足支配的条件，二者的性能就不能直接对比。

定义 1.4(Pareto 最优解)　一个解 $x \in X_f$ 被称为最优解(或非支配解)，当且仅当满足条件

$$\neg \exists x \in X_f : x \succ x* \tag{1.5}$$

Pareto 最优解集在目标空间的分布称为 Pareto 前沿面。

定义 1.5(Pareto 前沿面)　Pareto 最优解集中所有 Pareto 最优解对应的目标矢量组成的曲面称为 Pareto 前沿面 PF：

$$\mathrm{PF} \stackrel{\mathrm{def}}{=\!=} \{F(x) = (f_1(x), f_2(x), \cdots, f_m(x) \mid x \in \mathrm{PS})^\mathrm{T}\} \tag{1.6}$$

通常情况下，多目标优化问题的最优解是不唯一的，过多的 Pareto 最优解也无法直接使用，需要根据具体应用需求选出一个最终解。求最终解的方法主要包括三类：①生成法，即先求出一个 Pareto 最优解，然后按照决策者的需求找出最终解；②交互法，不需要先求出 Pareto 最优解集，而是通过问题分析者和决策者对话的方式逐步求出最终解；③根据决策者提供目标之间的相对重要程度，将多目标问题转换为单目标问题，采用算法对其进行求解。一直以来，很多专家学者采用不同算法解决多目标优化问题，进化算法以其一次计算就可以得到多个解的特性，在多目标优化领域扮演着重要的角色。

1.2.3　高维多目标优化问题

对于一个多目标优化问题，如果其目标的数量多于三个，则称其为高维多

目标优化问题[16]。很多学者的研究结果表明，基于 Pareto 占优的多目标优化算法(如 NSGA-II[17]、SPEA2[18]等)在目标较少时(2 个或者 3 个)非常有效，但是随着优化目标数量的不断增加，经典的多目标优化算法的搜索性能大幅下降，导致求出的近似 Pareto 最优解集的收敛性急剧下降，这主要由以下几个方面的原因造成：①在多目标优化的解空间中，随着目标个数的增多，非支配个体在种群中所占比例将迅速上升，甚至种群中大部分个体都变为非支配解，造成基于 Pareto 支配的个体排序策略会使种群中的大部分个体具有相同的排序值而导致选择操作无法挑选出优良个体，从而使得进化算法搜索能力下降；②随着目标数目的增多，覆盖 Pareto 前沿面最优解的数量随着目标个数呈指数级增长，这样造成求出完整的 Pareto 前沿面最优解的难度加大；③对于高维多目标优化问题来说，当 Pareto 前沿面的维数大于 3 时，就无法在空间中将其表示出来，这给决策者带来了诸多不便。因此，可视化也是高维多目标优化的一个难点问题。目前，研究者相继提出了用决策图、测地线图、并行坐标图等方法来可视化问题的 Pareto 前沿面。

目前，高维多目标优化问题按照 Pareto 前沿的实际维数可以分为两类：①含有冗余的高维多目标优化问题，高维多目标优化问题真正的 Pareto 前沿所含的目标个数要小于目标空间的个数，即存在着原始目标集合的一个子集能生成与原始目标集合相同的 Pareto 前沿，具有该性质的原始目标集合的最小元素子集称为非冗余目标集，而原始目标集合中去掉非冗余目标集的剩余目标称为冗余目标，求解此类问题的方法就是利用目标缩减技术删除这些冗余目标，从而确定构造 Pareto 最优前沿所需的最少目标数目，以此来达到问题简化的目标；②不含冗余目标的高维多目标优化问题，即非支配个体在种群中所占比例随着目标个数的增加迅速上升，利用传统的 Pareto 支配关系大大削弱了算法进行排序与选择的效果，导致进化算法搜索能力下降。

在处理高维多目标优化问题时，常采用的处理方式包含如下几种：①采用松弛的 Pareto 排序方式对传统的 Pareto 排序方式进行修改，从而增强算法对非支配个体的排序和选择能力，进一步改善算法的收敛性能；②采用聚合或分解的方法将多目标优化问题整合成单目标优化问题求解；③采用基于评价指标的方法，其基本思想是利用评价非支配解集优劣的某些指标作为评价个体优劣的度量方式并进行适应度赋值，从而将原始的高维多目标问题转化为以优化该指标为目标的单目标优化问题。

1.3 机 器 学 习

机器学习[19,20](machine learning，ML)是人工智能一个很重要的分支。顾名思义，机器学习是想让机器像人类一样具备学习的能力，通过模拟人类的学习行为，获取新的知识或者技能。机器学习从 20 世纪 50 年代被提出到现在已经有近 70 年的历史，取得了很多理论和实践成果，并且对人们的生产生活产生了很大的影响。例如，在遥感领域，通过利用机器学习技术对卫星数据进行分析，可以准确地进行地物分类[21-24]、城市地质沉降评估[25,26]；在安防领域，可以利用行人搜索技术快速地在监控摄像头网络中检测到目标行人。

数据分类是机器学习领域中常见的问题，数据分类的任务是根据之前训练好的分类器模型预测新给定数据的类别[27]。很多现实生产和生活中的问题都可以转化为数据分类的问题，如垃圾邮件检测[28]、图像识别[29]、图像分类[30]和遥感图像变化检测[31]等。常用的分类算法有决策树、人工神经网络、朴素贝叶斯、AdaBoosting 集成分类器、K 近邻分类器、支持向量机(support vector machine，SVM)[19,32]等。近年来，深度学习技术发展迅速，在很多领域获得了成功的应用，如图像分类[33]、目标检测[34]、语音识别[35]和围棋博弈[36]等。在现实生活中遇到的许多机器学习任务中，往往会同时存在多个目标需要进行优化，并且这些目标之间可能相互冲突。如何找到一组多个目标的折中解是机器学习领域和多目标优化领域一个重要的研究方向。例如，对于机器学习任务中的特征选择问题[37,38]，我们不仅希望选择出的特征维数低，还希望利用这些特征处理分类任务的时候准确率尽可能地高。通常情况下，这两个目标是相互冲突的，因为较少的特征提供的判别信息较少，不利于提高分类准确率。对于遥感图像处理领域中合成孔径雷达图像变化检测问题[39]，我们不仅希望检测的结果具有较低的漏检率，还希望结果具有较低的虚警率。通常情况下，同时降低虚警率和漏检率是两个相互冲突的目标，即降低虚警率会引起漏检率的升高，反之亦然。本书工作的重点是针对机器学习中的多目标优化问题，利用进化多目标优化技术对其进行优化求解。

1.4　多目标学习

在处理二分类任务时常使用受试者工作特性(receiver operating characteristic，ROC)曲线[19,40]分析分类器的性能。ROC 曲线于 1975 年被提出用来描述雷达信号检测问题中命中率和漏检率之间的关系[41]，目前广泛应用于机器学习、数据挖掘和图像处理领域。ROC 曲线和检测错误权衡(detection error tradeoff，DET)图都是根据描述二分类器 2×2 的混淆矩阵定义的，混淆矩阵描述了分类器预测样本的类别和样本真实类别之间的关系。表 1.1 展示了二分类问题的混淆矩阵。通过观察该表可以看出对于二分类问题的分类器来说会有四种可能的输出：①当一个真实类别是正例(positive)的样本被预测为正例，我们称它为一个真正例(true positive，TP)；②当一个真实类别是负例(negative)的样本被预测为负例，我们称它为一个真负例(true negative，TN)；③当一个真实类别是正例的样本被预测为负例，我们称它为一个假负例(false negative，FN)；④当一个真实类别是负例的样本被预测为正例，我们称它为一个假正例(false positive，FP)。

表 1.1　二分类问题分类结果的混淆矩阵

预测类别	真实类别	
	正例	负例
正例	真正例(TP)	假正例(FP)
负例	假负例(FN)	真负例(TN)

通常情况下假正例率(false positive rate)记作 fpr=FP/(TN+FP)，假负例率(false negative rate)记作 fnr=FN/(TP+FN)。fpr 和 fnr 代表了二分类问题中两类很重要的错误，训练分类器的目的是获取到较低的假正例率和假负例率。tpr=TP/(TP+FN)为真正例率，tnr=TN/(TN+FP)为真负例率，我们期望获得的分类器处理测试样本时具备较高的 tpr 和 tnr。对于一个完美的二分类问题的分类器来说 fpr=fnr=0，但是在处理实际问题时很难得到完美的分类器，fpr 和 fnr 是两个相互冲突的指标，通常情况下小的 fpr 会导致大的 fnr，反之亦然。此外，我们还常使用查准率(precision)、查全率(recall)和准确率(accuracy)评价分类器的性能，计算方式如式(1.7)所示：

$$precision = \frac{TP}{TP + FP}$$
$$recall = \frac{TP}{TP + FN}$$
$$accuracy = \frac{TP + TN}{TP+TN+FP+FN}$$

(1.7)

ROC 曲线用来描述分类器的 tpr 和 fpr 之间的关系，fpr 刻画在 X 坐标轴上，tpr 刻画在 Y 坐标轴上。我们期望得到的分类器具有较高的 tpr 和较低的 fpr。在 ROC 曲线上，点(0,1)表示分类性能最好的分类器。DET 图用来描述 fpr 和 fnr 之间的冲突关系。DET 图是画在二维坐标系里面，fpr 刻画在 X 坐标轴上，fnr 刻画在 Y 坐标轴上。因为 fnr+tpr=1，ROC 曲线和 DET 图是一种线性映射关系，如图 1.3 所示。

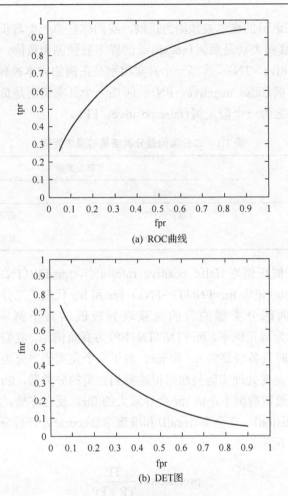

(a) ROC曲线

(b) DET图

图 1.3　ROC 曲线和 DET 图

通常情况下给定一个分类器可以在 ROC 空间中对应一个点,给定一个分类器集合会对应一个点集。分布在由这些点集构造的凸包面上的点对应的分类器为潜在最优分类器[40]。由于 ROC 曲线和 DET 图的等价关系,这些分类器同样也分布在 DET 图的凸包面上。寻找最优分类器集合的问题又可以称为 ROC 凸包(ROCCH)最大化问题。ROCCH 为一个多目标优化问题,即在最大化真正例率 tpr 的同时要最小化假正例率 fpr,如式(1.8)所示:

$$\text{ROCCH}(\theta) = (\max_{\theta \in \Omega} \text{tpr}(\theta), \min \text{fpr}(\theta)) \tag{1.8}$$

其中,θ 表示分类器的参数;Ω 表示分类器参数的解集。

近年来,通过多目标优化技术求解 ROCCH 最大化问题引起了广泛的关注[42,43],

并且表现出很好的性能。

1.5 本 章 小 结

本章对多目标机器学习中几个重要的知识点进行了介绍。现实生活中很多问题可以利用机器学习技术进行求解，很多机器学习又可以归结为优化问题，因此最优化技术非常重要。随着要解决问题难度的增加和机器学习复杂性的提高，基于单目标优化的模型不足以为机器学习方法进行建模，基于多目标优化技术的多目标学习算法吸引了很多学者的注意。进化计算以一次计算可以得到多组解的特性在处理多目标优化问题时具有很大的优势。基于进化计算的多目标学习算法为现实问题的求解提供了有效的途径，在后续的章节中会给出几个典型的多目标学习算法和其应用实例。

参 考 文 献

[1] 罗娟娟. 多目标进化学习与稀疏聚类理论及应用研究[D]. 西安: 西安电子科技大学, 2016.

[2] 姚新, 陈国良, 徐惠敏, 等. 进化算法研究进展[J]. 计算机学报, 1995, 18(9): 694-706.

[3] Holland J H. Adaptation in Natural and Artificial System[M]. Cambridge: MIT Press, 1992.

[4] 刘静. 协同进化算法及其应用研究[D]. 西安: 西安电子科技大学, 2004.

[5] 赵佳琦. 进化多目标优化学习算法及其应用[D]. 西安: 西安电子科技大学, 2017.

[6] 罗乃丽, 李霞, 王娜. 利用冲突信息降维的进化高维目标优化算法[J]. 信号处理, 2017, 33(9): 1169-1178.

[7] 梅领, 罗杰. 基于改进合作协同进化算法 PID 整定[J]. 计算机技术与发展, 2017, 27(8): 37-42.

[8] Durillo J J, Nebro A J, Alba E. The jMetal framework for multi-objective optimization: Design and architecture[C]. Proceedings of the IEEE Congress on Evolutionary Computation, Barcelona, 2010: 1-8.

[9] Durillo J J, Nebro A J. jMetal: A Java framework for multi-objective optimization[J]. Advances in Engineering Software, 2011, 42(10): 760-771.

[10] Fogel L J, Owens A J, Walsh M J. Artificial Intelligence Through Simulated Evolution[M]. New York: John Wiley & Sons, 1966.

[11] Fogel D B. An analysis of evolutionary programming[C]. National Conference on Emerging Trends and Applications in Computer Science, La Jolla, 1992: 43-51.

[12] Rechenberg I. Cybernetic Solution Path of an Experimental Problem[M]. Farnborough: Royal Aircraft Establishment, 1965.

[13] Schwefel H P. Numerical optimization of computer models[J]. Journal of the Operational Research Society, 1981, 33(12): 1166.

[14] Boyd S, Vandenberghe L. Convex Optimization[M]. Cambridge: Cambridge University Press, 2004.

[15] 公茂果, 焦李成, 杨咚咚, 等. 进化多目标优化算法研究[J]. 软件学报, 2009, 20(2): 271-289.

[16] 刘建昌, 李飞, 王洪海, 等. 进化高维多目标优化算法研究综述[J]. 控制与决策, 2018, (5): 879-887.

[17] Deb K, Pratap A, Agarwal S, et al. A fast and elitist multiobjective genetic algorithm: NSGA-II[J]. IEEE Transactions on Evolutionary Computation, 2002, 6(2): 182-197.

[18] Zitzler E, Laumanns M, Thiele L. SPEA2: Improving the Strength Pareto Evolutionary Algorithm: 103[R]. Zurich: Computer Engineering and Networks Laboratory（TIK）, ETH Zurich, 2001.

[19] 周志华. 机器学习[M]. 北京: 清华大学出版社, 2016.

[20] Bengio Y I, Goodfellow J, Courville A. Deep Learning[M]. Cambridge: MIT Press, 2016.

[21] Feng Z X, Wang M, Yang S Y, et al. Incremental semi-supervised classification of data streams via self-representative selection[J]. Applied Soft Computing, 2016, 47: 389-394.

[22] Zhao Z Q, Jiao L C, Hou B, et al. Locality-constraint discriminant feature learning for high-resolution SAR image classification[J]. Neurocomputing, 2016, 207: 772-784.

[23] Liu F, Shi J F, Jiao L C, et al. Hierarchical semantic model and scattering mechanism based PolSAR image classification[J]. Pattern Recognition, 2015, 59: 325-342.

[24] Zhang X R, Liang Y L, Zheng Y G, et al. Hierarchical discriminative feature learning for hyperspectral image classification[J]. IEEE Geoscience and Remote Sensing Letters, 2016, 13（4）: 1-5.

[25] 张金芝. 基于 InSAR 时序分析技术的现代黄河三角洲地面沉降监测及典型影响因子分析[D]. 北京: 中国科学院大学, 2015.

[26] 刘一霖. 黄河三角洲地面沉降时序 InSAR 技术监测与地下流体开采相关性分析[D]. 北京: 中国科学院大学, 2016.

[27] 毛莎莎. 基于贪婪优化和投影变换的集成分类器算法研究[D]. 西安: 西安电子科技大学, 2014.

[28] Basto-Fernandes V, Yevseyeva I, Méndez J R, et al. A SPAM filtering multi-objective optimization study covering parsimony maximization and three-way classification[J]. Applied Soft Computing, 2016, 48: 111-123.

[29] Simonyan K, Zisserman A. Very deep convolutional networks for large-scale image recognition[J]. arXiv: 1409. 1556, 2014.

[30] Zhao Z Q, Jiao L C, Zhao J J, et al. Discriminant deep belief network for high-resolution SAR image classification[J]. Pattern Recognition, 2017, 61: 686-701.

[31] Gong M G, Zhao J J, Liu J, et al. Change detection in synthetic aperture radar images based on deep neural networks[J]. IEEE Transactions on Neural Networks and Learning Systems, 2016, 27（1）: 125-138.

[32] Wu X D, Kumar V, Quinlan J R, et al. Top 10 algorithms in data mining[J]. Knowledge and Information Systems, 2008, 14（1）: 1-37.

[33] Krizhevsky A, Sutskever I, Hinton G E. Imagenet classification with deep convolutional neural networks[J]. Advances in Neural Information Processing Systems, 2012, 25（2）: 1097-1105.

[34] Ouyang W, Luo P, Zeng X Y, et al. Deepid-net: Deformable deep convolutional neural networks for object detection[C]. Proceedings of the IEEE Conference on Computer Vision and Pattern Recognition, Boston, 2015: 2403-2412.

[35] Graves A, Mohamd A R, Hinton G. Speech recognition with deep recurrent neural net-works[C]. IEEE International Conference on Acoustics, Speech and Signal Processing, Vancouver, 2013: 6645-6649.

[36] Silver D, Huang A, Maddison C J, et al. Mastering the game of Go with deep neural networks and tree search[J]. Nature, 2016, 529（7587）: 484-489.

[37] Chandrashekar G, Sahin F. A survey on feature selection methods[J]. Computers and Electrical Engineering, 2014, 40（1）: 16-28.

[38] Molina L C, Belanche L, Nebot À. Feature selection algorithms: A survey and experimental evaluation[C]. IEEE International Conference on Data Mining, Maebashi, 2002: 306-313.

[39] Zheng Y G, Jiao L C, Liu H Y, et al. Unsupervised saliency-guided SAR image change detection[J]. Pattern Recognition, 2016, 61: 309-326.

[40] Fawcett T. An introduction to ROC analysis[J]. Pattern Recognition Letters, 2006, 27(8): 861-874.

[41] Egan J P. Signal Detection Theory and ROC Analysis[M]. Pittsburgh: Academic Press, 1975.

[42] Wang P, Tang K, Weise T, et al. Multiobjective genetic programming for maximizing ROC performance[J]. Neurocomputing, 2014, 125: 102-118.

[43] Wang P, Emmerich M, Li R, et al. Convex hull-based multi-objective genetic programming for maximizing receiver operator characteristic performance[J]. IEEE Transactions on Evolutionary Computation, 2015, 19(2): 188-200.

第 2 章 基于三维凸包的进化多目标优化算法

2.1 引   言

数据分类是机器学习领域中常见的问题。数据分类的目的是根据之前训练好的分类器模型预测出给定数据集中所有样本的类别。ROC 曲线[1,2]可以用于展示二分类分类器的分类性能，并且可以根据其曲线选择和组织分类器。ROC 曲线最早于 1975 年用来描述信号检测问题中命中率和漏检率之间的关系，目前广泛应用于机器学习领域[3]。ROC 曲线经常被用来评价和比较不同分类器的性能，同时在处理类别分布不均匀问题和代价敏感(cost sensitive)分类问题中有着广泛的应用。从 ROC 曲线用于雷达目标检测领域开始，ROC 分析在代价敏感分类[4]和非平衡数据(unbalanced data)[5]分类领域起到越来越重要的作用，如在医学辅助决策[6]和诊断系统[7]方面的应用等。ROC 曲线展示的是真正例率(tpr)和假正例率(fpr)之间的关系，与 ROC 曲线不同，DET 图[8]展示的是假正例率(fpr)和假负例率(fnr)之间的关系。使用 DET 图可以更清晰地看出二分类问题两种错误之间的平衡关系。

很多学者专注研究 ROCCH 问题，因为对于给定的一组分类器，潜在的最优分类器会分布在 ROCCH 的表面[1]。也就是说，一个分类器具有最优分类性能的潜质当且仅当其分布在 ROCCH 上。另外，根据 ROCCH 的性质[1]，在 ROC 空间中两个分类器线性组合可以得到一个新的分类器，该分类器的分类性能也是这两个分类器分类性能的线性组合。因此，在 ROC 空间中找到凸包中的所有顶点对应的分类器就可以通过线性组合得到整个凸包平面对应的所有分类器。通常情况下，ROCCH 的性能和 ROC 曲线下面积，即 AUC(area under ROC curve)是一致的，也就是说，AUC 数值越大，对应的 ROCCH 的性能越好。同理，DET 图对应的曲线上面积同样可以作为 Pareto 前沿解集的一个评估器，大的 DET 图上面积对应好的解集。

近年来，很多进化多目标优化算法(evolutionary multiobjective optimization algorithm，EMOA)[9-11]被应用于机器学习领域[12,13]和图像处理领域[14]。1999 年，进化多目标优化算法首次被用来优化 ROC 曲线[15]，其中小生境 Pareto 多目标遗传算法通过优化 ROC 曲线的两个目标来优化分类器的参数。在文献[16]中，多目标学习被泛化到一般的形式，这里使用进化多目标优化算法通过优化 ROC 的性能来优化二分类问题的神经网络。实验结果表明，多目标分类器的性能要优于单目标分类器。文献[17]分析了多类别分类问题的 ROC 曲面，多类别分类器的学习过程可以转变为多目标优化问题，这样多目标优化可以用于分类器的学习。文献[18]提出了 ROC 前沿的概念，ROC 前沿表示一个分类器集合中一部分落到 ROC 曲线上的那些分类器。在该文献中，多目标优化方法用于产生分类器集合，同时利用 ROC 前沿从中挑选出来一部分较优的分类器。2014 年，Wang 等提出了多目标 ROCCH 最大化模型[19]，并且用多种进化多目标方法进行分类器的学习，实验表明，通过多目标优化方法训练得到的分类器比传统方法训练得到的分类器性能要好。2015 年，Wang 等针对二分类问题 ROCCH 最大化模型提出基于凸包的多目标遗传规划(convex-hull-based multiobjective genetic programming, CH-MOGP)算法。在该算法中使用 AUC 作为进化多目标算法的指标来指导算法的进化。Ahmadian 等提出的 CH-MOGP 算法和传统的进化多目标优化算法做了对比，该算法在处理 ROCCH 最大化问题性能上有较大幅度的提升，其中所对比传统的算法包括 NSGA-II[20]、GDE3 算法[21]、SPEA2[22]、MOEA/D[23]和 SMS-EMOA[24]。

前面所介绍的算法在最大化 ROCCH 性能时只针对二分类问题考虑了两个准则，也就是最小化 fpr 和最大化 tpr。本章把 ROCCH 性能分析扩展到了更高维的空间，把分类器的复杂度当成第三个准则。我们倾向于找到模型简单或者计算量小但性能好的分类器。对于基于规则的分类器系统，分类器的复杂程度可以定义为分类器所使用规则的数量占所有规则数量的比例。通常情况下，分类器所使用规则的数量比例越小，分类器的复杂度越小。因为和使用 ROC 曲线相比，使用 DET 图可以更好地展示二分类问题中两种错误(即 fpr 和 fnr)的平衡关系，所以本章使用 DET 图描述分类器的性能。

在文献[25]和[26]，基于凸包的选择策略已经被用来保持进化多目标优化解集的均匀性或者让非支配排序更加有效。文献[27]提出了一种基于凸包的进化多目标优化算法优化分类器的 ROC 曲线，该分类器由一个集合的模糊规则库组成。通过这种算法在给定的模糊规则库中选取一小组模糊规则组成分类器组，让这些最终组成的分类器具备假正例率(fpr)和真正例率(tpr)折中的性能。文献[28]采用 NSGA-II 算法通过寻找灵敏性(sensitivity)、专一性(specificity)以及可解释性(interpretability)的折中来产生一个 Pareto 前沿解集的遗传模糊分类器，然后根据计算得到这个分类器集合中所有分类器的 ROC，最终选取分布在 ROCCH 上面的分类器作为最终最优分类器的候选。

在本章中，对于二分类问题，我们通过同时优化两种错误情况(也就是最小化 fpr 和 fnr)来优化分类器的性能，同时还最小化分类器的复杂程度。为此，我们在增广的 DET 空间提出了三目标的多目标优化分类器模型，并且提出了基于三维凸包的进化多目标优化算法(3D convex-hull-based evolutionary multiobjective optimization algorithm, 3DCH-EMOA)，该算法根据三维增广 DET 空间的特殊性对分类器优化学习。为了分析和评估所提出的新算法，本章把新方法用来处理新设计的多目标优化测试问题和邮件检测问题。为了分析和对比多种进化多目标算法优化最大化凸包体积的能力，本章提出一组 ZEJD(Zhao，Emmerich，Jiao，Deutz)[29]测试问题。实验结果表明，本章提出的 3DCH-EMOA 可以很好地得到 Pareto 前沿凸的部分。除此之外，本章还研究多目标优化算法用于邮件检测分类器的设计和稀疏神经网络分类器的学习，对于邮件检测问题采用的规则占规则库中所有分类器的比例决定分类器的复杂度。

本章其余部分安排如下：2.2 节介绍相关的工作；2.3 节介绍增广 DET 图的背景知识和多目标优化算法的相关理论；2.4 节介绍 3DCH-EMOA 的框架；2.5 节提出 ZEJD 测试问题，并且讨论多种进化多目标优化算法的性能；2.6 节给出本章小结。

2.2　相　关　工　作

在给定的一个分类器集合中，ROCCH 覆盖(包含)了所有潜在最优的分类器。这些潜在最优的分类器同样分布在 DET 凸包上，在本章中记 DET 凸包为 DCH(DET convex hull)。ROCCH/DCH 最大化的目的是找到一个分类器的集合使这个集合里面的分类器性能都很优，也就是说，这个集合里面的任何一个分类器都不会比其他任意的分类器性能差。尽管 ROCCH 对于分类器来说具有很重要的性质，但是关注最大化 ROCCH 的文献并不多。其中一个主要的原因是与单一评价指标评估分类器相比，同时用两个指标来评估分类器的性能是一个更加复杂的任务。然而，引入两个不同的目标之后增加了更多的信息量，这样更加有利于最大化 ROCCH 和 DCH。现存的 ROCCH 最大化的方法主要可以分为两类：一类是基于几何修正的机器学习方法，另一类是基于进化多目标优化的方法。

ROCCH 最大化问题首次在文献[30]被提出。辨别 ROCCH 的部分点对应分类器性能的一种方法是使用等性能线[1]，在等性能线上的点对应分类器的分类性能是相同的。根据等性能线可以选择出适合特定数据分布或者给定误分代价的最优分类器。除此之外，文献[31]和[32]提出了基于规则学习机制的分类器，这个分类器根据组合学习得到的规则集合预测出每个样本隶属于每一个类别的似然值，这些规则性能是在 ROC 空间评估得到的。在以上的方法中，直接利用了 ROC 曲线的几何特性去评价和产生决策规则。然而，使用上面的方法产生的规则效率低下并且容易陷入局部最优。

文献[33]研究了怎样检测和修复 ROC 曲线上的凹点，这种方法使凹面上的点可以镜像映射到凸 ROC 曲线上。通过这种方法可以把原来的 ROC 曲线变得更好，从而提高分类器的性能。文献[34]提出了 ROCCH 的 Neyman-Pearson 定理，这个定理说明了通过最大化 ROCCH 可以找到最优的分类器组合。文献[34]和[33]的不同点在于，文献[34]中的方法不仅可以检测和修复 ROC 曲线，还可以改善 ROC 曲线的性能。但是这种方法也有它的缺陷，对于给定的一个规则库，该方法可以通过"与门"和"或门"组合出新的高效规则。文献[35]提出了一种新的基于 ROC 分析的规则选择算法，该算法对原始的规则库依赖性降低。

近年来，在最大化 ROCCH 问题上，多目标优化技术吸引了越来越多的关注。ROCCH 最大化问题是一种特殊的多目标优化问题，因为最小化 fpr 和最大化 tpr 是一对相互冲突的目标，并且分类器的参数可看成多目标问题的决策变量。文献[36]提出了非支配(non-dominated)决策树，在该方法中进化多目标优化算法被用来演化和选择遗传规划(GP)的分类器。该算法可以演化出一个分类器的集合，但它只针对代价敏感问题优化遗传规划决策树，故不是一种通用的分类器学习方法。

文献[37]在处理非平衡数据时利用多目标遗传规划的 Pareto 前沿面(PF)最大化每个少量样本类别(minority class)的分类准确率。此外，文献[38]采用多目标优化遗传规划技术生成具有多样性的分类器集合，且通过集成学习来提高非平衡数据分类的性能。

文献[19]通过最大化 ROCCH，采用多种进化多目标优化算法优化基于遗传规划的分类器。实验结果表明，通过多目标优化算法得到的分类器的性能要比传统单目标优化算法得到的分类器的性能好。在以上的方法中虽然使用了多目标技术但是并没有考虑 ROCCH 固有的特性。文献[39]考虑了最大化 ROCCH 中凸包的特性，提出了 CH-MOGP 算法。在该算法中，AUC 被用来当成种群的评价指标指导种群的进化。CH-MOGP 算法在处理 UCI 数据集[40]二分类问题时，其性能比其他经典的算法要好很多。然而，该算法只能处理两目标的二分类遗传规划分类器，不能处理具有更多目标的分类问题。

本章的创新点包括：①CH-MOGP 算法中使用的种群评价指标 AUC 被泛化到进化多目标优化的评价指标用来优化一般的分类器；②提出了增广的 DET 空间，并且在这个空间里把分类器的复杂度当成分类器的第三个目标；③提出 3DCH-EMOA 用于一般分类器的优化学习。

2.3　增广 DET 图和多目标优化问题

寻找一组最优的二分类分类器的问题可以看成是多目标优化的问题，也就是说，在 DET 空间同时最小化两类错误 fpr 和 fnr。本章研究的重点是在不影响分类器性能的条件下找到一个结构简单或者计算量小的分类器。我们希望找到的分类器具有最简单的形式或者具有较低的计算复杂度。除了描述分类器分类性能的假正例率 fpr 和假负例率 fnr，我们把分类器的计算复杂度当成第三个要优化的目标。

2.3.1　增广 DET 图和多目标分类器

为了把 CH-MOGP 算法扩展到可以处理三目标优化的问题，我们首先要讨论多类别分类器的 ROC 曲线。在处理多类别分类问题时，ROC 曲线扩展成了 ROC 超平面，ROC 超平面继承了 ROC 曲线的很多性质[41]。具有很好 ROC 超平面特性的分类器在处理非平衡数据分类或者误分代价敏感问题时有很大的优势[42]。然而，随着 ROC 超平面维度的增加，获取最优 ROC 超平面的困难程度要比得到最优 ROC 曲线的困难程度大得多。为了降低 ROC 超平面的维度，文献[43]把 AUC 泛化到多类别分类问题，并提出了多类别凸包面积(multi-class AUC，MAUC)来评价 ROC 超平面的性能。近年来，MAUC 得到了广泛的应用[44,45]。因为 DET 曲线和 ROC 曲线很相似，在本章中，通过另外一种形式把 DET 曲线扩展到了高维。对于二分类问题，我们定义了分类器的复杂度作为第三维的描述把 DET 曲线扩展到了三维的形式，称作增广 DET 曲面。

本章把训练集记作 $S_{tr} = \{(s_i, y_i) \mid s_i \in \mathbf{R}^d, y_i \in \{-1, +1\}, i = 1, 2, \cdots, |S_{tr}|\}$，其中 y_i 是给定样本 s_i 的类标，d 表示样本的特征维数，$|S_{tr}|$ 表示样本的数量。本章仅考虑二分类问题，因此我们把两类类标分别定义为 $\{1, -1\}$，其中 1 表示正类，-1 表示负类。给定训练集 S_{tr} 后可以训练得到分类器 C。分类器可以看成特征和类标之间的一种未知形式的映射 $y = f(x)$，如式(2.1)所示：

$$C : y = f(s; \theta), \quad (s_i, y_i) \in S_{tr} \tag{2.1}$$

其中，θ 是分类器 C 的参数集合，这些参数可以通过训练得到。对于一个新输入的样本 s，通过训练得到的分类器 C，可以给出预测的类标为 y^p。训练好的分类器同样可以对一个测试集 S_{tr} 所有的样本进行预测，如式(2.2)所示：

$$y_j^p = f(s_j; \theta), \quad s_j \in S_{ts}, j = 1, 2, \cdots, |S_{ts}| \tag{2.2}$$

其中，$|S_{ts}|$ 记作测试集 S_{ts} 样本的数量。在两目标的优化模型里，这些参数可以通过在 DET 空间里最小化 fpr 和 fnr 得到，如式(2.3)所示：

$$\min_{\theta \in \Omega} F(\theta) = \min_{\theta \in \Omega} F(\text{fpr}(\theta), \text{fnr}(\theta)) \tag{2.3}$$

其中，Ω 是分类器参数的解空间，它包含了分类器参数的所有可能。

除了 fpr 和 fnr，我们定义第三个目标为分类器的复杂度。本章使用分类器复杂度率(classifier complexity ratio，ccr)这个指标来描述，记作式(2.4)，其中 O 表示分类器的复杂度。在文献[12]和[44]中提出了稀疏神经网络分类器。ccr 可用来描述神经网络的结构特性，其结构越稀疏，ccr 的数值越小。对于基于规则库的分类器，分类器的复杂度率可以定义为所使用的规则数量占所有规则数量的比例：

$$\text{ccr}(\theta) \stackrel{\text{def}}{=} O \tag{2.4}$$

在计算 ccr 时需要对其归一化处理，对于规则库的分类器，用被采用规则的数量除以所有规则的数量来实现。这样 ccr 是区间[0,1]的一个值，ccr=0 表明没有选择规则库中的任意一个规则，ccr=1 表明选择规则库中的所有规则。ccr 的数值越高，表明分类器的计算量越大。对于性能相当的两个分类器，我们倾向于使用复杂度低的分类器。此外，ccr 较低时还可以避免过拟合。在 ROC 或者 DET 空间通过使用随机凸组合的方式构造出一个新的分类器，并且这个分类器的分类性能也是这两个分类器分类性能的线性组合。通过这种方式组合得到的分类器的复杂度也是这两个分类器复杂度的线性组合。在本章中我们称添加了 ccr 作为第三个评价指标的 DET 空间为增广 DET 空间，在这个空间中 ccr 被刻画在第三个坐标轴上。

在增广 DET 图中，fpr 被刻画在 X 坐标轴上，fnr 被刻画在 Y 坐标轴，ccr 被刻画在 Z 坐标轴上，图 2.1 展示了一个增广 DET 图的例子。通过图 2.1 可以看出分类器的 ccr、fpr 和 fnr 三个指标是相互冲突的，通常情况下一个指标变好了会造成其他指标变差。本章提出的新算法旨在找到一个三个目标折中解的集合，如式(2.5)所示：

$$\min_{\theta \in \Omega} F(\theta) = \min_{\theta \in \Omega} F(\text{fpr}(\theta), \text{fnr}(\theta), \text{ccr}(\theta)) \tag{2.5}$$

其中，θ 表示分类器参数的集合，这里的分类器可以是神经网络(neural network)[46]、支持向量机(SVM)[47]等；Ω 代表解空间，它包含分类器所有可能的配置参数。给定一个分类器，它的性能由参数 θ 决定。本章提出的方法可以找出一个参数的集合，这个集合中所有的分类器都分布在增广 DET 凸包(ADCH)上。

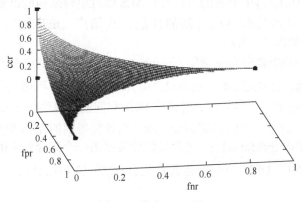

图 2.1　增广 DET 图

2.3.2 ADCH 最大化和多目标优化

凸包是计算几何学中的概念，一个点集合的凸包是指包含所有这些点的最小凸集[48]。对于一个有限个元素的三维点集 $A \subset \mathbf{R}^3$，凸包（CH）可以表示为

$$\mathrm{CH}(A) \overset{\mathrm{def}}{=\!=} \{x : x = \sum_{i=1}^{|A|} \lambda_i a_i, \ \sum \lambda_i = 1, 0 \leqslant \lambda_i \leqslant 1, x \in \mathbf{R}^3\} \tag{2.6}$$

其中，$a_i \in A$ 表示给定的有限个点的集合。凸包的边界可以用一组面、一组邻接边和位于每个面的顶点（V）来表示[49]。用集合 A 中的点构造的凸包体积（VCH）可以表示为

$$\mathrm{VCH}(A) \overset{\mathrm{def}}{=\!=} \mathrm{Volume}(\mathrm{CH}(A)) \tag{2.7}$$

给定一组分类器，ADCH 包含所有潜在的最优分类器。本章提出的 3DCH-EMOA 通过优化三个目标达到最大化 ADCH 体积的目的。我们将简约二分类分类器的多目标优化称为 ADCH 最大化问题。

对增广 DET 空间中几个特殊的点进行简要的说明。点 (0, 0, 0) 表示从不给出错误预测和零风险的分类策略，此点表示一个完美的分类器，通常情况下在处理实际问题时这样的分类器是不存在的，但是这样的分类器是可以无限逼近的。在集合 {(0,0,ccr)|0≤ccr≤1} 中的点代表具有 ccr 复杂度的完美分类器。点 (1,0,0) 表示一个复杂度最低的分类器，它的分类策略就是把所有的样本都预测成负样本。点 (0,1,0) 表示一个不适用任何有用规则的分类器，它直接把接收到的样本预测成正类。同理，用规则库中所有的规则预测所有的样本为负类可以得到点 (1,0,1)，用所有的规则预测所有的样本为正类可以得到点 (0,1,1)。当然，以上介绍的几个点都是特殊情况，处理实际问题时一般不会遇到。对于集合 {(1,0,0)，(0,1,0),(1,0,1),(0,1,1)} 中所有的点，可以通过随机组合来构造出新的分类器，所构造的这些分类器具有随机猜测的性能，在增广 DET 空间中分布在平面 fpr+fnr =1 上，如图 2.2 所示。

我们需要的分类器分布在空间 fpr+fnr ＜1 中，这个空间中分类器的性能要比随机猜测分类器的性能好。本章把点 (1,0,0),(0,1,0),(1,0,1) 和 (0,1,1) 当作构造凸包的参考点，并且利用这些参考点计算增广 DET 空间的凸包体积（volume above DET surface，VAS）。对于一组随机猜测分类器，它计算得到的 VAS 值为 0，因为这类分类器分布在平面 fpr+fnr =1 上。包含最优分类器的一个集合对应的 VAS 值为 0.5，因为在它们的增广 DET 空间中包含点集 {(1,0,0),(0,1,0),(1,0,1),(0,1,1),(0,0,0)，(1,0,1)}。

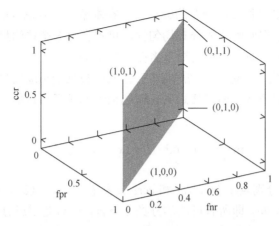

图 2.2　增广 DET 空间中随机猜测分类器性能平面

每一个简约二分类分类器都可以映射到增广 DET 空间。ADCH 是给定的一组分类器中所有可能获得最优分类结果的分类器集合。此外，当且仅当分类器位于 ADCH 的表面时，分类器的分类性能可能是最佳的。如图 2.3 所示，点 a、b、e 在 ADCH 上，点 c、d 不在 ADCH 上。其中点 a、b、e 表示潜在的最优分类器，c、d 表示非最优分类器。

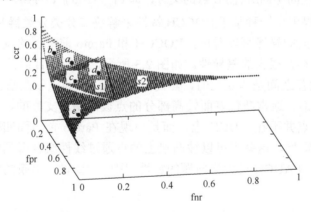

图 2.3　ADCH 和 Pareto 前沿面在增广 DET 空间中的对比

数据的分布决定了等性能线（或面）的参数，所得到的等性能线（或面）会和 ADCH 相交于一点或一部分，相交的部分代表处理该数据对应的最优分类器。如果等性能线和 ADCH 相交于一点，说明得到的这组分类器对这组数据的分布不敏感，如果相交于一段区域，说明得到的这组分类器对这组数据分布敏感。为了提高 ADCH 的鲁棒性，不仅需要最大化 VAS，还要让凸包上面的点分布得均匀。通常情况下，增广 DET 空间中的点分布得越均匀，ADCH 的鲁棒性越好，集合中的分类器可以适合更多种数据分布的数据集。在本章中，基尼(Gini)系数被用来评估多目标优化算法得到解集的分布均匀性，可根据每个个体的最近邻距离来计算基尼系数的值。基尼系数评价的细节将在 2.5 节讨论。

ADCH 最大化的目标是在增广 DET 空间中找到一组逼近最优二分类分类器点(0,0,0)的分类器集合。ADCH 最大化问题被证明是多目标优化问题，这个问题可以描述为

$$\min_{x \in \Omega} F(x) = \min_{x \in \Omega} F(f_1(x), f_2(x), f_3(x)) \tag{2.8}$$

其中，f_1、f_2 和 f_3 分别表示 fpr、fnr 和 ccr；x 表示 θ。在式(2.8)中，x 为分类器参数集合，Ω 为解空间，即所有可能的分类器集合，$F(x)$ 是描述分类器在增广 DET 空间中性能的评价向量。

在多目标优化问题中，Pareto 支配是一个重要的概念，它的定义如下所述。令 $\omega = (\omega_1, \omega_2, \omega_3)$，$v = (v_1, v_2, v_3)$ 为两个矢量。我们定义 v 支配 ω，当且仅当 $v_i \leqslant \omega_i$（$i = 1, 2, 3$，并且 $v \neq \omega$），这种关系记作 $v \succ \omega$。当且仅当两个点 v 和 ω 彼此不相互支配时，v 和 ω 不能比较优劣性。Pareto 集(Pareto set, PS)是决策空间中所有 Pareto 最优解的集合，即对于所有的点 $x \in \Omega$，不存在 $x' \in \Omega$ 使得 $F(x) \succ F(x')$。Pareto 前沿面是目标空间中的所有 PS 点的集合，即 PF $= \{F(x)| \ x \in PS\}$ [19]。

文献[39]提出了一种基于 ROCCH 特性来解决二分类分类器 ROC 最大化的方法。根据前面的描述可以看出，ROCCH 和 Pareto 前沿面的概念很相似，但是它们之间还存在很大的差异性。如图 2.3 所示，对于多目标优化算法，点 a、b、c、d、e 相互之间是非支配的，然而只有点 a、b 和点 e 在凸包面上，点 c、d 在凸包的内部。通常凸包表面较高部分的点彼此是非支配的，但是在 Pareto 前沿面的那些点并不在 ADCH 上，而是出现在 Pareto 前沿面凹陷区域，并且对 VAS 没有贡献。这些点可以被凸包上的点通过线性组合得到的新点支配。这是 ROCCH 和 ADCH 最大化问题的特性，因此需要设计出新的策略处理这个问题。

2.4　基于三维凸包的进化多目标优化算法描述

本节提出了具有三个目标的基于三维凸包的进化多目标优化算法(3DCH-EMOA)用于处理 ADCH 最大化问题。本章仅考虑三目标优化问题，3DCH-EMOA 可以获得一个解集，这个解集中的每一个解都对应 ADCH 的一个顶点。3DCH-EMOA 的目的是找到一组非支配的解集 $Q \subset \mathbf{R}^3$（这个解集在目标函数空间描述），这个集合中的解覆盖在三维凸包面上，其中凸包由解集 Q 和参考点集

$R \subset \mathbf{R}^3$ 组成。本章中采用 3DCH-EMOA 求解得到的解称为凸包面前沿解(frontal solution，FS)，如式(2.9)所示：

$$\mathrm{FS}(Q) \overset{\mathrm{def}}{=} \{p : p \in \mathrm{CH}(Q \cup R), p \in Q, p \in V\} \tag{2.9}$$

其中，V 是三维凸包顶点的集合，如式(2.6)所示。所提出的算法包括两个关键的模块，即基于非冗余三维凸包的排序算法和基于 VAS 贡献度的选择策略。接下来给出整个算法的细节描述。

2.4.1　基于非冗余三维凸包的排序算法

文献[39]首次提出基于非冗余凸包的排序算法。它在处理二分类问题时具有很好的性能。本章定义那些在目标空间中具有相同性能的解是相同的并且是冗余的。在本章中，基于非冗余凸包的排序算法扩展到了三维情况。这种算法具有很好的性能，因为它不仅可以保持种群的多样性，还考虑到了 ADCH 的特性。在使用该算法时，如果在种群中没有足够的非冗余解，那些冗余解会存储在一个表中，之后使用随机选择的策略保留一部分。这个策略可以让那些性能不好的非冗余解有机会保留下来，而性能好的冗余解被剔除掉，通过这种方式可以有效地保持解的多样性。此外，非冗余的策略可以有效地避免在凸包面的同一个解在算法执行过程中的多次复制。

算法 2.1 描述了基于非冗余三维凸包的排序算法。种群 Q 被分成两部分：一部分是冗余种群 Q_r，另一部分是非冗余种群 Q_{nr}。冗余种群 Q_r 被分配给种群最后一个优先级，非冗余种群 Q_{nr} 通过三维凸包的排序方法分配给不同的优先级。在对非冗余种群 Q_{nr} 排序之前，要将参考点集合 R 与其合并，并且构造凸包 CH 的候选点集合。参考点集合包含四个点，即 $(1,0,0)$，$(0,1,0)$，$(1,0,1)$，$(0,1,1)$，如图 2.2 所示。本章采用三维快速凸包(quick hull)构建算法[49]构造凸包，这种算法广泛应用于和凸包相关的领域。分布在凸包面上的点(解)会成为 FS。具有最高优先级的解由凸包面上的顶点组成。其余的点将用于构建新的三维凸包生成下一层 FS。在此需要指出，凸包面上的所有点可以通过对凸包顶点线性组合得到。通常，在算法执行的初始阶段，种群会被分成好几个优先级，随着算法的迭代，最终种群会收敛到一个优先级上。在给定 n 个候选点集时，三维快速凸包构建算法的计算复杂度是 $O(n\lg n)$[49]。在最坏的情况下，每个凸包层只有一个点，基于非冗余三维凸包排序算法的计算复杂度为 $O\left(\sum_{i=5}^{N+4} i\lg i\right)$，趋向于 $O(N^2 \lg N)$。

算法 2.1 基于非冗余三维凸包的排序算法 (Q, R)

Require: $Q_{nr} \neq \varnothing$

　　　　　Q 是种群

　　　　　R 是参考点集合

Ensure: F 是排序后的种群

1: 把种群 Q 拆分成两个子集 Q_r 和 Q_{nr}，其中 Q_r 是冗余种群，Q_{nr} 是非冗余种群

2: $i \leftarrow 0$

3: **while** $Q_{nr} \neq \varnothing$ **do**

4: $T \leftarrow Q_{nr} \cup R$

5: $F_i \leftarrow \mathrm{FS}(T)$

6: $Q_{nr} \leftarrow Q_{nr} \setminus F_i$

7: $i \leftarrow i + 1$

8: **end while**

9: $F_i \leftarrow Q_r$ //F 是排序之后的种群，其中在不同层的解具有不同的重要性

10: **return** 排序之后的种群 $F = \{F_0, F_1, \cdots\}$

图 2.3 给出了一个基于非冗余三维凸包的排序算法示例。图中 $s1$ 和 $s2$ 表示两个具有不同优先级的凸包面，不同面上的点具有不同的优先级。分布在 $s1$ 平面上的解要比分布在 $s2$ 面上的解生存的机会多。

在将种群中的个体排列为不同的优先级之后，会引出另外一个问题，即如何评估在相同优先级下个体的重要性。对于整个种群，冗余解集并没有增加额外的信息，所以随机选择几个个体存活到下一代。如果非冗余解足够填充满整个种群，也就是有太多的解分布在第一个凸包平面上，这时使用每个点对 VAS 的贡献度衡量个体的重要性，对 VAS 贡献度大的解将优先选择生存到下一代。接下来给出关于 VAS 贡献度的详细描述。

2.4.2 基于 VAS 贡献度的选择策略

本节将讨论用 VAS 贡献度指标评估相同优先级下不同个体的重要性。本章针对最大化三维凸包体积问题提出来的 VAS 贡献指示器是一个有效的策略。和超体积(hypervolume)贡献指标[24]以及拥挤距离(crowding distance)[20]指标相比，VAS 贡献指示器更适合处理 ADCH 最大化问题。在本章提出的算法 3DCH-EMOA 中，VAS 定义为 DET 空间的凸包体积，种群 Q 中所有个体构成的凸包体积定义为

$$\mathrm{VAS}(Q) = \mathrm{VCH}(Q \cup R) \tag{2.10}$$

其中，R 是参考点集合。为了计算种群中每个个体对 VAS 的贡献度，还需要用除去这个个体之外的所有个体构造一个新的凸包，代入式 (2.11)：

$$\Delta VAS_i = VAS(Q) - VAS(Q \setminus \{q_i\}), \quad i = 1, 2, \cdots, m \tag{2.11}$$

其中，m 是种群 Q 中个体的数量。

算法 2.2 描述了计算非冗余种群 Q_{nr} 中所有个体对 VAS 贡献的过程。计算非冗余种群 Q_{nr} 每个个体对 VAS 的贡献度之后，处于相同优先级的解可以根据对 VAS 贡献度的大小值 Δ VAS 进行排序。对 VAS 贡献越大的解越重要，排序越靠前。

算法 2.2　VAS 贡献度计算 (Q_{nr}, R)

Require：　$Q_{nr} \neq \varnothing$

　　　　　　Q_{nr} 是非冗余种群

　　　　　　R 是参考点集

Ensure：　VAS 种群中每个个体的贡献度

1：　$m \leftarrow$ 非冗余种群 Q_{nr} 个体个数

2：　$P \leftarrow Q_{nr} \bigcup R$

3：　$Volume_{all} \leftarrow VAS(P)$

4：　**for all** $i \leftarrow 1$ 1 to m **do**

5：　$q_i \leftarrow Q_{nr}(i)$

6：　$\Delta VAS_i \leftarrow Volume_{all} - VAS(P \setminus \{q_i\})$

7：　**end for**

8：　**return**　Q_{nr} 中所有个体的 ΔVAS

为了分析基于 VAS 贡献度的选择策略的计算复杂度，仅考虑最坏的情况。在最坏的情况下，种群中所有的点都单独占有一个优先级 F_i，那么算法 2.2 的计算复杂度是 $O\left(\sum\limits_{i=5}^{N+4} i \lg i\right)$，趋于 $O(N^2 \lg N)$。

2.4.3　算法框架

基于三维凸包的进化多目标优化算法框架如算法 2.3 所述，这种算法受基于指标的进化多目标算法的启发。为了优化凸包空间上的多个目标，初始种群 Q_0 被随机初始化为均匀分布。因为三维凸包构造的复杂度很高，本章采用了稳态选择性机制 (steady-state selection scheme)，这个方案已经成功地应用于很多进化多目标算法中[24,50]。稳态选择性机制也常称为 $N+1$，其中 N 表示进化多目标算法种群的大小，$N+1$ 表示每一代只产生一个新解。文献[24]从理论上分析了使用稳态选择性策略的优点。最重要的是，使用这个策略可以让种群中分布在最外层凸包面上的个体越来越多，并且和其他的选择策略相比较，这种策略的计算量较小。在每一次迭代中，进化算子只产生一个后代，为了保持种群的大小不变，性能最不好的一个解会被删除，也就是说，N 个性能较好的个体会被保存到下一代。本节采用非递减约减策略剔除种群中性能不好的个体，算法描述如算法 2.4 所述。

算法 2.3 基于三维凸包的进化多目标优化算法（Max, N）

Require：Max>0，N>0
　　　　　Max 为最大评估次数
　　　　　N 为种群规模

Ensure：解集 FS
　　1：随机产生服从均匀分布的初始种群 Q_0
　　2：$t_0 \leftarrow 0$
　　3：$m \leftarrow 0$
　　4：**while** m<Max **do**
　　5：$q_i \leftarrow$ 产生新的后代个体（Q_t）
　　6：$Q_{t+1} \leftarrow$ 非递减约减（Q_t, q_i）
　　7：$t \leftarrow t+1$
　　8：$m \leftarrow m+1$
　　9：**end while**
　　10：**return** FS（Q_t）

在算法 2.4 中，种群首先被分成非冗余部分 Q_{nr} 和冗余部分 Q_r。如果冗余集合 Q_r 是非空集合，则从中随机选择一个个体删除掉。如果 Q_r 中没有个体，则所有的个体都在非冗余种群 Q_{nr} 中，可以用基于非冗余三维凸包的排序算法将种群排列成几个优先级层，并且对最后一个优先级的个体根据 VAS 贡献度排序，删除其中贡献度最小的个体。如果种群中所有的个体都分布在第一个优先级的凸包面上，也就意味着所有的个体都是非支配的，则需要计算所有个体对 VAS 的贡献度，并且从种群中删除贡献度最小的个体。在算法 2.4 中，当新增的个体不能改善种群的 VAS 值时，直接把新增加的个体删除，如算法 2.4 描述部分的第 14 行所述。

算法 2.4 非递减约减策略（Q, q）

Require：$Q \neq \varnothing$
　　　　　Q 为种群
　　　　　q 为新增加的个体

Ensure：新的种群 Q'

1：把新的种群 $Q \cup \{q\}$ 拆分成两个子集，即冗余种群 Q_r 和非冗余种群 Q_{nr}

2：**if** $\text{sizeof}(Q_r) \geqslant 1$ **then**

3：　$p \leftarrow$ 从 Q_r 随机选择一个个体

4：　$Q' \leftarrow Q_{nr} \cup Q_r \setminus \{p\}$

5：**else**

6：　$F_1, \cdots, F_l \leftarrow$ 基于非冗余三维凸包的排序算法(Q_{nr})

7：　$\text{Vol}_{ori} \leftarrow \text{VAS}(Q)$

8：　$\text{Vol}_q \leftarrow \text{VAS}(Q \cup \{q\})$

9：　**if** $\text{Vol}_{ori} < \text{Vol}_q$ **then**

10：　$k \leftarrow \text{argmin}_i \Delta\text{VAS}(F_l)$ /*贡献度最小的个体的下标*/

11：　$d \leftarrow F_l(k)$ /*在 F_l 里面第 k 个个体*/

12：　$Q' \leftarrow Q_{nr} \setminus \{d\}$

13：　**else**

14：　$Q' \leftarrow Q_{nr} \setminus \{q\}$

15：　**end if**

16：**end if**

17：**return** Q'

2.4.4　算法计算复杂度分析

如上所述，基于三维凸包的进化多目标优化算法是一种进化算法。它的计算复杂度可以通过分析算法迭代一次的复杂度来描述。在每次迭代过程中生成新个体的计算复杂度是 $O(N)$。基于非冗余三维凸包的排序算法的计算复杂度为 $O(N^2 \lg N)$，基于 VAS 贡献度的选择策略的计算复杂度为 $O(N^2 \lg N)$，其中 N 是种群的规模。整个算法的计算复杂度是 $O(N^2 \lg N)$。本章中仅考虑了三目标问题，因此目标的个数并没有考虑到算法复杂度当中。

2.5　人工设计测试问题实验

本节设计了三个测试问题 ZEJD（Zhao，Emmerich，Jiao，Deutz），用来测试基于三维凸包的进化多目标优化算法和其他几个进化多目标优化算法，包括 NSGA-II、GDE3、SMS-EMOA、SPEA2 和 MOEA/D。对于这几个测试问题，我们关心的是本章提出的算法 3DCH-EMOA 能不能有效地覆盖凸包表面的相关部分。为了评估算法的性能，本章采用了 VAS、基尼系数、算法执行时间和

Mann-Whitney 测试[51]四个准则来评价算法性能。接下来描述实验的具体实现。

2.5.1 ZEJD 问题设计

本节设计了三个测试问题 ZEJD 去评估上面提到的几个进化多目标优化算法处理 ADCH 最大化问题的性能,三个问题的设计受文献[52]启发。这些测试问题模拟了分类器在增广 DET 空间的分布,它们具备几个重要的性质:①点 $(1,0,0)$、$(0,1,0)$ 和 $(0,0,1)$ 都包含在 Pareto 前沿面上,并且是非支配的解,其中点 $(0,0,1)$ 表示使用了所有规则之后得到的完美分类器,通常情况下它是不存在的;②所设计问题的 Pareto 前沿面分布在增广 DET 空间中随机猜测平面的左边,如图 2.2 所示;③所有的解都分布在单位立方体中。这组测试问题的目标是找到凸包体积的最大值,即一个模拟 ADCH 最大化的问题。每个决策变量的变化范围在区间$[0,1]$,第一个测试问题 ZEJD1 定义如式 (2.12) 所示:

$$\begin{cases} f_1 = 1 - \sqrt{2}(1-x_3)\cos(x_1\pi/2) \\ f_2 = 1 - \sqrt{2}(1-x_3)\sin(x_1\pi/2)\cos(x_2\pi/2) \\ f_3 = 1 - \sqrt{2}(1-x_3)\sin(x_1\pi/2)\sin(x_2\pi/2) \end{cases} \quad (2.12)$$

其中,决策变量 x_1、x_2、x_3 都在区间$[0,1]$,目标变量 f_1、f_2、f_3 也在区间$[0,1]$。ZEJD1 测试问题的 Pareto 前沿面是一个凸平面,如图 2.4 所示。具有良好性能的进化多目标优化得到的解可以均匀地分布在 Pareto 前沿面上。

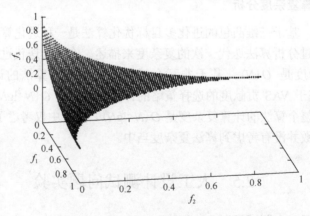

图 2.4　ZEJD1 测试问题的 Pareto 前沿面

测试问题 ZEJD2 和 ZEJD3 是 ZEJD1 的变种,都是通过在 ZEJD1 的凸平面上添加不同分布的凹陷区域,让其中一部分分布在 Pareto 前沿面的解不在凸包面上。其中,ZEJD2 问题的 Pareto 前沿面是不连续的,ZEJD3 问题的 Pareto 前沿面是连续的。

　　测试这两个问题是为了测试前面提到的算法是否可以避开 Pareto 前沿面凹陷的区域，即找到的解全部覆盖在 Pareto 前沿面凸的部分。ZEJD2 测试问题定义如式(2.13)所示，通过控制函数在区间 $f_1 < a$、$f_2 < a$、$g < a$ 的降低速度生成一个凹陷的区域，在实验中，设置 $a = 0.3, \lambda = 0.5$。ZEJD2 测试问题的 Pareto 前沿面如图 2.5(a)所示。ZEJD3 测试问题定义为式(2.14)。通过叠加一个平面 $d(x, y)$ 形成一块凹陷区域。为了让点 $(1,0,0)$、$(0,1,0)$ 和 $(0,0,1)$ 在其 Pareto 前沿面上，第三个目标 f_3 需要减去一个偏置项 $d(0, 0)$。本章中，设置 $A = 0.15, \gamma = 400$。ZEJD3 测试问题的 Pareto 前沿面如图 2.5(b)所示。对于测试问题 ZEJD2 和 ZEJD3，三个目标 f_1、f_2 和 f_3 都在区间[0,1]中，即 $f_1 \in [0,1]$，$f_2 \in [0,1]$，$f_3 \in [0,1]$。

$$
\begin{cases}
f_1 = 1 - \sqrt{2}(1 - x_3)\cos(x_1\pi/2) \\
f_2 = 1 - \sqrt{2}(1 - x_3)\sin(x_1\pi/2)\cos(x_2\pi/2) \\
f_3 = \begin{cases} a + \lambda(g - a), & f_1 < a, f_2 < a, g < a \\ g, & \text{其他} \end{cases} \\
g = 1 - \sqrt{2}(1 - x_3)\sin(x_1\pi/2)\sin(x_2\pi/2)
\end{cases}
\tag{2.13}
$$

$$
\begin{cases}
f_1 = 1 - \sqrt{2}(1 - x_3)\cos(x_1\pi/2) \\
f_2 = 1 - \sqrt{2}(1 - x_3)\sin(x_1\pi/2)\cos(x_2\pi/2) \\
f_3 = \begin{cases} k(f_1, f_2), & k(f_1, f_2) > 0 \\ 0, & \text{其他} \end{cases} \\
g = 1 - \sqrt{2}(1 - x_3)\sin(x_1\pi/2)\sin(x_2\pi/2) \\
d(x, y) = A e^{-\gamma[(x-0.173)^2 + (y-0.173)^2]} \\
k(f_1, f_2) = g + d(f_1, f_2) - d(0, 0)
\end{cases}
\tag{2.14}
$$

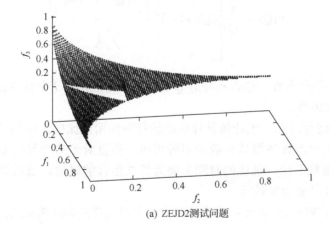

(a) ZEJD2测试问题

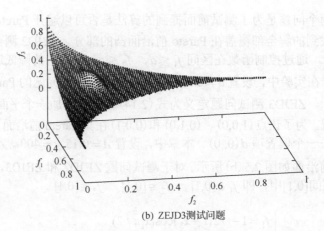

(b) ZEJD3测试问题

图 2.5　ZEJD2 和 ZEJD3 测试问题 Pareto 前沿面

2.5.2　评价准则

本章中选择以下四个评价准则来比较上面提到的算法处理 ZEJD 问题的性能：

（1）VAS 指标：可以直接评估多目标算法取得的解集，解集的性能越好，VAS 数值越大。对于 ZEJD 问题，VAS 最小值 0 对应的是随机猜测分类器，VAS 可以得到的最大值是 0.5。

（2）基尼系数：是国际上用来综合考察居民内部收入分配差异状况的一个重要分析指标[53]。在本章中，基尼系数通过统计每个个体到最近邻距离的分布均匀性来评估种群分布的均匀性。基尼系数可以评估种群中解分布的均匀性。如果所得到的解集分布特别均匀，则得到的基尼系数是 0。基尼系数 $g(Q)$ 的定义为

$$g(Q) = \frac{1}{|Q|}\left[|Q|+1-2\left(\frac{\sum_{i=1}^{|Q|}(|Q|+1-i)d_i}{\sum_{i=1}^{|Q|}d_i}\right)\right] \tag{2.15}$$

其中，g 表示基尼系数；$|Q|$ 表示种群 Q 的规模；d_i 表示第 i 个样本在目标空间中距离最近邻的距离。

（3）算法运行时间：统计每种算法的运行时间用来比较算法的计算复杂度。因为测试问题每次评估测试函数的用时很少，所以对于整个算法来说，它的评估时间可以忽略不计。统计的时间主要为算法运行的时间。通常情况下算法的用时越少，计算复杂度越低。

（4）Mann-Whitney 测试：用来检验本章提出的算法和经典算法之间的差异是

否显著。如果 3DCH-EMOA 的性能明显优于其他算法，我们用"▲"标记；如果
3DCH-EMOA 的性能和其他算法相当，我们用"—"表示；如果算法 3DCH-EMOA
的性能比其他算法差很多，我们用"▽"表示。

2.5.3　参数设置

所有的算法都执行 25000 次评估函数。实验中选择模拟二值交叉(simulated
binary crossover，SBX)操作和多项式的变异(polynomial mutation)操作。交叉概率
为 p_c=0.9，变异概率为 p_m=1/n，其中 n 表示决策变量的个数。在本章中，种群的
规模设为 50。SPEA2 的档案大小和种群的规模相同。所有算法都在基于 Java 语
言开发的多目标优化的工具箱 jMetal[54,55]框架上实现。所有实验都在个人计算机
上实现，该机器配有 i5 3.2GHz 处理器和 4GB 内存，操作系统是 Ubuntu 14.04 LTS。
对于上面提到的所有实验都独立运行 30 次，所有列出的评价指标都是基于 30 次
实验的统计结果。

2.5.4　结果和分析

本节将比较 NSGA-II、GDE3 算法、SPEA2、MOEA/D、SMS-EMOA 和
3DCH-EMOA 处理本章设计的测试问题 ZEJD 的性能。实验结果不仅展示了所得
到的解集在目标空间的分布图，还包含上面所提到的几个评价指标的统计结果。
解集的分布图是把每个目标的值映射到 f_1-f_2-f_3 目标空间。ZEJD1 测试问题实验结
果如图 2.6 所示，ZEJD2 测试问题实验结果如图 2.7 所示，ZEJD3 测试问题实验
结果如图 2.8 所示。各种方法得到的解用大尺寸的黑点描绘，真正的 Pareto 前沿
面用灰色的小点描绘。

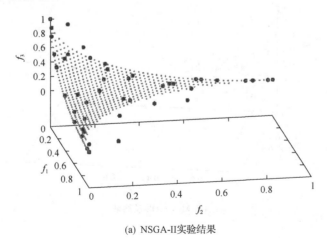

(a) NSGA-II实验结果

若本书，将来 3DUCH-LMOA 和在区间内搜索到其他最优解。论文 Δ 中取出，结果 3DGH-LMOA 优点在于能算法求解法，求约束。∈ 𝒳，其变区间内 3DUCH-EMOA 约束级上，如果其最大区区 𝒵，求其间 ∈ 𝒳。

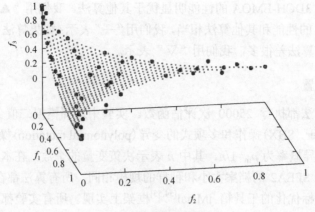

(b) GDE3算法实验结果

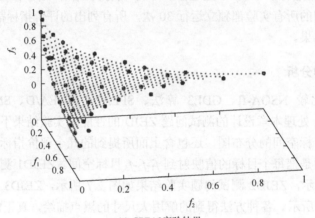

(c) SPEA2实验结果

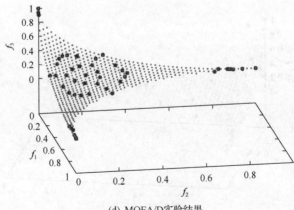

(d) MOEA/D实验结果

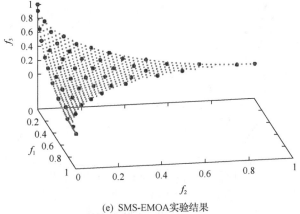

(e) SMS-EMOA实验结果

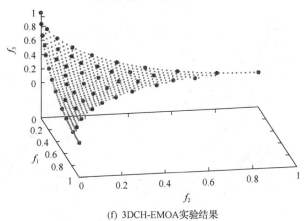

(f) 3DCH-EMOA实验结果

图 2.6　ZEJD1 测试问题实验结果

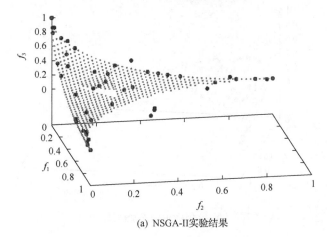

(a) NSGA-II实验结果

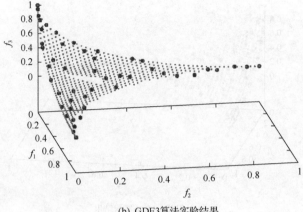

(b) GDE3算法实验结果

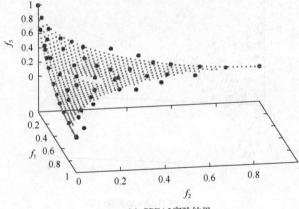

(c) SPEA2实验结果

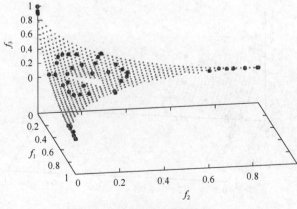

(d) MOEA/D实验结果

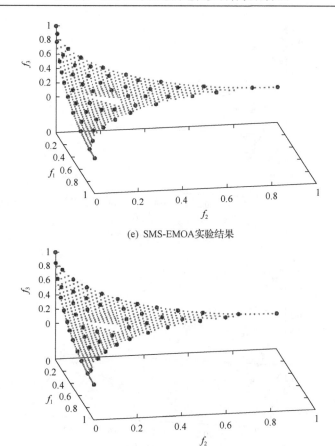

(e) SMS-EMOA实验结果

(f) 3DCH-EMOA实验结果

图 2.7　ZEJD2 测试问题实验结果

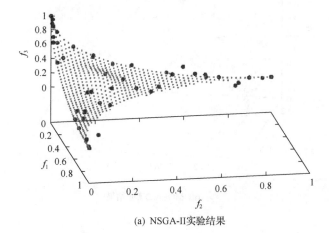

(a) NSGA-II实验结果

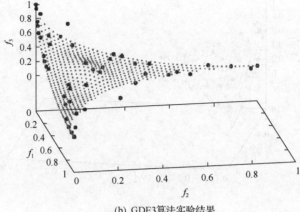

(b) GDE3算法实验结果

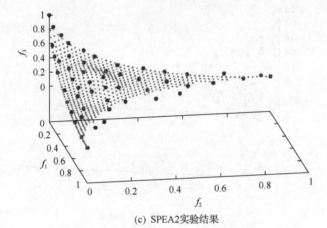

(c) SPEA2实验结果

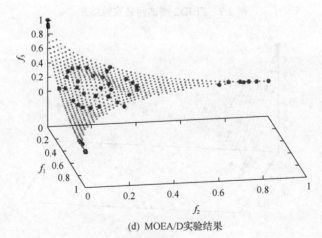

(d) MOEA/D实验结果

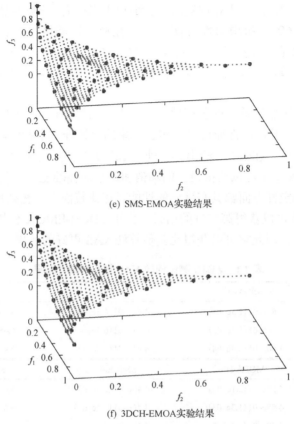

(e) SMS-EMOA实验结果

(f) 3DCH-EMOA实验结果

图 2.8　ZEJD3 测试问题实验结果

通过对比各种算法处理 ZEJD1 测试问题获取到的 Pareto 前沿解可以得到如下结论。NSGA-II、GDE3 算法和 SPEA2 的收敛性最差。MOEA/D 可以收敛到真实的 Pareto 前沿面上，然而所得到的解在多样性和均匀性方面都特别差，尤其是没能得到分布在 ZEJD1 测试问题解空间边缘部分的解。SMS-EMOA 和 3DCH-EMOA 在求解 ZEJD1 测试问题时有很好的收敛性、多样性和分布均匀性，可知它们在处理 ZEJD1 测试问题时有很好的性能。

通过对比 ZEJD2 测试问题和 ZEJD3 测试问题的结果，可以发现 SMS-EMOA 和 3DCH-EMOA 相比于其他算法在收敛性、多样性和分布均匀性方面有更好的性能。然而，通过观察 SMS-EMOA 所得到的解可以看出，该算法得到的解会有一部分分布在 ZEJD2 和 ZEJD3 测试问题的凹陷区域。只有本章提出的 3DCH-EMOA 可以避开 ZEJD2 和 ZEJD3 测试问题的凹陷区域，这允许该算法把更多的点安放在最大化 VAS 最相关的部分，即凸包面上。对于 SMS-EMOA 得到的解集，有一部分解分布在 Pareto 前沿面但是并没有在凸包面上，这些解对超体积指标有贡献但是对 VAS 指标没有贡献，SMS-EMOA 会保留这些解，而 3DCH-EMOA 会忽略。

特别地,在处理 ADCH 最大化问题时,分布在凹陷区域的分类器是不会被选择的。总之无论是在收敛性和均匀性方面,还是在避开凹陷区域方面,本章提出的3DCH-EMOA 总是可以获得比其他算法更好的结果。实验结果表明,基于非冗余三维凸包的排序算法以及基于 VAS 贡献度的选择策略可以有效地保证算法的收敛性以及种群的多样性。

在实验中为了验证算法的鲁棒性,上面提到的算法针对 ZEJD 测试问题都独立运行了 30 次。算法的性能可以从实验结果的统计分析中看出。VAS 指标的统计结果均值(标准差)在表 2.1 给出。在处理 ZEJD 测试问题和考虑 VAS 评价指标时,3DCH-EMOA 总是可以获得最大的均值和最小的标准差,这表明 3DCH-EMOA在收敛性以及稳定性方面都具有良好的性能。相比较而言,在处理 ZEJD 测试问题时 GDE3 算法可以获得第二好的结果。由于 3DCH-EMOA 使用评价指标 VAS指导种群的进化,因此它可以获得比其他算法 VAS 更好的解集。

表 2.1　ZEJD 测试问题 VAS 指标的统计结果

测试函数	NSGA-II	GDE3	SPEA2
ZEJD1	4.60e−01(1.3e−03)	4.62e−01(6.3e−04)	4.49e−01(1.1e−02)
ZEJD2	4.60e−01(1.2e−03)	4.61e−01(6.4e−04)	4.48e−01(1.3e−02)
ZEJD3	4.60e−01(8.8e−04)	4.61e−01(6.9e−04)	4.46e−01(1.2e−02)
测试函数	MOEA/D	SMS-EMOA	3DCH-EMOA
ZEJD1	4.59e−01(2.1e−03)	4.46e−01(3.6e−03)	4.65e−01(5.0e−06)
ZEJD2	4.59e−01(1.3e−03)	4.46e−01(3.1e−03)	4.64e−01(4.5e−06)
ZEJD3	4.59e−01(1.5e−03)	4.46e−01(4.1e−03)	4.64e−01(3.9e−06)

图 2.9 使用盒图显示 30 次独立实验得到 VAS 指标的统计分布。通过比较三个 ZEJD 测试问题生成的盒图,可以看到 3DCH-EMOA 不仅可以获得最大的 VAS值,而且对于 VAS 指标其是最稳定的。

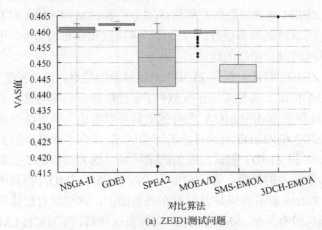

(a) ZEJD1测试问题

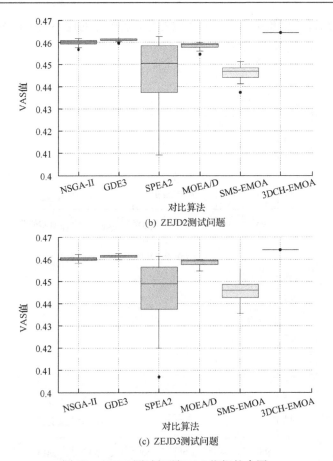

(b) ZEJD2测试问题

(c) ZEJD3测试问题

图 2.9　ZEJD 测试问题 VAS 指标的盒图

基尼系数的统计结果如表 2.2 所示。通过对比表中的结果可以看到，3DCH-EMOA 可以得到最小的平均值，这表明该算法具有良好的均匀性和种群多样性。SMS-EMOA 具有最好的稳定性，因为它获得最小的标准差。SPEA2 具有第二好的结果，然而它的收敛性并不理想。

表 2.2　ZEJD 测试问题基尼系数的统计结果

测试函数	NSGA-II	GDE3	SPEA2
ZEJD1	3.83e−01 (4.0e−02)	2.90e−01 (2.9e−02)	9.60e−02 (2.0e−02)
ZEJD2	3.58e−01 (3.9e−02)	2.87e−01 (2.7e−02)	9.49e−02 (1.5e−02)
ZEJD3	3.45e−01 (4.5e−02)	2.92e−01 (2.3e−02)	9.10e−02 (1.6e−02)
测试函数	MOEA/D	SMS-EMOA	3DCH-EMOA
ZEJD1	3.09e−01 (1.7e−02)	9.88e−02 (1.3e−02)	8.18e−02 (1.4e−02)
ZEJD2	3.69e−01 (2.6e−02)	9.54e−02 (1.4e−02)	8.74e−02 (1.6e−02)
ZEJD3	3.12e−01 (1.6e−02)	9.62e−02 (1.4e−02)	8.67e−02 (1.2e−02)

图 2.10 通过使用盒图显示基尼系数的分布特性来对比不同进化多目标算法 30

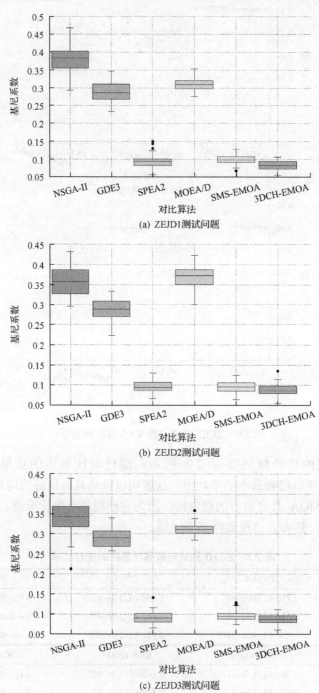

(a) ZEJD1测试问题

(b) ZEJD2测试问题

(c) ZEJD3测试问题

图 2.10   ZEJD 测试问题基尼系数的盒图

次独立实验的统计结果。通过比较三个 ZEJD 测试问题的盒图，可以看出 3DCH-EMOA 可以获得最小基尼系数的解，说明 3DCH-EMOA 在解的分布均匀、种群多样性保持方面有很大的优势。

算法运行时间统计结果如表 2.3 所示。通过对比可以发现算法 MOEA/D 总是花费最少的时间，NSGA-II 和 SPEA2 优于其他的算法。SMS-EMOA 是最耗时的算法，本章提出的 3DCH-EMOA 只比 SMS-EMOA 耗时少。

表 2.3　ZEJD 测试问题的算法运行时间统计结果　　　　　（单位：ms）

测试函数	NSGA-II	GDE3	SPEA2
ZEJD1	1.29e+02(9.6e+01)	2.91e+03(2.2e+01)	2.05e+03(6.9e+01)
ZEJD2	1.32e+02(1.0e+02)	2.91e+03(3.8e+01)	2.04e+03(6.5e+01)
ZEJD3	1.25e+02(7.8e+01)	2.61e+03(2.8e+02)	2.07e+03(1.9e+02)
测试函数	MOEA/D	SMS-EMOA	3DCH-EMOA
ZEJD1	8.49e+01(6.5e+01)	7.03e+04(2.5e+03)	5.30e+04(1.4e+03)
ZEJD2	8.82e+01(6.6e+01)	6.80e+04(2.3e+03)	4.41e+04(1.0e+03)
ZEJD3	8.08e+01(3.8e+01)	7.33e+04(3.6e+03)	4.91e+04(1.3e+03)

采用 Mann-Whitney 检验来验证本章所提出算法的各项评价指标（表 2.1、表 2.2 和表 2.3）是否明显优于其他的对比算法。Mann-Whitney 测试结果在表 2.4 中。通过对比表 2.4 中的结果可以看出：①本章所提出的 3DCH-EMOA 在 VAS 评价指标上明显优于其他的对比算法；②除了 SPEA2 对 ZEJD2 和 ZEJD3 测试问题的结果外，3DCH-EMOA 在基尼系数指标上明显优于其他大多数对比算法；③除了 SMS-EMOA，3DCH-EMOA 在运行时间上要长于其他对比算法。

表 2.4　ZEJD 问题的 Mann-Whitney 测试结果

评价指标	测试函数	3DCH-EMOA 对比算法				
		NSGA-II	GDE3	SPEA2	MOEA/D	SMS-EMOA
VAS	ZEJD1	▲	▲	▲	▲	▲
	ZEJD2	▲	▲	▲	▲	▲
	ZEJD3	▲	▲	▲	▲	▲
基尼系数	ZEJD1	▲	▲	▲	▲	▲
	ZEJD2	▲	▲	—	▲	▲
	ZEJD3	▲	▲	—	▲	▲
算法运行时间	ZEJD1	▽	▽	▽	▽	▲
	ZEJD2	▽	▽	▽	▽	▲
	ZEJD3	▽	▽	▽	▽	▲

　　在处理很多机器学习问题时，如特征选择和分类器参数优化，评估分类器参数性能要比优化过程更加耗时，这一点和多目标优化方法处理测试问题不同。考虑到处理具体机器学习问题时，优化时间不是关键的障碍，特别是离线学习。

2.6　本 章 小 结

　　本章介绍了 ADCH 最大化问题，提出了 3DCH-EMOA 在增广 DET 空间优化分类器的参数。为了有效地评价多种进化多目标优化算法在处理 ADCH 最大化问题时的性能，我们设计了三个模拟分类器在三维增广 DET 空间分布的 ZEJD 测试问题。对于本章提出的 3DCH-EMOA，针对 ZEJD 测试问题与多种进化多目标优化算法进行了对比，包括 NSGA-II、GDE3、SPEA2、MOEA/D 和 SMS-EMOA。3DCH-EMOA 无论在收敛性上还是在种群均匀性方面都取得了最好的结果，能够有效避免 Pareto 前沿面的凹陷区域，找到 Pareto 前沿凸包面上的解，这部分解更加有助于得到较高的 VAS 值。通过实验对比可以看出本章所提出的算法在处理 ADCH 最大化问题时比经典算法能获得更好的性能。

　　然而，本章提出的算法计算效率相对低下，特别耗时，因为算法中包含很多冗余凸包构造的计算。在处理实际问题时，如果分类器的评价相对更加耗时，那么 3DCH-EMOA 优化学习的时间消费占整个分类器学习过程的比例不大。在接下来的工作中，可以采用更加有效的策略来降低算法的复杂度。

参 考 文 献

[1] Fawcett T. An introduction to ROC analysis[J]. Pattern Recognition Letters, 2006, 27(8): 861-874.

[2] 周志华. 机器学习[M]. 北京: 清华大学出版社, 2016.

[3] Egan J P. Signal Detection Theory and ROC Analysis[M]. Pittsburgh: Academic Press, 1975.

[4] Chen Y L, Wu C C, Tang K. Time-constrained cost-sensitive decision tree induction[J]. Information Sciences, 2016, 354(C): 140-152.

[5] Río S D, López V, Benítez J M, et al. On the use of MapReduce for imbalanced big data using random forest[J]. Information Sciences, 2014, 285: 112-137.

[6] Sox H C, Higgins M C, Owens D K. Medical Decision Making[M]. 2nd Ed. Chichester: Wiley-Blackwell, 2013.

[7] Swets J A. Measuring the accuracy of diagnostic systems[J]. Science, 1988, 240(4857): 1285-1293.

[8] Martin A F, Doddington G R, Kamm T, et al. The DET curve in assessment of detection task performance[C]. Proceeding of the Fifth European Conference on Speech Communication and Technology, Rhodes, 1997: 1895-1898.

[9] Jiao L C, Li L, Shang R H, et al. A novel selection evolutionary strategy for constrained optimization[J]. Information Sciences, 2013, 239(1): 122-141.

[10] Jiao L C, Luo J J, Shang R H, et al. A modified objective function method with feasible-guiding strategy to solve constrained multi-objective optimization problems[J]. Applied Soft Computing, 2014, 14(1): 363-380.

[11] Wu G H, Pedrycz W, Suganthan P N, et al. A variable reduction strategy for evolutionary algorithms handling equality constraints[J]. Applied Soft Computing, 2015, 37: 774-786.

[12] Jin Y, Sendhoff B. Pareto-based multiobjective machine learning: An overview and case studies[J]. IEEE Transactions on Systems, Man, and Cybernetics, Part C: Applications and Reviews, 2008, 38(3): 397-415.

[13] Albukhanajer W A, Briffa J A, Jin Y. Evolutionary multi-objective image feature extraction in the presence of noise[J]. IEEE Transactions on Cybernetics, 2014, 45(9): 1757-1768.

[14] Li L, Yao X, Stolkin R, et al. An evolutionary multiobjective approach to sparse reconstruction[J]. IEEE Transactions on Evolutionary Computation, 2014, 18(6): 827-845.

[15] Kupinski M A, Anastasio M A. Multiobjective genetic optimization of diagnostic classifiers with implications for generating receiver operating characteristic curves[J]. IEEE Transactions on Medical Imaging, 1999, 18(8): 675-685.

[16] Gräning L, Jin Y, Sendhoff B. Generalization improvement in multi-objective learning[C]. Proceedings of the International Joint Conference on Neural Networks, Vancouver, 2006: 4839-4846.

[17] Everson R M, Fieldsend J E. Multi-class ROC analysis from a multi-objective optimisation perspective[J]. Pattern Recognition Letters, 2006, 27(8): 918-927.

[18] Chatelain C, Adam S, Lecourtier Y, et al. A multi-model selection framework for unknown and/or evolutive misclassification cost problems[J]. Pattern Recognition, 2010, 43(3): 815-823.

[19] Wang P, Tang K, Weise T, et al. Multiobjective genetic programming for maximizing ROC performance[J]. Neurocomputing, 2014, 125: 102-118.

[20] Deb K, Pratap A, Agarwai S, et al. A fast and elitist multiobjective genetic algorithm: NSGA-II[J]. IEEE Transactions on Evolutionary Computation, 2002, 6(2): 182-197.

[21] Kukkonen S, Lampinen J. GDE3: The third evolution step of generalized differential evolution[C]. Proceedings of the IEEE Congress on Evolutionary Computation, Edinburgh, 2005: 443-450.

[22] Zitzler E, Laumanns M, Thiele L. SPEA2: Improving the Strength Pareto Evolutionary Algorithm: 103[R]. Zurich: Computer Engineering and Networks Laboratory (TIK), 2001.

[23] Zhang Q F, Li H. MOEA/D: A multiobjective evolutionary algorithm based on decomposition[J]. IEEE Transactions on Evolutionary Computation, 2007, 11(6): 712-731.

[24] Beume N, Naujoks B, Emmerich M. SMS-EMOA: Multiobjective selection based on dominated hypervolume[J]. European Journal of Operational Research, 2007, 181(3): 1653-1669.

[25] Ji S H, Sheng W X, Jing Z W. The multi-objective differential evolution algorithm based on quick convex hull algorithms[C]. Proceedings of the 5th International Conference on Natural Computation, Tianjin, 2009: 469-473.

[26] Davoodi Monfared M, Mohades A, Rezaei J. Convex hull ranking algorithm for multiobjective evolutionary algorithms[J]. Scientia Iranica, 2011, 18(6): 1435-1442.

[27] Cococcioni M, Ducange P, Lazzerini B, et al. A new multi-objective evolutionary algorithm based on convex hull for binary classifier optimization[C]. Proceedings of the IEEE Congress on Evolutionary Computation, Singapore, 2007: 3150-3156.

[28] Ducange P, Lazzerini B, Marcelloni F. Multi-objective genetic fuzzy classifiers for imbalanced and cost-sensitive datasets[J]. Soft Computing, 2010, 14(7): 713-728.

[29] Emmerich M T, Deutz A H. A family of test problems with Pareto-fronts of variable curvature based on super-spheres[C]. Proceedings of the 18th International Conference on Multicriteria Decision Making, Chania, 2006.

[30] Provost F, Fawcett T. Robust classification for imprecise environments[J]. Machine Learning, 2001, 42(3): 203-231.

[31] Fawcett T. Using rule sets to maximize ROC performance[C]. Proceedings of the IEEE International Conference on Data Mining, San Jose, 2001: 131-138.

[32] Fawcett T. PRIE: A system for generating rule lists to maximize ROC performance[J]. Data Mining and Knowledge Discovery, 2008, 17(2): 207-224.

[33] Flach P A, Wu S. Repairing concavities in ROC curves[C]. Proceedings of the 19th International Joint Conference on Artificial Intelligence, Edinburgh, 2005: 702-707.

[34] Barreno M, Cardenas A, Tygar J D. Optimal ROC curve for a combination of classifiers[C]. Proceedings of the 21st Annual Conference on Neural Information Processing Systems: Advances in Neural Information Processing Systems 20, Vancouver, 2008: 57-64.

[35] Prati R C, Flach P A. ROCCER: An algorithm for rule learning based on ROC analysis[C]. Proceedings of the 19th International Joint Conference on Artificial Intelligence, Edinburgh, 2005: 823-828.

[36] Zhao H M. A multi-objective genetic programming approach to developing Pareto optimal decision trees[J]. Decision Support Systems, 2007, 43(3): 809-826.

[37] Bhowan U, Zhang M, Johnston M. Multi-objective genetic programming for classification with unbalanced data[C]. Proceedings of the 22nd Australasian Joint Conference: Advances in Artificial Intelligence, Melbourne, 2009: 370-380.

[38] Bhowan U, Johnston M, Zhang M, et al. Evolving diverse ensembles using genetic programming for classification with unbalanced data[J]. IEEE Transactions on Evolutionary Computation, 2013, 17(3): 368-386.

[39] Wang P, Emmerich M, Li R, et al. Convex hull-based multi-objective genetic programming for maximizing receiver operator characteristic performance[J]. IEEE Transactions on Evolutionary Computation, 2015, 19(2): 188-200.

[40] Bache K, Lichman M. UCI Machine Learning Repository[Z]. https://archive.ics.uci.edu/ml, 2013.

[41] Srinivasan A. Note on the Location of Optimal Classifiers in N-dimensional ROC Space: PRGTR-2-99[R]. Oxford: Oxford University Computing Laboratory, 1999.

[42] Bourke C, Deng K, Scott S D, et al. On reoptimizing multi-class classifiers[J]. Machine Learning, 2008, 71(2-3): 219-242.

[43] Hand D J, Till R J. A simple generalisation of the area under the ROC curve for multiple class classification problems[J]. Machine Learning, 2001, 45(2): 171-186.

[44] Lu X F, Tang K, Yao X. Evolving neural networks with maximum AUC for imbalanced data classification[C]. Proceedings of the 5th International Conference on Hybrid Artificial Intelligence Systems, Part I, San Sebastián, 2010: 335-342.

[45] Tang K, Wang R, Chen T S. Towards maximizing the area under the ROC curve for multi-class classification problems[C]. Proceedings of the 25th AAAI Conference on Artificial Intelligence, San Francisco, 2011: 483-488.

[46] Igel C, Kreutz M. Operator adaptation in evolutionary computation and its application to structure optimization of neural networks[J]. Neurocomputing, 2003, 55(1-2): 347-361.

[47] Chang C C, Lin C J. LIBSVM: A library for support vector machines[J]. ACM Transactions on Intelligent Systems & Technology, 2011, 2(3): 1-27.

[48] O'Rourke J. Computational Geometry in C[M]. 2nd Ed. Cambridge: Cambridge University Press, 1998.

[49] Barber C B, Dobkin D P, Huhdanpaa H. The quickhull algorithm for convex hulls[J]. ACM Transactions on Mathematical Software, 1996, 22(4): 469-483.

[50] Nebro A J, Durillo J J. On the effect of applying a steady-state selection scheme in the multi-objective genetic algorithm NSGA-II[A]//Chiong R. Nature-Inspired Algorithms for Optimisation[M]. Berlin: Springer, 2009: 435-456.

[51] Mann H B, Whitney D R. On a test of whether one of two random variables is stochastically larger than the other[J]. Annals of Mathematical Statistics, 1947, 18 (1): 50-60.

[52] Emmerich M T M, Deutz A. Test problems based on Lamé superspheres[C]. International Conference on Evolutionary Multi-Criterion Optimization, Leiden, 2007: 922-936.

[53] Yitzhaki S. Relative deprivation and the Gini coefficient[J]. Quarterly Journal of Economics, 1979, 93 (2): 321-324.

[54] Durillo J J, Nebro A J, Alba E. The jMetal framework for multi-objective optimization: Design and architecture[C]. Proceedings of the IEEE Congress on Evolutionary Computation, Barcelona, 2010: 1-8.

[55] Durillo J J, Nebro A J. jMetal: A Java framework for multi-objective optimization[J]. Advances in Engineering Software, 2011, 42 (10): 760-771.

第3章 基于三维凸包的进化多目标优化快速算法

3.1 引 言

ROC 曲线[1]和 DET 图[2]被广泛地应用于评价二分类分类器的性能[3,4]。ROC 曲线用来描述真正例率(tpr)和假正例率(fpr)之间的关系。我们希望得到较高的 tpr 和较低的 fpr，然而，最大化 tpr 和最小化 fpr 是两个相互冲突目标。DET 图描述假正例率(fpr)和假负例率(fnr)之间的关系。ROCCH 最大化问题近年来引起了广泛的关注[5-7]。对于一个给定的分类器集合，所有潜在最优的分类器都分布在 ROC 凸包面上。近几年，多目标优化技术被广泛应用于解决 ROCCH 最大化问题[8-12]。ROCCH 最大化的目的是找到一组在 ROC 空间中性能比较好的分类器，它可以看成是一种特殊的多目标优化问题[8]，因为最大化 tpr 和最小化 fpr 可以看成两个相互冲突的目标，分类器的参数可以看作待优化的决策变量。

进化多目标优化算法(EMOA)[13-16]在机器学习领域[17-19]、图像处理领域[20]、邮件检测领域[21,22]和交通路线规划领域[23]得到了广泛的应用。文献[8]中将多种进化多目标优化算法和遗传规划相结合以解决 ROCCH 最大化问题，包括 NSGA-II[24]、MOEA/D[25,26]、SMS-EMOA[27,28]和 AG-EMOA[29]。实验结果表明，对于二分类问题，使用多目标优化方法得到的结果要比单目标优化得到的结果好。然而，以上这些算法并没有考虑 ROC 曲线的特性。文献[9]针对 ROCCH 最大化问题提出了基于凸包的多目标遗传规划(CH-MOGP)算法，该算法考虑了 ROCCH 的性质。算法 CH-MOGP 是一种基于指标的进化算法(IBEA)[30]，该算法使用凸包下的面积(AUC)作为评价指标指导种群的进化。

算法 CH-MOGP 只能处理两目标的机器学习问题，不能处理更多目标的问题，如简约二分类分类器学习[31]、三种方式分类问题[32]。在文献[10]中提出了 3DCH-EMOA，该算法通过在增广 DET 空间中考虑分类器的复杂度率(ccr)，把 ROCCH 最大化问题扩展到三个目标优化问题。在增广 DET 空间中，fpr 刻画在 X 坐标轴，fnr 刻画在 Y 坐标轴，ccr 刻画在 Z 坐标轴。在 3DCH-EMOA 中，增广 DET 空间的凸包体积(VAS)[10]被用作性能评价指标来指导种群每一代的进化。在处理三维 ADCH 最大化问题时，3DCH-EMOA 具有很好的收敛性和种群多样性，并且可以很好地覆盖凸包的相关区域，避开 Pareto 前沿面凹陷的区域。文献[10]结果表明，3DCH-EMOA 的性能在评价指标 VAS 和基尼系数[10,33]方面要明显优于 NSGA-II[24]、GDE3 算法[34]、SPEA2[35]、MOEA/D[25]和 SMS-EMOA[27]。近年来，

3DCH-EMOA 已经成功应用于稀疏神经网络优化学习[10]和多目标垃圾邮件检测[32]问题。然而，除了 SMS-EMOA 之外，3DCH-EMOA 的耗时要多于其他对比算法。3DCH-EMOA 计算复杂度高，主要是因为其需要很多冗余凸包构造的计算。尤其是在第一代对相同优先级个体排序时需要多次构造凸包，这样会带来很大的计算量。最近，针对最大化 ROCCH 问题，Hong 等提出新的算法[11,12]。然而，这些算法只关注了二维的情况，并不能处理更高维数凸包最大化的问题。本章提出了一种快速 3DCH-EMOA，记作 3DFCH-EMOA，在该算法中使用了增量凸包计算和几种新的策略。在每一代中，3DCH-EMOA 的平均计算复杂度从 $O(n^2 \lg n)$ 降为 $O(n \lg n)$，其中 n 为种群的大小。本书只考虑三维的情况，不仅因为三维的情况有很多实际的应用问题，还因为三维凸包可以很漂亮地展示出来。

此外，本章测试了更多的测试问题，同时对比了更多的经典算法，这几种算法尚未公开测试过本章采用的测试问题。粒子群优化(PSO)算法[36]在处理多目标优化问题上取得了很好的效果[37,38]。PSO 算法是一种受生物启发的算法，通过模仿鸟群和鱼群的行为进行优化[39]。在本章中，PSO 算法的两个变体，即 OMOPSO[38]和 SMPSO[40]被用来处理 ADCH 最大化问题。最近，很多学者开始关注解决高维多目标的优化问题，即具有四个或者四个以上目标的问题[41]。NSGA-III[42]为基于参考点多目标 NSGA-II 的改进版本，在处理高维多目标优化问题上取得了很好的效果。在本章中，NSGA-III 将被用来处理 ZEJD 和 ZED 测试问题。此外，文献[43]提出的 MOEA/D 的改进算法 Ens-MOEA/D 也被用来处理模拟 ADCH 最大化问题。

本章的其余部分安排如下：3.2 节介绍相关工作；3.3 节详细介绍 3DFCH-EMOA；3.4 节是本章提出的算法与经典算法的对比；3.5 节给出本章小结。

3.2　相　关　工　作

如文献[10]所述，ADCH 最大化可以看成是一个多目标优化问题，它可以描述为式 (3.1) 的形式：

$$\min_{x \in \Omega} F(x) = \min_{x \in \Omega} \big(f_1(x), f_2(x), f_3(x) \big) \tag{3.1}$$

其中，x 表示待优化的决策变量；f_1、f_2、f_3 分别表示 fpr、fnr、ccr[10]。所有目标函数的值都在区间[0,1]。通常情况下，分布在凸包上的解相互之间是非支配的，但是有些非支配的解分布在 Pareto 前沿面但不在凸包上。这是 ADCH 最大化问题最特殊的地方。3DCH-EMOA 的目的是找到一组分布在三维凸包表面上的非支配解集。

一个集合点的凸包是包含所有点的最小的一个凸集，它是数学上的一个基本集合结构[44-46]。由给定的有限点集 $A \subset \mathbf{R}^3$ 构成的凸包可以表示为

$$T(A) \stackrel{\text{def}}{=} \left\{ x : x = \sum_{i=1}^{|A|} a_i \lambda_i, \sum \lambda_i = 1, 0 \leqslant \lambda_i \leqslant 1 \right\} \tag{3.2}$$

其中，$a_i \in A$。在计算几何学中凸包可以用一组面(F)、一组邻接边和一组顶点(V)组成[47]。每一条边连接两个相邻的面。在本章中，我们只考虑三维空间的凸包，3DCH-EMOA 的解为凸包面上的顶点。对于一个给定的凸包，我们可以直接获取到它的面、边和顶点。

在计算机几何学中已经提出了多种构造凸包的算法[44,48]。文献[45]提出的礼物包裹算法的计算复杂度为 $O(n^2)$。三维凸包的分治构造算法在文献[49]被提出，它的计算复杂度为 $O(n \lg n)$。文献[50]中提出了随机增量凸包算法，该算法中每次在原有凸包的基础上增加一个点。通常情况下，在凸包上增加一个点需要三个步骤：首先，需要找到对增加点的可见凸包面和相应的可见边；其次，用上一步得到的可见边与增加的点连接起来构造新的锥体；最后，删除之前找到的可见面，得到新构造的凸包。文献[51]分析了随机增量凸包算法的复杂度。对于三维凸包，随机增量凸包算法的计算复杂度为 $O(\lg n)$。本章中，该算法的增量特性被用来加速3DCH- EMOA 的执行过程。

文献[47]提出快速凸包算法。对于三维凸包，快速凸包算法的计算复杂度为 $O(n \lg n)$。实验表明，快速凸包算法比随机增量算法占用的计算机存储资源更少，并且对于具有非极值点的情况，快速凸包算法的执行速度更快。即便如此，快速凸包算法只在处理给定一个点集合时有很大的优势，在处理一个动态点集时优势就不在了。

3DCH-EMOA 的目的是找到一组分布在三维凸包表面的解集，凸包由种群 $P \subset \mathbf{R}^3$（在这里种群在目标空间中表示）和参考点集 $R \subset \mathbf{R}^3$ 构成。定义前沿解集(FS)对应凸包的顶点，记为

$$\text{FS}(P) \stackrel{\text{def}}{=} \{ p : p \in \text{CH}(P \bigcup R), p \in P \} \tag{3.3}$$

类似地，定义非前沿解集为 non-FS，它包含分布在凸包内部的解，记为

$$\text{non-FS}(P) \stackrel{\text{def}}{=} P \backslash \text{FS}(P) \tag{3.4}$$

DET 空间的凸包体积(VAS)定义为凸包 CH 的体积，记为

$$\text{VAS}(P) \stackrel{\text{def}}{=} \text{Volume}(\text{CH}(P \cup R)) = \text{Volume}(\text{CH}(\text{FS}(P) \cup R)) \tag{3.5}$$

VAS 被用来当作 3DCH-EMOA 的指标以指导种群的进化过程。3DCH-EMOA 非常耗时，因为在算法每一代的执行过程中需要多次调用快速凸包算法对种群排序并计算个体对 VAS 的贡献。

本章将 3DCH-EMOA 的演化过程看成一个三维随机增量凸包的构造过程，并且设计和采用了几种策略来加快算法的执行过程，3.3 节将对这些细节进行详细的介绍。

3.3　基于三维凸包的进化多目标优化快速算法描述

本节将描述新提出的算法，即 3DFCH-EMOA。该算法中引进了几种新的策略，旨在加速算法的执行过程。

第一，提出了基于三维增量凸包(3D incremental convex-hull，3DICH)的排序算法，在这种算法中种群最多排两个优先级。

第二，加入了基于年龄的选择的策略，对于在 non-FS 集合中的个体，删除那些存在时间长的个体。

第三，设计了新的方法计算凸包中每个顶点对 VAS 的贡献度。在计算凸包每个顶点体积时，我们只需要计算一小部分点集构成凸包的体积，而不是像在 3DCH-EMOA 中那样需要计算整个大凸包的体积。

第四，采用随机增量凸包算法的思想充分利用凸包的数据结构，这样有助于利用已有的凸包信息，减少冗余的计算。在算法的执行过程中不需要像 3DCH-EMOA 那样多次重复构造凸包。

3.3.1　基于三维增量凸包的排序算法

在 3DCH-EMOA 中，使用基于非冗余三维凸包的排序算法将种群分成若干个优先级。其中，冗余解是指在目标空间中性能一样的解。使用这种排序算法的冗余解将排在最后一个优先级，并且这些解只有很小的机会保留到下一代。具有较差性能的非冗余解将有更大的机会生存，而具有较好性能的冗余解将被丢弃，这种方式可以很好地保持种群的多样性。将种群排列在几个不同的凸包面上，类似于 NSGA-II 中把种群根据非支配排序排在不同的优先级上面。如图 3.1 所示，通过构造三个不同的凸包面，种群被分成了三个优先级，其中不同的形状表示不同的优先级。分布在第一个优先级的解用点圈表示，分布在第二个优先级的解用实心框表示，分布在第三个优先级的解用空心点框表示。

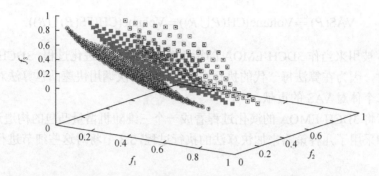

图 3.1　3DCH-EMOA 中的基于非冗余三维凸包排序算法示意图

　　然而，只有分布在第一个优先级的解（即前沿解 FS）有助于提高整个种群的 VAS，因此，没有必要对不在第一个优先级凸平面的解进行排序。因为对其排序不仅计算量大，而且对 VAS 的贡献度为零。由 3DCH-EMOA 得到的前沿解 FS 都分布在凸包面。为了获得好的结果，3DCH-EMOA 应该找到一个真实凸包的良好逼近，使得到的解集不仅具有较大的 VAS 值，而且可以均匀地分布在整个凸包面。受到这种想法的启发，我们设计了 3DFCH-EMOA，在该算法中构造增量凸包。在程序执行过程中，把好的解放入凸包当中，并且从凸包中移除差的解，同时保证凸包上包含解的数量小于或者等于种群的规模。

　　本章提出了基于三维增量凸包的排序算法。在 3DFCH-EMOA 中种群被分成两个部分：一部分是前沿解集（FSset），包含第一个优先级凸包面（CH）上的点；另一部分是非前沿解集（non-FSset），包含剩余的解，即冗余解和包含在凸包内部的解。很容易可以发现非前沿解集对 VAS 没有贡献，并且不会包含在最终的解集里。如图 3.2 所示，种群被分成了两个优先级，点圈部分为前沿解集，实心框部分为非前沿解集。如果非前沿解集为空，则整个种群被分为一个优先级。

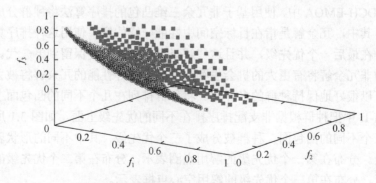

图 3.2　基于三维增量凸包的排序算法示意图

算法 3.1 给出了基于三维增量凸包的排序算法的描述。在该算法中，首先要给出种群 P 和参考点集 R。使用点集 $P \cup R$ 构造凸包 CH。分布在凸包 CH 表面的点被排在第一个优先级，其他的解都排在第二个优先级。被排序的解集和凸包 CH 都被存储起来以便后续使用。在每次迭代中会产生一个新的解，我们需要先判断这个新的解对应的点是不是在凸包 CH 的外部。如果新的解在凸包的外部，那么把新产生的解放在第一个优先级上，否则把新产生的解放在第二个优先级上。基于三维增量凸包的排序算法的计算复杂度为 $O(\lg n)$，其中 n 是凸包 CH 包含顶点的个数，当非前沿解集为空时，n 为种群的规模。

算法 3.1 基于三维增量凸包的排序算法 (P, R)

Require：$P \neq \varnothing$，$R \neq \varnothing$
  　P 是种群
  　R 是参考点集
Ensure：排序好的解集 RS 和构造好的凸包 CH
  1：CH ← 利用点集 $P \cup R$ 构造凸包
  2：FSset ← FS(P)
  3：non - FSset ← $p \setminus$ FSset
  4：RS_0 ← FSset，RS_1 ← non - FSset
  5：**return** 排序好的解集 RS=$\{\mathrm{RS}_0, \mathrm{RS}_1\}$ 和 CH

3.3.2 基于年龄的选择策略

与 3DCH-EMOA 相似，本章新提出的算法 3DFCH-EMOA 也采用 $\mu +1$ 策略（即稳态策略），根据这种策略在每一代中产生一个新的解加入种群中。这样可以保证 VAS 每次迭代都会变得更大或者保持不变。为了保证种群的规模不变，每次迭代都需要删除一个解。如果非前沿解集 non-FSset 非空，则删除集合中生存时间最长的解。

在遗传算法中，使用基于年龄的选择策略选择淘汰个体首先在文献[52]中被采用。另外，这个策略被 Hupkens 等[28]用于一种基于指标的进化多目标优化算法（SMS-EMOA）以替换非支配排序策略。对于新产生的个体，设置它的年龄为 0，在算法的执行过程中，每迭代一次，个体的年龄增加 1。采用基于年龄的选择策略，是因为它的计算复杂度为 $O(1)$，同时新产生的个体更有可能接近最优的解[53]。另外，采用这种策略可以防止搜索陷入局部最优，因为种群中会不停地加入新解。

选择存在时间短的个体存活到下一代，删除非前沿解集中存在时间最长的解，通常情况下，存在时间最长的解存放在队列的最前端。当非前沿解集非空时，基于年龄的选择策略降低了 3DCH-EMOA 的复杂度。这个策略需要很小的存储代价和很低的计算复杂度。在 3DFCH-EMOA 中，非前沿解集中存在时间最长的个体可以直接被剔除掉而不需要复杂的排序过程。在算法中设计了一个年龄队列（AgingQueue）用于存储非前沿解集，在这个队列中，存在时间最长的解会在队列的顶端。基于年龄的选择策略描述如算法 3.2 所述。

算法 3.2　基于年龄的选择策略（AgingQueue, non-FSset）

Require：　AgingQueue 存储非前沿解集 non-FSset

　　　　　　non-FSset ≠ ∅

Ensure：　更新后的 AgingQueue 和非前沿解集 non-FSset

　　1：**if** non-FSset ≠ ∅ **then**

　　2：$q \leftarrow$ 队列 AgingQueue 中第一个元素

　　3：删除队列 AgingQueue 中第一个元素

　　4：non-FSset $\leftarrow$ non-FSset\q

　　5：**end if**

　　6：**return** AgingQueue, non-FSset

3.3.3　ΔVAS 快速计算方法

如果非前沿解集非空，删除对 VAS 贡献度最小的解。在本小节中，介绍一种计算 ΔVAS 的快速算法。在凸包面上解的重要度是由 VAS 贡献度来评估的，记作 ΔVAS。

根据随机增量凸包算法的性质[51]，当在一个凸包上添加或者删除一个顶点时，大部分顶点还会保持原有的拓扑结构。只有与添加（或者删除）顶点共面的那些顶点才会改变原来的拓扑结构。如图 3.3 所示，删除如图 3.3(a) 所示凸包中的顶点 1，得到如图 3.3(b) 所示的新凸包。通过对图 3.3(b) 所示的凸包插入一个新的顶点 1 可以得到如图 3.3(a) 所示的凸包。对比两幅图可以发现，当删除或者插入一个顶点凸包时只有局部的拓扑结构发生了变化。

对比图 3.3 所示的两个凸包，可以得出以下结论：当删除或者添加一个顶点时，只有和凸包顶点相关的顶点的拓扑结构会发生变化。定义相关顶点（RV）为那些和给定顶点共用一个面的其他顶点，如式(3.6)所示：

$$RV(p) \stackrel{\text{def}}{=} \{q : p \in F_i, q \in F_i, p \neq q, F_i \in \text{CH}\} \qquad (3.6)$$

其中，$i = 1, 2, \cdots, N_F$，N_F 是凸包 CH 中面的个数。对于给定的顶点 q，查找它的相关顶点的算法如算法 3.3 所述。算法 3.3 的计算复杂度为 $O(n)$，其中 n 是凸包中顶点的数量。

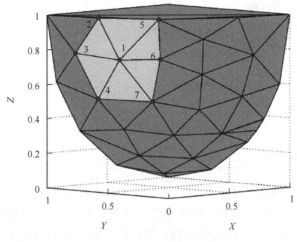

(a) 使用所有的顶点构造的凸包

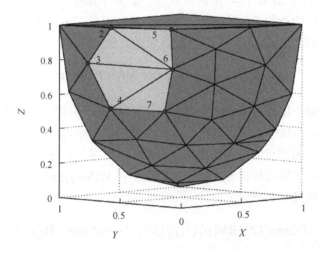

(b) 剔除顶点1之后得到的凸包

图 3.3　3DCH-EMOA 中计算顶点对 VAS 贡献度的示意图

算法 3.3　查找相关顶点(CH, q)

Require：CH 是给定的凸包

　　　　　q 是凸包 CH 的一个顶点

　　　　　N_F 是凸包 CH 中面的个数

　　　　　F 是凸包 CH 面的集合

Ensure：相关顶点集合 RV

　　1：RV $\leftarrow \varnothing$

2: **for** $i \leftarrow 1 : N_F$ **do**

3: **for all** $p \in F_i$ **do**

4: **if** $p \neq q$ 和 $p \notin \mathrm{RV}$ **then**

5: $\mathrm{RV} \leftarrow \mathrm{RV} \bigcup \{p\}$

6: **end if**

7: **end for**

8: **end for**

9: **return** RV

为了让算法的效率更高，我们存储了凸包的结构以及每个顶点对 VAS 的贡献度。在每一代的迭代过程中插入或者删除一个顶点之后，只需更新相关顶点对 VAS 的贡献度。更新具有 n 个顶点的凸包，平均计算复杂度为 $O(\lg n)$ [44]。

在文献[10]中，计算个体 p 的贡献度，需要计算两个凸包的体积，一个是使用种群中所有解构造的凸包的体积，另一个是使用除了 p 之外其他所有解构造的凸包的体积。p 的贡献度为两个凸包的体积差，如式 (3.7) 所示：

$$\Delta \mathrm{VAS}(p) = \mathrm{VAS}(P) - \mathrm{VAS}(P \setminus \{p\}) \tag{3.7}$$

为了更新每个顶点对 VAS 的贡献度，需要构造一个新的不包含该点的凸包。如图 3.3 所示，凸包中大部分点都保持着原来的拓扑结构。删除顶点 1 之后会影响和顶点 1 相关的顶点的拓扑结构，即顶点 2、3、4、5、6 和 7 的拓扑结构。我们可以只使用相关顶点和参考点 r 计算顶点 1 对 VAS 的贡献度。计算顶点 p 贡献度的快速方式如式 (3.8) 所示：

$$\Delta \mathrm{VAS}_f(p) = \mathrm{Volume}\big(\mathrm{CH}(\mathrm{RV}(p) \bigcup \{p\} \bigcup \{r\})\big) - \mathrm{Volume}\big(\mathrm{CH}(\mathrm{RV}(p) \bigcup \{r\})\big) \tag{3.8}$$

其中，r 是参考点，在本章中定义其为点 $(1,1,1)$。在计算式 (3.8) 时，首先构造凸包 $\mathrm{CH}(\mathrm{RV}(p) \bigcup \{r\})$，然后把点 p 加入凸包中得到 $\mathrm{CH}(\mathrm{RV}(p) \bigcup \{p\} \bigcup \{r\})$。

图 3.4 (a) 显示的是由顶点 1 和其相关的顶点以及参考点构造的部分凸包。图 3.4 (b) 显示的是由顶点 1 的相关顶点和参考点构造的部分凸包。顶点 1 的 VAS 贡献度可以通过计算图 3.4 (a) 中的部分凸包与图 3.4 (b) 中的部分凸包得到。当算法种群规模较大时，采用这种方式可以大幅降低算法的复杂度。快速的 $\Delta \mathrm{VAS}$ 计算过程在算法 3.4 进行了详细的描述。

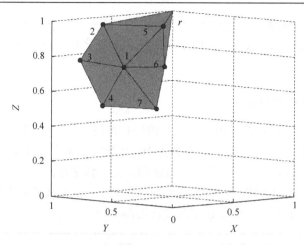

(a) 由顶点1和相关顶点以及参考点构造的凸包

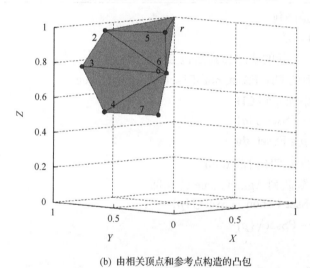

(b) 由相关顶点和参考点构造的凸包

图 3.4　3DFCH-EMOA 中计算顶点对 VAS 贡献度的示意图

算法 3.4　快速 $\Delta\text{VAS}(\text{CH}, q, r)$ 计算过程

Require:　CH 是一个凸包，q 是凸包 CH 的一个顶点，r 是一个参考点

Ensure:　顶点 q 对 VAS 的贡献度

　1: $\text{RV} \leftarrow$ 查找相关顶点(CH, q)

　2: $\text{VAS}_0 \leftarrow \text{Volume}(\text{CH}(\text{RV} \cup \{q\} \cup \{r\}))$

　3: $\text{VAS}_1 \leftarrow \text{Volume}(\text{CH}(\text{RV} \cup \{r\}))$

　4: $\Delta\text{VAS} \leftarrow \text{VAS}_0 - \text{VAS}_1$

　5: **return** ΔVAS

定义部分凸包平均顶点的个数为 m。计算一个顶点的平均计算复杂度为 $O(m \lg m)$，其中，$m = \lg n$。采用了新的更新策略之后算法的平均计算复杂度趋于 $O(\lg n)$。

3.3.4　增量凸包构造算法

我们使用 CH 记录种群构造的凸包的拓扑结构，如凸包的面、边和顶点。每个顶点对 VAS 的贡献度存储在前沿解集中。算法中采用了 $\mu + 1$ 策略，每一代中会产生一个新的个体 q。当 q 产生之后需要判断该个体是在凸包 CH 内部还是外部。如果 q 在凸包 CH 的外部，要把 q 添加到凸包 CH 中，并且把 q 添加到前沿解集。如果 q 在凸包 CH 内部，把点 q 加入非前沿解集。

算法 3.5　添加点到凸包 CH$(CH, FSset, non\text{-}FSset, q)$

Require：　CH 是凸包

　　　　　　FSset $\neq \varnothing$

　　　　　　q 是一个新的要添加到凸包 CH 的解

Ensure：　更新后的 CH, FSset, non-FSset 和 AgingQueue

　1：CH ← 添加 q 到 CH

　2：FSset ← FSset $\cup \{q\}$

　3：**for all** $p \in$ FSset **do**

　4：**if** p 在凸包 CH 内部 **then**

　5：添加 p 到队列 AgingQueue 的尾部

　6：non - FSset ← non - FSset $\cup \{p\}$

　7：FSset ← FSset $\setminus \{p\}$

　8：**end if**

　9：**end for**

10：RV ← 找到相关点 (CH, q)

11：CH.q.贡献度 ← 快速 ΔVAS(CH, q, r)算法

12：**for all** $p \in$ RV **do**

13：CH.q.贡献度 ← 快速 ΔVAS(CH, q, r)算法

14：**end for**

15：**return** CH, FSset, non-FSset 和 AgingQueue

当添加 q 到凸包中时，凸包的一些点的拓扑结构将会改变，并且相关点对 VAS 的贡献度将会受到影响。由于引入点 q 之后引起的变化，不再分布在凸包表面 CH 的解需要从前沿解集中删除，并且添加到年龄队列 AgingQueue 的尾部。添加点 q

到凸包 CH 中的细节在算法 3.5 中进行了描述。在该算法中，添加一个点到凸包 CH 中的平均计算复杂度为 $O(\lg n)$，其中 n 是种群的规模。查找相关点的平均计算复杂度为 $O(n)$。平均更新相关点对 VAS 的贡献度为 $O((\lg n)^2)$。因此算法 3.5 的平均计算复杂度为 $O((\lg n)^2)$。

为了保持算法执行过程中种群的规模为一个常量 n，算法的每次迭代中都需要删除一个个体。如果队列 AgingQueue 非空，它当中的第一个元素将被删除。如果队列 AgingQueue 为空，也就是说所有的个体都在凸包表面上，对 VAS 贡献度最小的解将会被删除。然后使用增量凸包算法重新构造凸包，并且更新新得到的凸包中每个点对 VAS 的贡献度。算法 3.6 描述了从凸包 CH 删除贡献度最小的点的过程，与算法 3.5 类似，查找相关顶点的计算复杂度为 $O(n)$。更新相关点对 VAS 贡献度的计算复杂度为 $O((\lg n)^2)$。重新构造凸包的计算复杂度为 $O(n\lg n)$。因此，算法 3.6 的平均计算复杂度趋近于 $O(n\lg n)$。

算法 3.6　从凸包 CH 中删除贡献度最小的点 (CH, FSset, t, q)

Require：CH 是凸包

　　　　　FSset $\neq \varnothing$

　　　　　q 是将要删除的点

Ensure：更新后的凸包 CH 和前沿解集 FSset

　1：FSset $\leftarrow$ FSset $\setminus \{q\}$

　2：RV $\leftarrow$ 查找相关定点 (CH, q)

　3：存储凸包 CH 中每个顶点对 VAS 的贡献度到变量 TEMP 中

　4：在不包含 q 时重新构造凸包 CH

　5：根据变量 TEMP 中的数值更新凸包 CH 每个点对 VAS 的贡献度

　6：**for all** $p \in$ RV **do**

　7：CH.p.贡献度 $\leftarrow$ 快速 ΔVAS (CH, p, r) 算法

　8：**end for**

　9：**return** CH, FSset

3.3.5　算法计算复杂度分析

3DFCH-EMOA 计算框架如算法 3.7 所述。3DCH-EMOA 和本章新提出的 3DFCH-EMOA 都属于进化算法，它们的计算复杂度可以通过每次迭代的复杂度来衡量。本节中把种群规模设置为 n。在 3DCH-EMOA 中，每次迭代产生新个体的计算复杂度为 $O(n)$。基于非冗余三维凸包排序算法的计算复杂度为 $O(n^2\lg n)$。更新每个解 VAS 贡献度的计算复杂度为 $O(n^2\lg n)$。3DCH-EMOA 每次迭代的总

体平均计算复杂度为 $O(n^2 \lg n)$。

算法 3.7　3DFCH-EMOA(MEs, n)

Require：MEs(MEs>0)为最大评估次数，$n(n>0)$为种群规模
Ensure：前沿解集 FSset
 1：$P_0 \leftarrow$ 初始化()
 2：RS,CH $\leftarrow$ 基于 3DICH 排序(P_0, R)
 3：FSset $\leftarrow$ RS$_0$,non$_1$-FSset $\leftarrow$ RS
 4：**for all** $p \in$ FSset **do**
 5：CH.p.贡献度 $\leftarrow$ 快速 ΔVAS(CH, p, r)算法
 6：**end for**
 7：添加元素到 non-FSset 和 AgingQueue
 8：$t \leftarrow n$
 9：**while** $t <$ MEs **do**
10：$t \leftarrow t+1, q_t \leftarrow$ 变异算子(合并(FSset$\bigcup$non-FSset))
11：**if** q_t 在凸包(CH)内部 **then**
12：non-FSset $\leftarrow$ non-FSset$\bigcup\{q_t\}$
13：添加 q_t 到队列 AgingQueue 的队尾
14：**else**
15：CH, FSset, non-FSset, AgingQueue $\leftarrow$ 添加点到凸包 CH(CH, FSset, non-FSset, q_t)
16：**end if**
17：**if** AgingQueue $\neq \varnothing$ **then**
18：AgingQueue, non-FSset $\leftarrow$ 基于年龄的选择策略(AgingQueue, non-FSset)
19：**else**
20：找到最小贡献度的顶点 p
21：CH, FSset $\leftarrow$ 从凸包中删除点 CH(CH, p)
22：**end if**
23：**end while**
24：**return** FSset

在 3DFCH-EMOA 中，每次迭代产生新个体的平均计算复杂度为 $O(n)$。基于 3DICH 排序算法的计算复杂度为 $O(\lg n)$。基于年龄选择策略的计算复杂度为 $O(1)$。添加一个点到凸包 CH 中的计算复杂度为 $O(n\lg n)$，从凸包 CH 中删除一个点的计算复杂度为 $O(n\lg n)$。因此，算法总的平均计算复杂度为 $O(n\lg n)$。

3.4　实　验　研　究

在本节中，选取两个测试集 ZED 和 ZEJD 来测试 3DFCH-EMOA 以及多个进化多目标算法的性能，包括 NSGA-III、Ens-MOEA/D 和 3DCH-EMOA，以及两个基于 PSO 的算法，即 OMOPSO 算法和 SMPSO 算法。ZED 测试问题由文献[54]提出，用来测试三维 ROCCH 最大化问题。ZED 中包含三个测试问题，它们是模拟三分类问题的三维 ROC 空间分布。ZEJD 测试问题由文献[10]提出，它们是对简约二分类问题的三维增广 DET 空间分布的模拟。

本节中大部分实验基于 Java 编程语言的多目标优化工具包 jMetal[55]实现。Ens-MOEA/D 用 MATLAB 编程语言实现。所有的实验都在台式计算机上实现，该机器配备 i5 3.2GHz 处理器和 4GB 内存，操作系统为 Ubuntu 14.04LTS。对于每种算法，测试 ZED 和 ZEJD 问题时，都独立运行实验 30 次。为了全面地对比每种算法的性能，进行了三组对比实验：

（1）3DFCH-EMOA 和其他多种进化多目标优化算法对比在处理 ZED 和 ZEJD 测试问题的性能，对比算法包括 3DCH-EMOA、NSGA-III、Ens-MOEA/D、OMOPSO 算法和 SMPSO 算法。

（2）3DFCH-EMOA 和 3DCH-EMOA 对于不同种群规模（即 100、200、300、400、500、1000）处理 ZED 测试问题的性能对比。

（3）在处理非前沿解集时，对比基于年龄的选择策略和随机选择策略的性能。

实验中选择了三种评价准则评价算法的性能，包括 VAS[10]、基尼系数[10]和算法运行时间。

VAS 可以很直观地评估 ZED 和 ZEJD 测试问题的性能。对于 ZED 测试问题，VAS 的最小值为 0，VAS 的最大值为 5/6。对于 ZEJD 测试问题，VAS 的最小值为 0，VAS 的最大值为 0.5。通常情况下，VAS 数值越大，对应种群的性能越好。

用算法的运行时间来比较算法的计算复杂度。对于整个算法来说，测试问题每次评估测试函数的用时很少，可以忽略不计。统计时间主要为算法运行的时间。通常情况下，算法的用时越少，计算复杂度越低。

3.4.1　3DFCH-EMOA 和多种 EMOA 对比

本节对多种进化多目标算法处理 ZED 和 ZEJD 测试问题的性能进行了对比，对比算法包括 NSGA-III、Ens-MOEA/D、OMOPSO 算法、SMPSO 算法、3DCH-EMOA 和 3DFCH-EMOA。

1. 参数设置

所有的算法都执行 25000 次评估函数。实验中选择模拟二值交叉操作和多项式的变异操作。交叉概率为 $p_c = 0.9$，变异概率为 $p_m = 1/n$，其中 n 表示决策变量的个数。以上参数设置为文献[10]中推荐的设置。在本节中种群的规模选择设为 100。

2. 实验结果和讨论

随机选取了一组各种算法处理 ZED 和 ZEJD 测试问题得到的 Pareto 前沿解，图 3.5～图 3.10 显示了其 Pareto 前沿解。通过比较各种算法的 Pareto 前沿面的形状来分析对比算法的性能。

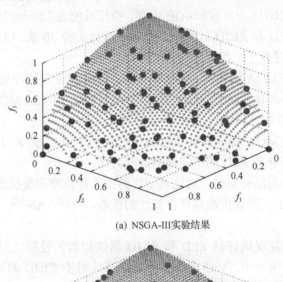

(a) NSGA-III实验结果

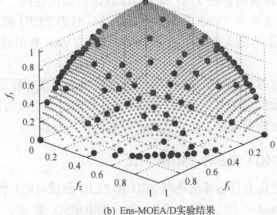

(b) Ens-MOEA/D实验结果

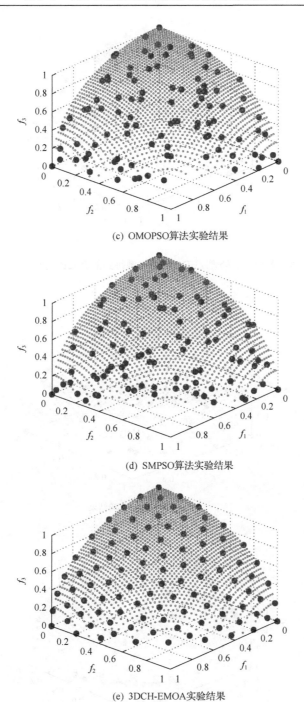

(c) OMOPSO算法实验结果

(d) SMPSO算法实验结果

(e) 3DCH-EMOA实验结果

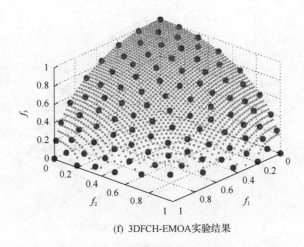

(f) 3DFCH-EMOA实验结果

图 3.5　多种算法处理 ZED1 测试问题得到的 Pareto 前沿解的分布

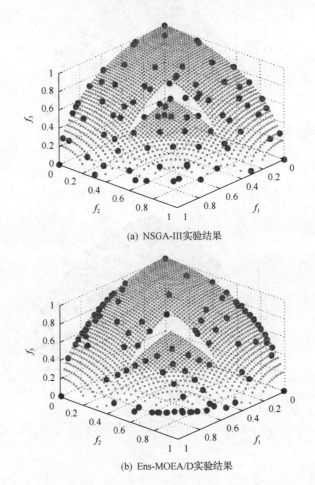

(a) NSGA-III实验结果

(b) Ens-MOEA/D实验结果

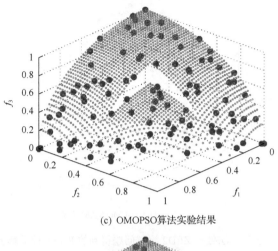

(c) OMOPSO算法实验结果

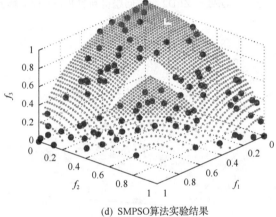

(d) SMPSO算法实验结果

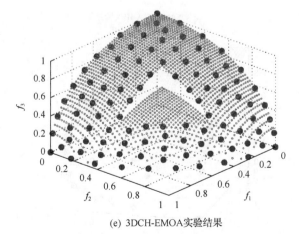

(e) 3DCH-EMOA实验结果

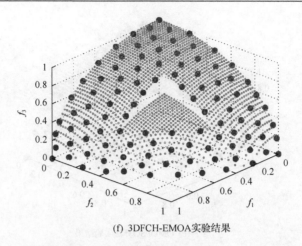

(f) 3DFCH-EMOA实验结果

图 3.6 多种算法处理 ZED2 测试问题得到的 Pareto 前沿解的分布

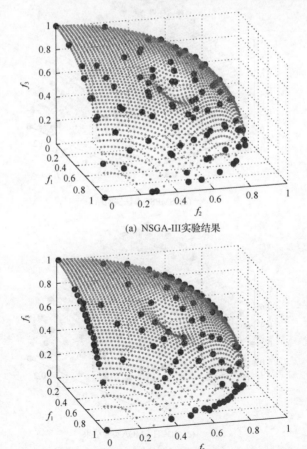

(a) NSGA-III实验结果

(b) Ens-MOEA/D实验结果

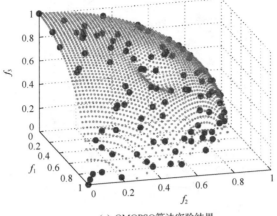

(c) OMOPSO算法实验结果

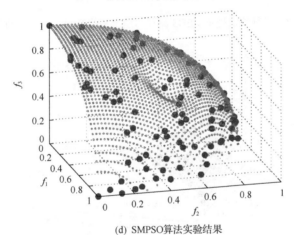

(d) SMPSO算法实验结果

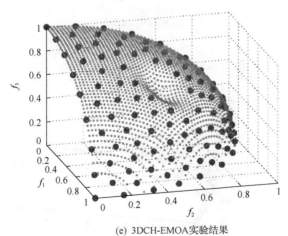

(e) 3DCH-EMOA实验结果

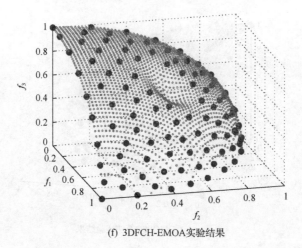

(f) 3DFCH-EMOA实验结果

图 3.7　多种算法处理 ZED3 测试问题得到的 Pareto 前沿解的分布

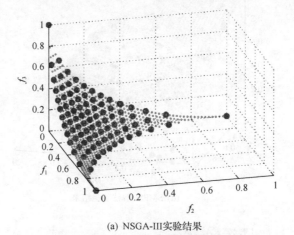

(a) NSGA-III实验结果

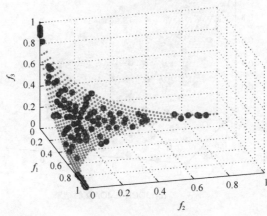

(b) Ens-MOEA/D实验结果

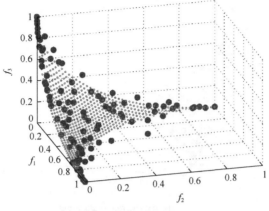

(c) OMOPSO算法实验结果

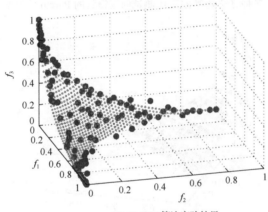

(d) SMPSO算法实验结果

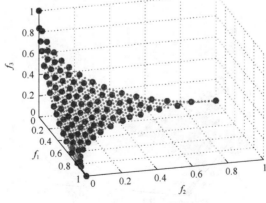

(e) 3DCH-EMOA实验结果

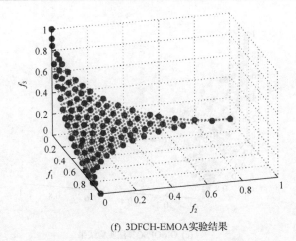

(f) 3DFCH-EMOA实验结果

图 3.8 多种算法处理 ZEJD1 测试问题得到的 Pareto 前沿解的分布

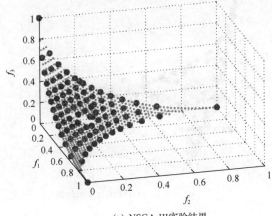

(a) NSGA-III实验结果

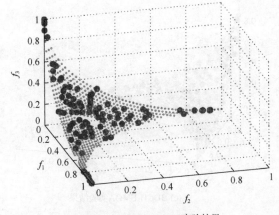

(b) Ens-MOEA/D实验结果

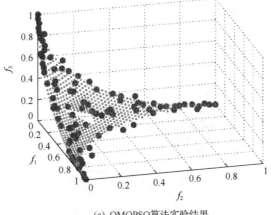

(c) OMOPSO算法实验结果

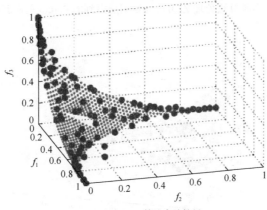

(d) SMPSO算法实验结果

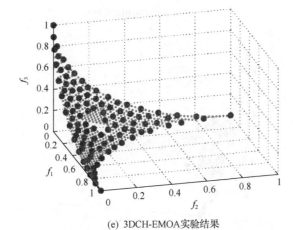

(e) 3DCH-EMOA实验结果

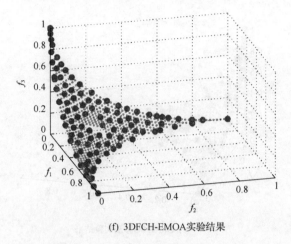

(f) 3DFCH-EMOA实验结果

图 3.9　多种算法处理 ZEJD2 测试问题得到的 Pareto 前沿解的分布

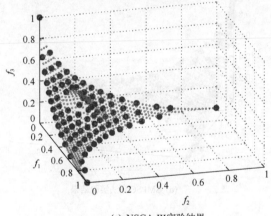

(a) NSGA-III实验结果

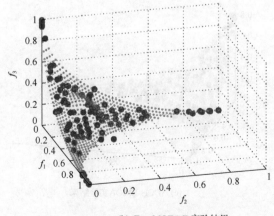

(b) Ens-MOEA/D实验结果

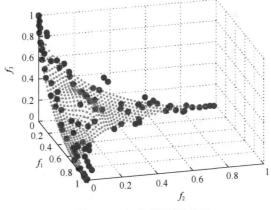

(c) OMOPSO算法实验结果

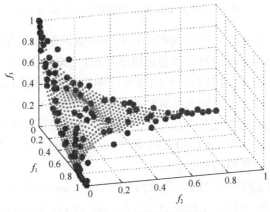

(d) SMPSO算法实验结果

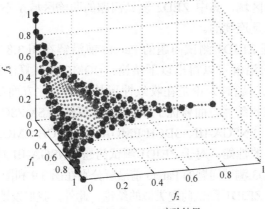

(e) 3DCH-EMOA实验结果

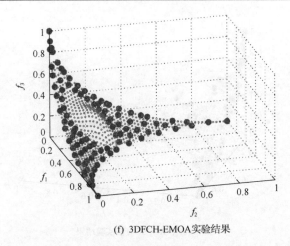

(f) 3DFCH-EMOA实验结果

图 3.10　多种算法处理 ZEJD3 测试问题得到的 Pareto 前沿解的分布

所有算法处理 ZED1 测试问题得到的 Pareto 前沿解如图 3.5 所示。通过分析每种算法得到的 Pareto 前沿解可以得出以下结论：①OMOPSO 算法和 SMPSO 算法处理 ZED1 测试问题时具有最差的收敛性和均匀性；②Ens-MOEA/D 获得的 Pareto 前沿的均匀性很差，因为该算法找到的很多解分布在解空间的边缘区域；③NSGA-III 无论在收敛性还是在均匀性方面都要明显优于 OMOPSO 算法、SMPSO 算法和 Ens-MOEA/D；④3DCH-EMOA 和 3DFCH-EMOA 无论在收敛性还是在均匀性方面都明显优于其他的对比算法。

所有算法处理 ZED2 和 ZED3 测试问题获得的 Pareto 前沿解分别显示在图 3.6 和图 3.7 中。通过对比以上实验结果可以得到和 ZED1 测试问题类似的结论。此外，我们还可以看到只有 3DCH-EMOA 和 3DFCH-EMOA 可以避开 ZED2 和 ZED3 测试问题中凹陷的区域，其中 ZED2 测试问题的凹陷区域是不连续的，ZED3 测试问题的凹陷区域是连续的。

所有算法处理 ZEJD1 测试问题的 Pareto 前沿解在图 3.8 显示。通过对比多种算法的 Pareto 前沿解可以得出以下结论：①OMOPSO 算法和 SMPSO 算法在处理 ZEJD1 测试问题时无论是在收敛性还是在均匀性方面都有最差的性能；②Ens-MOEA/D 在收敛性方面要优于 OMOPSO 算法和 SMPSO 算法，但是在均匀性方面表现不好；③NSGA-III、3DCH-EMOA 和 3DFCH-EMOA 在收敛性和均匀性方面都具有很好的性能。对于 ZEJD1 测试问题，NSGA-III 具有最好的性能。

ZEJD2 和 ZEJD3 测试问题的 Pareto 前沿解分别在图 3.9 和图 3.10 显示。通过对比结果可以得到和 ZEJD1 测试问题类似的结论。此外，我们发现 3DCH-EMOA 和 3DFCH-EMOA 可以避免在 ZEJD2 和 ZEJD3 测试问题的凹陷区域找到解。对于机器学习中的分类问题，分布在凹陷区域的解对分类器性能的提升没有帮助。

3DCH-EMOA 和 3DFCH-EMOA 避开凹陷区域，这样允许其在凸包面上找到更多有利于增大 VAS 值的解。那些分布在 Pareto 前沿但是没有在凸包面上的解对 VAS 指标是没有贡献的。

通过对比所有测试问题的 Pareto 前沿解，我们可以发现本章提出的 3DFCH-EMOA 可以获得和 3DCH-EMOA 一样好的结果。在处理 ZEJD 测试问题时 NSGA-III 可以获得很好的 Pareto 前沿解，但是它不能避开 ZEJD2 和 ZEJD3 测试问题的凹陷区域。分布在 Pareto 前沿面上但是不在凸包面上的解对 VAS 没有贡献。对于分类问题，分布在凹陷区域的分类器性能劣于分布在凸包面上的分类器。

所有算法获得的 VAS 指标统计结果（均值（标准差））如表 3.1 所示。VAS 是最重要的一个评价指标，因为它直接反映出得到的分类器组的整体性能[10]。为了更加形象地对比各种算法的实验结果，图 3.11 展示了 30 次实验结果 VAS 指标的盒图。图 3.11(a) 显示了 ZED1 测试问题的实验结果。从图 3.11 中可以看出本章提出的 3DFCH-EMOA 可以获得和 3DCH-EMOA 同样好的结果，并且无论在 VAS 指标的均值方面还是在标准差方面都明显优于其他的对比算法。NSGA-III 的结果要优于 Ens-MOEA/D、OMOPSO 算法和 SMPSO 算法。通过对比其他测试问题，我们可以发现 3DFCH-EMOA 和 3DCH-EMOA 可以获得最好的 VAS 指标。这表明本章提出的 3DFCH-EMOA 很好地继承了 3DCH-EMOA 的性能。通过对比表 3.1 中的结果，我们发现在处理 ZED 测试问题时 3DFCH-EMOA 和 3DCH-EMOA 的结果明显优于其他的对比算法。在处理 ZEJD 测试问题时 3DFCH-EMOA、3DCH-EMOA 和 NSGA-III 的结果要明显优于其他对比算法。

表 3.1　多种算法处理 ZED 和 ZEJD 测试问题的 VAS 指标统计结果

测试函数	NSGA-III	Ens-MOEA/D	OMOPSO
ZED1	3.48e−01(5.20e−04)	3.44e−01(2.16e−04)	3.37e−01(2.66e−03)
ZED2	3.44e−01(8.20e−04)	3.42e−01(2.76e−04)	3.34e−01(2.75e−03)
ZED3	3.46e−01(5.99e−04)	3.42e−01(2.29e−04)	3.35e−01(2.63e−03)
ZEJD1	4.65e−01(4.24e−06)	4.63e−01(1.20e−04)	4.62e−01(6.02e−04)
ZEJD2	4.64e−01(1.66e−05)	4.63e−01(1.06e−04)	4.62e−01(7.06e−04)
ZEJD3	4.64e−01(1.52e−05)	4.62e−01(1.29e−04)	4.61e−01(5.79e−04)
测试函数	SMPSO	3DCH-EMOA	3DFCH-EMOA
ZED1	3.38e−01(2.34e−03)	3.53e−01(1.70e−05)	3.53e−01(2.80e−05)
ZED2	3.35e−01(2.46e−03)	3.52e−01(2.07e−05)	3.52e−01(2.12e−05)
ZED3	3.36e−01(2.29e−03)	3.51e−01(1.77e−05)	3.51e−01(3.22e−05)
ZEJD1	4.63e−01(4.30e−04)	4.65e−01(2.04e−06)	4.65e−01(2.08e−06)
ZEJD2	4.62e−01(4.92e−04)	4.65e−01(2.09e−06)	4.65e−01(2.16e−06)
ZEJD3	4.62e−01(4.19e−04)	4.64e−01(1.59e−06)	4.64e−01(1.54e−06)

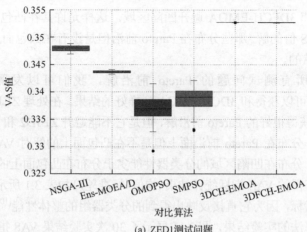

(a) ZED1测试问题

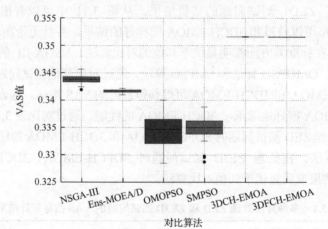

(b) ZED2测试问题

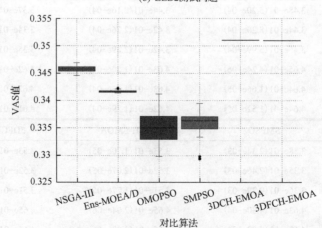

(c) ZED3测试问题

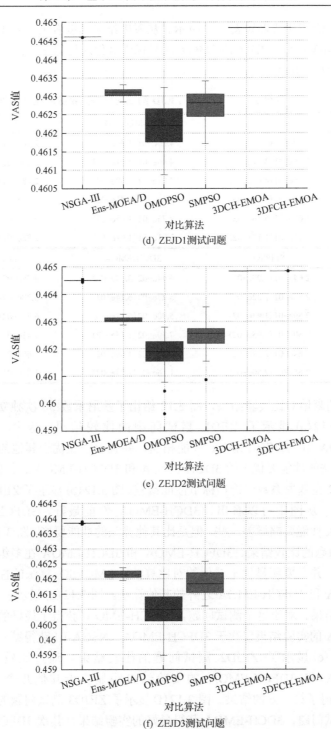

(d) ZEJD1测试问题

(e) ZEJD2测试问题

(f) ZEJD3测试问题

图 3.11　多种算法处理 ZED 和 ZEJD 测试问题得到 VAS 指标的盒图

基尼系数的统计结果如表 3.2 所示。从表中结果可以看出，对于大多数测试问题，3DCH-EMOA 和 3DFCH-EMOA 明显优于其他对比算法。3DCH-EMOA 略微优于 3DFCH-EMOA。

表 3.2　多种算法处理 ZED 和 ZEJD 测试问题基尼系数的统计结果

测试函数	NSGA-III	Ens-MOEA/D	OMOPSO
ZED1	3.70e−01 (4.44e−02)	4.24e−01 (1.40e−02)	2.46e−01 (2.68e−02)
ZED2	3.65e−01 (3.64e−02)	4.40e−01 (1.51e−02)	2.47e−01 (1.89e−02)
ZED3	3.65e−01 (4.02e−02)	4.27e−01 (1.38e−02)	2.48e−01 (2.62e−02)
ZEJD1	1.57e−01 (6.99e−03)	2.63e−01 (1.71e−02)	2.86e−01 (2.01e−02)
ZEJD2	1.67e−01 (6.56e−03)	2.75e−01 (1.95e−02)	2.87e−01 (2.16e−02)
ZEJD3	1.71e−01 (1.17e−02)	3.01e−01 (1.91e−02)	2.82e−01 (2.21e−02)
测试函数	SMPSO	3DCH-EMOA	3DFCH-EMOA
ZED1	2.64e−01 (1.99e−02)	4.44e−02 (3.69e−03)	4.75e−02 (4.61e−03)
ZED2	2.58e−01 (2.32e−02)	5.22e−02 (6.14e−03)	5.70e−02 (6.72e−03)
ZED3	2.59e−01 (1.93e−02)	5.90e−02 (6.12e−03)	6.75e−02 (1.09e−02)
ZEJD1	2.59e−01 (1.95e−02)	7.30e−02 (1.13e−02)	7.41e−02 (1.05e−02)
ZEJD2	2.64e−01 (2.14e−02)	7.84e−02 (1.09e−02)	7.69e−02 (1.01e−02)
ZEJD3	2.66e−01 (2.50e−02)	1.16e−01 (1.24e−02)	1.21e−01 (1.09e−02)

为了更清晰地对比实验结果，图 3.12 给出了基尼系数 30 次独立实验的统计盒图。图 3.12(a) 显示了 ZED1 测试问题的比较结果。从图中可以看出 3DFCH-EMOA 和 3DCH-EMOA 性能相当，并且要明显优于其他的对比算法。OMOPSO 算法的性能要优于除 3DCH-EMOA 和 3DFCH-EMOA 之外的其他算法。Ens-MOEA/D 在基尼系数评价指标下性能最差。图 3.12(b) 显示了 ZED2 测试问题的比较结果。从图中可以看出，3DCH-EMOA 性能最好，3DFCH-EMOA 比3DCH-EMOA 性能要略微差一些，但是比其他算法的性能要好。图 3.12(c) 显示了ZED3 测试问题的比较结果。3DFCH-EMOA 和 3DCH-EMOA 在多组测试问题上的性能相当，并且要明显优于其他的对比算法。OMOPSO 算法的性能优于除了3DCH-EMOA 和 3DFCH-EMOA 之外的其他算法。图 3.12(d) 显示了 ZEJD1 测试问题的比较结果。对于这个测试问题，3DFCH-EMOA 获得了最好的实验结果，3DCH-EMOA 的实验结果仅次于 3DFCH-EMOA，NSGA-III 获得第三好的实验结果。图 3.12(e) 显示了 ZEJD2 测试问题的比较结果。通过比较可以看出，3DCH-EMOA 和 3DFCH-EMOA 的实验结果明显优于其他几个对比算法，NSGA-III 获得了第三好的结果。图 3.12(f) 显示了 ZEJD3 测试问题的比较结果。对于这个测试问题，3DCH-EMOA 获得最好的实验结果，其次 3DFCH-EMOA 获得第二好的实验结果。NSGA-III 的实验结果要优于 Ens-MOEA/D、OMOPSO 算

法和 SMPSO 算法。

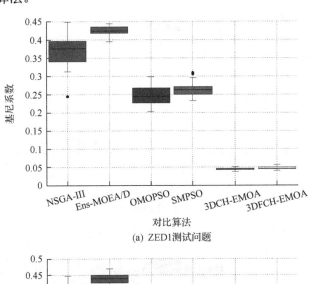

(a) ZED1测试问题

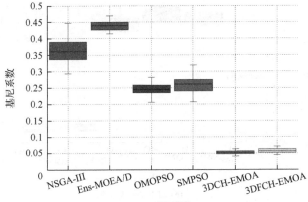

(b) ZED2测试问题

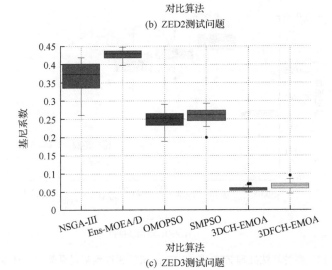

(c) ZED3测试问题

多目标学习算法及其应用

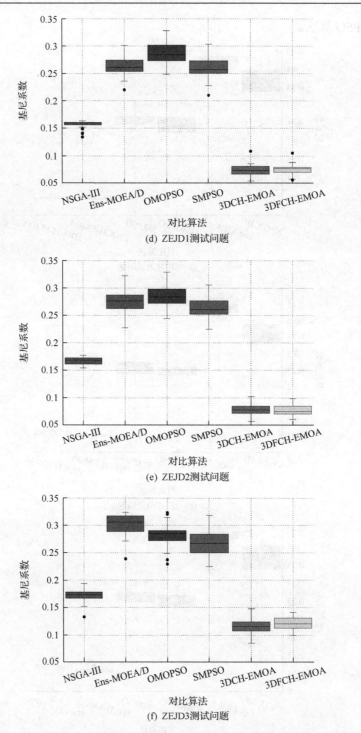

图 3.12 多种算法处理 ZED 和 ZEJD 测试问题得到基尼系数的统计盒图

所有算法运行时间的统计结果如表 3.3 所示。通过对比可以发现，对于所有的测试问题，SMPSO 算法耗费最少的时间，其次是 OMOPSO 算法。3DFCH-EMOA 在时间效率上仅次于 SMPSO 算法和 OMOPSO 算法。3DCH-EMOA 用时是 3DFCH-EMOA 的 30 倍以上，这说明本章提出的算法在不降低其算法性能的基础上，且种群规模为 100 的情况下，算法提速了 30 倍以上。

表 3.3　多种算法处理 ZED 和 ZEJD 测试问题运行时间统计结果　（单位：ms）

测试函数	NSGA-III	Ens-MOEA/D	OMOPSO
ZED1	3.18e+05 (3.22e+03)	6.94e+04 (1.13e+03)	2.17e+03 (9.20e+01)
ZED2	3.16e+05 (3.21e+03)	6.90e+04 (9.85e+02)	2.12e+03 (9.00e+01)
ZED3	3.17e+05 (2.19e+03)	6.96e+04 (1.63e+03)	2.09e+03 (9.29e+01)
ZEJD1	2.95e+05 (3.11e+03)	6.88e+04 (9.99e+02)	3.73e+02 (1.66e+01)
ZEJD2	2.94e+05 (3.10e+03)	6.88e+04 (1.20e+03)	3.70e+02 (1.22e+01)
ZEJD3	2.91e+05 (3.12e+03)	6.88e+04 (1.56e+03)	3.61e+02 (1.21e+01)

测试函数	SMPSO	3DCH-EMOA	3DFCH-EMOA
ZED1	4.02e+02 (5.71e+01)	4.68e+05 (3.70e+04)	6.33e+03 (5.68e+02)
ZED2	4.02e+02 (5.40e+01)	4.40e+05 (3.53e+04)	4.79e+03 (3.11e+02)
ZED3	4.03e+02 (7.15e+01)	4.53e+05 (3.47e+04)	5.35e+03 (7.06e+02)
ZEJD1	2.14e+02 (1.16e+01)	2.28e+05 (4.45e+03)	5.70e+03 (8.04e+02)
ZEJD2	2.14e+02 (6.33e+00)	2.11e+05 (4.54e+03)	5.22e+03 (6.84e+02)
ZEJD3	2.15e+02 (8.17e+00)	1.85e+05 (3.71e+03)	5.53e+03 (8.58e+02)

3.4.2　3DFCH-EMOA 和 3DCH-EMOA 对比

在本节中用 3DFCH-EMOA 和 3DCH-EMOA 处理 ZED 测试问题，并且对比了多种不同种群规模下的实验结果。

1. 参数设置

所有的算法最大评估次数都设置为 25000。实验中采用模拟二值交叉操作算子和多项式变异操作。交叉概率为 $p_c = 0.9$，变异概率为 $p_m = 1/n$，其中 n 是决策变量个数，对于 ZED 测试问题，$n=3$。种群规模分别设为 100、200、300、400、500 和 1000。

2. 实验结果和讨论

当种群规模为 300 时用 3DCH-EMOA 和 3DFCH-EMOA 处理 ZED 测试问题得到的 Pareto 前沿解分布如图 3.13 所示。通过对比分析以上实验结果，我们可以得出以下结论：①两种算法都可以获得分布在 f_1-f_2-f_3 空间中比较均匀的解；②不管是对于解空间连续的情况（图 3.13（e）和图 3.13（f）），还是对于解空间不连续的情况(图 3.13(c)和图 3.13(d)),两种算法都可以避开 Pareto 前沿中凹陷的区域。

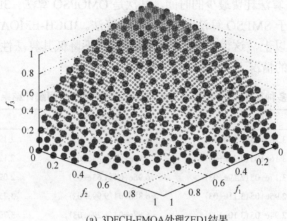

(a) 3DFCH-EMOA处理ZED1结果

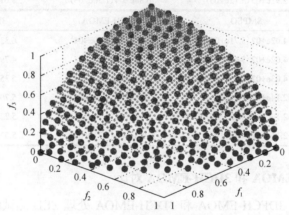

(b) 3DCH-EMOA处理ZED1结果

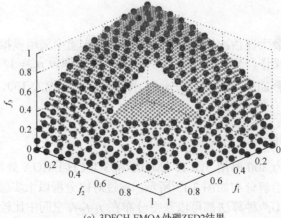

(c) 3DFCH-EMOA处理ZED2结果

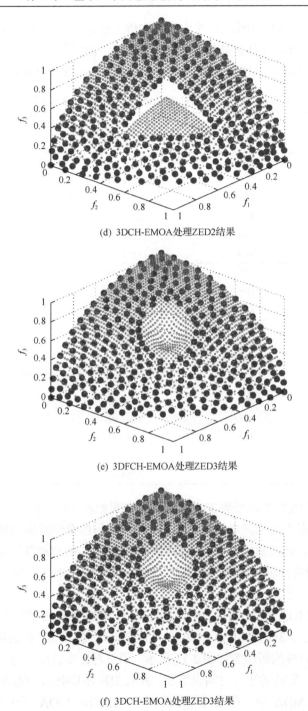

(d) 3DCH-EMOA处理ZED2结果

(e) 3DFCH-EMOA处理ZED3结果

(f) 3DCH-EMOA处理ZED3结果

图 3.13 3DFCH-EMOA 和 3DCH-EMOA 处理 ZED 测试问题
得到的 Pareto 前沿解分布

表 3.4 列举了 VAS 指标 30 次实验的均值。通过对比表中 VAS 的结果可以看出，3DFCH-EMOA 可以获得和 3DCH-EMOA 相同的结果。本章提出的 3DFCH-EMOA 继承了 3DCH-EMOA 处理 ADCH 最大化问题的良好性能。

表 3.4　ZED 测试问题的 VAS 指标 30 次实验平均结果

测试函数	种群规模	对比算法	
		3DFCH-EMOA	3DCH-EMOA
ZED1	100	3.53e−01	3.53e−01
	200	3.55e−01	3.55e−01
	300	3.56e−01	3.56e−01
	400	3.56e−01	3.56e−01
	500	3.56e−01	3.56e−01
	1000	3.56e−01	3.56e−01
ZED2	100	3.52e−01	3.52e−01
	200	3.54e−01	3.54e−01
	300	3.54e−01	3.54e−01
	400	3.54e−01	3.54e−01
	500	3.55e−01	3.55e−01
	1000	3.55e−01	3.55e−01
ZED3	100	3.51e−01	3.51e−01
	200	3.53e−01	3.53e−01
	300	3.54e−01	3.54e−01
	400	3.54e−01	3.54e−01
	500	3.54e−01	3.54e−01
	1000	3.55e−01	3.55e−01

ZED 测试问题的基尼系数 30 次实验平均结果如表 3.5 所示。3DFCH-EMOA 和 3DCH-EMOA 在不同种群规模下处理 ZED1 测试问题得到解集的基尼系数折线图如图 3.14 所示。通过对比图中的实验结果可以发现，随着种群规模的增加，基尼系数会增加，说明种群的均匀性会变差。同时也可以发现 3DFCH-EMOA 和 3DCH-EMOA 的性能相当。

3DFCH-EMOA 和 3DCH-EMOA 处理 ZED 测试问题 30 次实验结果的运行时间如表 3.6 所示。3DFCH-EMOA 和 3DCH-EMOA 在不同种群规模下处理 ZED1 测试问题的运行时间折线图如图 3.15 所示。通过对比实验结果可以看出，随着种群规模的增加，算法的运行时间也增加，并且 3DCH-EMOA 运行时间的增长速度要比 3DFCH-EMOA 快。在相同种群规模下，3DCH-EMOA 要比 3DFCH-EMOA 耗费更多的时间。以上结论和算法的计算复杂度分析是一致的。

表 3.5　ZED 测试问题的基尼系数 30 次实验平均结果

测试函数	种群规模	对比算法	
		3DFCH-EMOA	3DCH-EMOA
ZED1	100	4.75e−02	4.44e−02
	200	4.77e−02	4.72e−02
	300	5.03e−02	5.16e−02
	400	5.43e−02	5.46e−02
	500	5.79e−02	5.77e−02
	1000	7.49e−02	7.40e−02
ZED2	100	5.70e−02	5.22e−02
	200	5.39e−02	5.55e−02
	300	5.80e−02	5.87e−02
	400	6.24e−02	6.30e−02
	500	6.53e−02	6.61e−02
	1000	8.28e−02	8.14e−02
ZED3	100	6.75e−02	5.90e−02
	200	6.48e−02	6.46e−02
	300	6.67e−02	6.72e−02
	400	6.99e−02	6.84e−02
	500	7.11e−02	7.19e−02
	1000	8.57e−02	8.40e−02

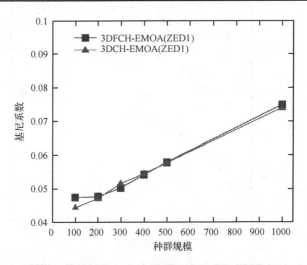

图 3.14　3DFCH-EMOA 和 3DCH-EMOA 在不同种群规模下处理 ZED1
测试问题得到解集的基尼系数折线图

表 3.6　ZED 测试问题 30 次实验结果的运行时间　　　　　（单位：ms）

测试函数	种群规模	对比算法	
		3DFCH-EMOA	3DCH-EMOA
ZED1	100	6.33e+03	4.68e+05
	200	4.72e+04	1.40e+06
	300	1.04e+05	3.42e+06
	400	1.79e+05	6.48e+06
	500	2.87e+05	1.07e+07
	1000	9.87e+05	4.84e+07
ZED2	100	4.79e+03	4.40e+05
	200	4.50e+04	1.32e+06
	300	9.77e+04	3.22e+06
	400	1.69e+05	6.11e+06
	500	2.70e+05	1.00e+07
	1000	8.95e+05	4.50e+07
ZED3	100	5.35e+03	4.53e+05
	200	4.64e+04	1.35e+06
	300	1.00e+05	3.29e+06
	400	1.74e+05	6.26e+06
	500	2.78e+05	1.03e+07
	1000	9.28e+05	4.62e+07

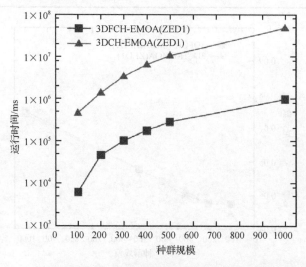

图 3.15　3DFCH-EMOA 和 3DCH-EMOA 在不同种群规模下处理 ZED1
测试问题的运行时间曲线

3.4.3　基于年龄的选择策略和随机选择策略对比

本节对比基于年龄的选择策略和随机选择策略处理非前沿解集 non-FSset 的性能。分别独立运行基于年龄的选择策略和随机选择策略 30 次，并且记录每代种群的 VAS 值。30 次独立实验 VAS 的平均值和迭代代数关系如图 3.16 所示。通过分析图中的结果可以看出基于年龄的选择策略比随机选择策略收敛得要稍微快些。然而简单地采用基于年龄的选择策略不能显著地提高算法性能。基于年龄的选择策略需要结合上面介绍的其他策略才可以更加有效地提高算法的性能。

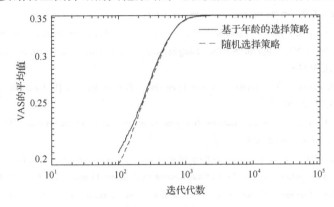

图 3.16　基于年龄的选择策略和随机选择策略在处理 ZED1 测试问题时每代种群
VAS 的平均值结果曲线

3.5　本 章 小 结

本章提出了 3DFCH-EMOA，它是 3DCH-EMOA 的快速实现算法。在 3DFCH-EMOA 中，采用了增量凸包算法和其他几个策略来加速算法的执行过程。新提出的算法为了降低算法的计算复杂度，在每一代的执行过程中算法只排列成两个优先级：一个分布在凸包面上，另外一个不包含在凸包面。该算法采用了计算复杂度为 $O(1)$ 的基于年龄的选择策略，通过采用这种策略可以让算法在每次迭代中优先选择新产生的个体。此外，本章还提出了一种快速计算每个顶点对 VAS 贡献度的方法。总体来说，每一代算法的平均时间计算复杂度从原来的 $O(n^2 \lg n)$ 降低到了 $O(n \lg n)$。六个测试问题被用来测试多种进化多目标算法的性能。实验结果表明，在种群规模为 100 时，本章提出的 3DFCH-EMOA 在不影响算法性能的情况下要比 3DCH-EMOA 提速 30 倍以上。实验中发现基于粒子群优化的算法（SMPSO、OMOPSO）在效率上有很大的优势，将来可以采用粒子群算法进一步提高算法的计算效率。

参 考 文 献

[1] Fawcett T. An introduction to ROC analysis[J]. Pattern Recognition Letters, 2006, 27(8): 861-874.

[2] Martin A F, Doddington G R, Kamm T, et al. The DET curve in assessment of detection task performance[C]. Proceeding of the Fifth European Conference on Speech Communication and Technology, Rhodes, 1997: 1895-1898.

[3] Hanley J A. Receiver operating characteristic (ROC) methodology: The state of the art[J]. Critical Reviews in Computed Tomography, 1989, 29(3): 307-335.

[4] Fawcett T. Using rule sets to maximize ROC performance[C]. Proceedings of the IEEE International Conference on Data Mining, San Jose, 2001: 131-138.

[5] Provost F, Fawcett T. Robust classification for imprecise environments[J]. Machine Learning, 2001, 42(3): 203-231.

[6] Barreno M, Cardenas A, Tygar J D. Optimal ROC curve for a combination of classifiers[C]. Proceedings of the 21st Annual Conference on Neural Information Processing Systems: Advances in Neural Information Processing Systems 20, Vancouver, 2008: 57-64.

[7] Fawcett T. PRIE: A system for generating rule lists to maximize ROC performance[J]. Data Mining and Knowledge Discovery, 2008, 17(2): 207-224.

[8] Wang P, Tang K, Weise T, et al. Multiobjective genetic programming for maximizing ROC performance[J]. Neurocomputing, 2014, 125: 102-118.

[9] Wang P, Emmerich M, Li R, et al. Convex hull-based multi-objective genetic programming for maximizing receiver operator characteristic performance[J]. IEEE Transactions on Evolutionary Computation, 2015, 19(2): 188-200.

[10] Zhao J Q, Basto-Fernandes V, Jiao L C, et al. Multiobjective optimization of classifiers by means of 3D convex-hull-based evolutionary algorithms[J]. Information Sciences, 2016, 367-368: 80-104.

[11] Hong W J, Tang K. Convex hull-based multi-objective evolutionary computation for maximizing receiver operating characteristics performance[J]. Memetic Computing, 2016, 8(1): 35-44.

[12] Hong W G, Lu G Z, Yang P, et al. A new evolutionary multi-objective algorithm for convex hull maximization[C]. IEEE Congress on Evolutionary Computation, Sendai, 2015: 931-938.

[13] Zitzler E, Thiele L. Multiobjective optimization using evolutionary algorithms—A comparative case study[C]. Parallel Problem Solving from Nature, Amsterdam, 1998: 292-301.

[14] Konak A, Coit D W, Smith A E. Multi-objective optimization using genetic algorithms: A tutorial[J]. Reliability Engineering and System Safety, 2006, 91(9): 992-1007.

[15] Shang R H, Dai K Y, Jiao L C, et al. Improved memetic algorithm based on route distance grouping for multiobjective large scale capacitated arc routing problems[J]. IEEE Transactions on Cybernetics, 2016, 46(4): 1000-1013.

[16] Li K, Kwong S, Zhang Q, et al. Interrelationship-based selection for decomposition multiobjective optimization[J]. IEEE Transactions on Cybernetics, 2015, 45(10): 2076-2088.

[17] Mukhopadhyay A, Maulik U, Bandyopadhyay S, et al. A survey of multiobjective evolutionary algorithms for data mining: Part I[J]. IEEE Transactions on Evolutionary Computation, 2014, 18(1): 4-19.

[18] Mukhopadhyay A, Maulik U, Bandyopadhyay S, et al. Survey of multiobjective evolutionary algorithms for data mining: Part II[J]. IEEE Transactions on Evolutionary Computation, 2014, 18(1): 20-35.

[19] Wang S, Minku L L, Yao X. A multi-objective ensemble method for online class imbalance learning[C]. International Joint Conference on Neural Networks, Beijing, 2014: 3311-3318.

[20] Li L, Yao X, Stolkin R, et al. An evolutionary multiobjective approach to sparse reconstruction[J]. IEEE Transactions on Evolutionary Computation, 2014, 18(6): 827-845.

[21] Yevseyeva I, Basto-Fernandes V, Méndez J R. Survey on anti-spam single and multi-objective optimization[C]. International Conference on ENTER Prise Information Systems, Vilamoura, 2011: 120-129.

[22] Basto-Fernandes V, Yevseyeva I, Méndez J R. Anti-spam multiobjective genetic algorithms optimization analysis[J]. International Resource Management Journal, 2012, 26: 54-67.

[23] Wang J H, Zhou Y, Wang Y, et al. Multiobjective vehicle routing problems with simultaneous delivery and pickup and time windows: Formulation, instances, and algorithms[J]. IEEE Transactions on Cybernetics, 2016, 46(3): 582-594.

[24] Deb K, Pratap A, Agarwal S, et al. A fast and elitist multiobjective genetic algorithm: NSGA-II[J]. IEEE Transactions on Evolutionary Computation, 2002, 6(2): 182-197.

[25] Zhang Q, Li H. MOEA/D: A multiobjective evolutionary algorithm based on decomposition[J]. IEEE Transactions on Evolutionary Computation, 2007, 11(6): 712-731.

[26] Wang Z K, Zhang Q F, Zhou A, et al. Adaptive replacement strategies for MOEA/D[J]. IEEE Transactions on Cybernetics, 2016, 46(2): 474-486.

[27] Beume N, Naujoks B, Emmerich M. SMS-EMOA: Multiobjective selection based on dominated hypervolume[J]. European Journal of Operational Research, 2007, 181(3): 1653-1669.

[28] Hupkens I, Emmerich M. Logarithmic-time updates in SMS-EMOA and hypervolume-based archiving[C]. EVOLVE-A Bridge between Probability, Set Oriented Numerics, and Evolutionary Computation, Leiden, 2013: 155-169.

[29] Bringmann K, Friedrich T, Neumann F, et al. Approximation-guided evolutionary multi-objective optimization[C]. Proceedings of the Twenty-second International Joint Conference on Artifical Intelligence, Barcelona, 2011: 1846-1853.

[30] Zitzler E, Künzli S. Indicator-based selection in multiobjective search[C]. International Conference on Parallel Solving from Nature, Birmingham, 2004: 832-842.

[31] Ariew R. Ockham's Razor: A Historical and Philosophical Analysis of Ockham's Principle of Parsimony[D]. Champaign-Urbana: University of Illinois, 1976.

[32] Basto-Fernandes V, Yevseyeva I, Méndez J R, et al. A SPAM filtering multi-objective optimization study covering parsimony maximization and three-way classification[J]. Applied Soft Computing, 2016, 48: 111-123.

[33] Yitzhak S. Relative deprivation and the Gini coefficient[J]. Quarterly Journal of Economics, 1979, 93(2): 321-324.

[34] Kukkonen S, Lampinen J. GDE3: The third evolution step of generalized differential evolution[C]. Proceedings of the IEEE Congress on Evolutionary Computation, Edinburgh, 2005: 443-450.

[35] Zitzler E, Laumanns M, Thiele L. SPEA2: Improving the Strength Pareto Evolutionary Algorithm: 103[R]. Zurich: Computer Engineering and Networks Laboratory(TIK), ETH Zurich, 2001.

[36] Zelinks I. A survey on evolutionary algorithms dynamics and its complexity—Mutual relations, past, present and future[J]. Swarm and Evolutionary Computation, 2015, 25: 2-14.

[37] Moore J, Chapman R. Application of particle swarm to multiobjective optimization[C]. International Conference on Computer Science and Software Engineering, New York, 2003.

[38] Sierra M R, Coello C A. Improving PSO-based multi-objective optimization using crowding, mutation and e-dominance[C]. Proceedings of the Third International Conference on Evolutionary Multi-Criterion Optimization, Guanjuato, 2005: 505-519.

[39] Kennedy J, Eberhart R. Particle swarm optimization[C]. Proceedings of IEEE International Conference on Neural Networks, Perth, 1995: 1942-1948.

[40] Nebro A J, Durillc J J, Garcia-Nieto J, et al. SMPSO: A new PSO-based metaheuristic for multi-objective optimization[C]. IEEE Symposium on Computational Intelligence in Multi-criteria Decision-making, Nashville, 2009: 66-73.

[41] von Lücken C, Barán B, Brizuela C. A survey on multi-objective evolutionary algorithms for many-objective problems[J]. Computational Optimization and Applications, 2014, 58(3): 707-756.

[42] Deb K, Jain H. An evolutionary many-objective optimization algorithm using reference-point-based non-dominated sorting approach, Part I: Solving problems with box constraints[J]. IEEE Transactions on Evolutionary Computation, 2014, 18(4): 577-601.

[43] Zhao S Z, Suganthan P N, Zhang Q. Decomposition-based multiobjective evolutionary algorithm with an ensemble of neighborhood sizes[J]. IEEE Transactions on Evolutionary Computation, 2012, 16(3): 442-446.

[44] O'Rourke J. Computational Geometry in C[M]. Cambridge: Cambridge University Press, 1998.

[45] Chand D R, Kapur S S. An algorithm for convex polytopes[J]. Journal of the Association for Computing Machinery, 1970, 17(1): 78-86.

[46] Brodal G S, Jacob R. Dynamic planar convex hull[C]. The 43rd Annual IEEE Symposium on Proceeding of Foundations of Computer Science, Nashville, 2002: 617-626.

[47] Barber C B, Dobkin D P, Huhdanpaa H. The quickhull algorithm for convex hulls[J]. ACM Transactions on Mathematical Software, 1996, 22(4): 469-483.

[48] Dietzfelbinger M, Karlin A, Mehlhorn K, et al. Dynamic perfect hashing: Upper and lower bounds[J]. SIAM Journal on Computing, 1984, 23(4): 738-761.

[49] Preparata F P, Hong S J. Convex hulls of finite sets of points in two and three dimensions[J]. Communications of the ACM, 1977, 20(2): 87-93.

[50] Clarkson K L, Shop P W. Applications of random sampling in computational geometry, II[J]. Discrete and Computational Geometry, 1989, 4(5): 387-421.

[51] Clarkson K L, Mehlhorn K, Seidel R. Four results on randomized incremental constructions[J]. Computational Geometry: Theory and Applications, 1993, 3(4): 185-212.

[52] Ghosh A, Tsutsui S, Tanaka H. Individual aging in genetic algorithms[C]. Proceedings of Australian and New Zealand Conference on Intelligent Information Systems, Adelaide, 1996: 276-279.

[53] Chen W N, Zhang J, Lin Y, et al. Particle swarm optimization with an aging leader and challengers[J]. IEEE Transactions on Evolutionary Computation, 2013, 17(2): 241-258.

[54] Zhao J Q, Basto-Fernandes V, Jiao L C, et al. Multiobjective optimization of classifiers by means of 3-D convex hull based evolutionary algorithms[J]. arXiv: 1412. 5710, 2014.

[55] Durillo J J, Nebro A J. jMetal: A Java framework for multi-objective optimization[J]. Advances in Engineering Software, 2011, 42(10): 760-771.

第4章 进化多目标稀疏集成学习

4.1 引 言

集成学习[1]的思想是首先构造一个弱分类器的集合，然后对于给定的新样本，通过让集合中所有的分类器(加权)投票给出最终类标的预测。通常情况下，集成学习通过综合考虑多个弱分类器的分类结果可以获得比单个分类器更好的分类结果。集成学习在近几年得到了广泛的关注，不仅有很多集成学习的算法被提出[2-4]，而且被应用到很多领域，如医学信息处理[5]、遥感图像分类[6,7]等。

通常情况下，集成学习分为两个步骤，第一需要训练多个弱分类器，第二需要结合每个分类器的分类结果对一个新的样本进行预测。训练弱分类器集合最常用的方法有装袋法(bagging)[8]、Boosting[9]、随机子空间(random subspace)[10]和旋转森林(rotation forest)[11]。对于结合多个弱分类器决策的方法，常用的方法包括多数投票(majority voting)[12]和加权平均(weight averaging)[13]。本章主要研究如何找到一个稀疏的加权向量来集成若干分类器的预测结果。

集成学习的一个缺点是需要占用大量的存储空间去存储弱分类器集合，同时需要很高的计算复杂度去预测一个新输入的样本。很多学者尝试通过降低候选分类器的数量来实现分类器复杂度的降低。修剪自适应 Boosting[2]通过合适的方法选择一个候选分类器的子集集成可以获得和整个候选分类器集合集成几乎相当的分类器性能。2002 年，Zhou 等[14]分析了集成学习的性能和候选分类器集合中分类器的数量之间的关系，并且得出结论，通过对一部分分类器集成可以获得比所有分类器集成更好的分类结果。采用遗传算法优化每个分类器的权重，通过它可以找到分类性能好但是只使用少量分类器的集成权重向量。文献[15]提出了多种集成学习的修剪策略，包括误差降低(reduce error，RE)、Kappa 修剪(Kappa pruning，KP)、互补测量(complementarity measure，CM)和边界距离(margin distance，MD)。Mao 等[16,17]采用匹配追踪算法通过平衡候选分类器集合中分类器的多样性和集成分类器的准确性来实现集成分类器的修剪。文献[18]从理论和实验上证明使用较少数量的分类器可以获得比较多数量的分类器集成更好的结果。因此，可以获得一个具有最少数量分类器并且有很好分类性能的一个候选分类器集合。2011 年，Zhang 等[19]提出了稀疏集成分类器，通过使用稀疏权重向量组合集成多个分类器的预测结果。将 hinge loss 和 1-norm 作为稀疏权重的正则项，把稀疏集成问题转化为线性规划问题。然而，1-norm 并不能很准确地描述集成分类器的稀疏性，因为权值向量中很小的值可以提升 1-norm 的性能但是不能提升向量的稀疏性。2014 年，Li 等[20]提出使用 0-norm 测度可以更加准确地描述分类器的稀疏性。2016 年，Zhao 等[21]成功地将稀疏集成学习应用于 SAR 图像分类问题。

2014 年，Li 等[22]将压缩感知(compressed sensing，CS)[23]技术引入集成学习领域。它探索了使用压缩感知技术来给定候选分类器集合搜索全局最优子集集成。为了有效地解决这个稀疏集成中的压缩感知问题，首先需要生成包含许多零元素的权重向量，然后根据分类器的重要性设定剩余分类器的权重。多种经典的压缩感知算法如 SpaRSA[24]、正交匹配追踪(orthogonal matching pursuit，OMP)算法[25]、FISTA[26]、PFP 算法[27]被采用来优化学习集成分类器的权重向量。文献[22]表明，通过压缩感知技术得到的稀疏集成分类器比通过传统方法得到的分类器获得更加准确的分类性能，尽管它们只是使用了分类器集中的一个小子集。然而，在使用压缩感知技术时需要提前设置好稀疏度，这需要具有很好的先验知识。对于大多数分类器集成问题，很难提前选出一个合适的稀疏度。

集成分类器的分类误差和集成分类器的稀疏度被认为是两个冲突的目标，我们希望可以同时最小化这两个目标。传统的方法是通过把这两个目标(即分类误差和稀疏度)相加变成单一目标来优化求解。通过这种方式约减目标函数会丢失很多重要的信息。通过采用多目标优化[28]技术可以有效地解决这个问题。2014 年，Li 等[20]提出了软阈值多目标优化(StEMO)算法，并且用它求解图像重构问题，实验结果表明，使用多目标优化方法重构的图像要比其他方法在效果上有明显的提升。StEMO 算法在优化求解稀疏重构问题时可以得到一组折中的 Pareto 前沿解，即这组解中获得不同的重构误差和不同的稀疏度。2016 年，Luo 等[29]把多目标优化算法应用于稀疏谱聚类中，并取得了很好的效果。

受到稀疏集成学习和多目标优化方法的启发，我们提出了一个新的多目标稀疏集成(multi-objective sparse ensemble，MOSE)学习算法并且使用多种算法对其优化求解。本章采用 DET 图[30]，通过同时最小化假正例率(fpr)和假负例率(fnr)来评估分类器的性能。此外，把集成分类器的稀疏率(sparsity ratio，sr)当作第三个目标进行优化。相比较于分类准确率而言，DET 图可以更加准确地描述分类器的性能。此外，进化多目标优化算法(EMOA)首次被应用于优化求解集成分类器的组合。通过使用三目标优化的集成学习，可以得到一组具有不同稀疏度的集成分离器，而不需要提前设置好分类器的稀疏度。集成分类器的稀疏度和两种错误率都是可以解释的，并且它们之间的权衡关系能够在增广 DET 空间量化。本章分析了稀疏集成学习在增广 DET 空间的性质，并且使用多种进化多目标优化算法对其优化求解，包括基于三维凸包的进化多目标优化算法(3DCH-EMOA)[31]、基于超体积选择的进化多目标优化算法(SMS-EMOA)[32]、SPEA2[33]、非支配排序算法(NSGA-II)[34]。通过使用进化多目标优化算法可以获得一组潜在最优的集成分类器，这些分类器是不同 sr-fpr-fnr 的折中。

　　本章的其他部分安排如下：4.2 节介绍相关工作；4.3 节给出三目标优化稀疏集成分类器的介绍；4.4 节给出多种算法处理 UCI 数据集[35]分类实验对比；4.5 节给出本章小结。

4.2　相　关　工　作

　　集成学习的多目标优化已引起很多学者的关注[36,37]，并且多种进化多目标优化算法已经被用来求解优化集成学习中的问题。通常，大部分工作是通过使用多目标优化算法优化分类器的多样性和分类器的准确性两个目标得到一个弱分类器集合，然后使用多数投票的方法预测新的样本类标[38,39]。

　　文献[38]提出了结合进化多目标优化的贝叶斯(Bayesian)集成学习。在该算法中，Bayesian 集成学习被用来进行特征选择和弱分类器学习。采用多目标优化算法选择具有较少特征和较高分类准确率两个目标的弱分类器。在文献[39]中，采用 NSGA-II 优化产生具有多样性和准确性的一个分类器集合，并且采用多数投票的方式组合所有的预测。文献[40]使用一类错误(错误正例)和二类错误(错误负例)来描述分类器的多样性，并且使用多目标优化的方法选择多个弱分类器用于集成分类。文献[41]中在 ROC 空间中描述弱分类器集合的多样性，并且使用多目标优化的算法选择一组分类器，然后使用迭代布尔组合的方法[42]集成所有的弱分类器。

　　此外，针对非平衡数据分类在文献[43]中提出遗传规划的集成学习方法。少数样本类别和多数样本类别的准确率被当作两个目标，并演化一组具有准确性和多样性的遗传规划弱分类器，并且使用多数投票策略组合所有的预测。遗传规划也被应用于筛选之前获得的弱分类器组，并且将其变成一个合适的遗传规划分类器[44]。文献[45]提出了一种混合多目标优化算法，通过找到准确性和多样性之间的权衡来训练和优化循环神经网络的结果，同时研究了五种选择和组合算法用于选择先前获得的 Pareto 前沿解。

　　ROC 曲线描述分类器的假正例率(fpr)和真正例率(tpr)之间的权衡，并且可以根据其分布选择分类器。它被广泛应用于处理分布不均衡数据分类和误分代价敏感性问题[46-48]。近年来，ROC 凸包(ROCCH)引起了学者广泛的关注[49-51]，它可以用来描述软阈值分类器或者硬阈值分类器集合的性能曲线，对于一个给定的分类器组，凸包上面的点表示潜在的最优分类器。最小化假负例率可以得到 DET 图。DET 凸包和 ROCCH 是等价的[31]。

　　ROCCH 最大化问题等价于同时最小化 fpr 和最大化 tpr。由于 fpr 和 tpr 是两个相互冲突的目标，文献[52]提出了多目标遗传规划(MOGP)算法同时优化这两个目标。实验结果表明，MOGP 算法比单目标算法以及传统的机器学习算法性能更好。2015 年，Wang 等[50]提出基于多目标优化的遗传规划算法。在该算法中，使用 ROCCH 下方面积（AUC）作为指示器指导种群的进化。与现有的进化多目标优化算法相比较，该算法使用 AUC 作为指示器可以很好地提升 ROCCH 的性能。然而，这种算法只能处理两目标优化的问题。

文献[31]提出了一个新的算法，即 3DCH-EMOA，通过考虑增广 DET 空间中的二分类分类器问题中分类器的复杂度率（ccr）将 ROCCH 扩展为三目标优化问题。3DCH-EMOA 是基于指标的进化算法，其中增广 DET 空间的凸包体积（VAS）[53]作为种群总体的性能评估指标。3DCH-EMOA 被成功地应用于多目标稀疏神经网络优化和多目标邮件检测问题[31]。最近，Basto-Fernandes 等提出了三种方式的分类方法用于邮件检测问题，在该分类器中允许分类器拒识然后让领域专家给出最终的决策。3DCH-EMOA 在处理该问题时，比其他算法取得了更好的实验结果。

本章提出了一种 MOSE 模型，通过考虑稀疏性和分类器性能之间的权衡，分类器的性能使用假正例率和假负例率两个指标衡量。采用了多种多目标进化优化算法对其优化求解，并找到稀疏集成分类器。集成分类器的性能通过在 DET 空间的映射来描述。

4.3　多目标稀疏集成学习过程

4.3.1　稀疏集成学习

稀疏集成的思想是通过使用稀疏权重向量来线性组合候选集合中所有分类器的预测结果。稀疏向量是指具有很多零元素的一个向量，我们选择对应元素为非零权重的分类器进行集成。为了提高集成分类器的分类性能并且降低多个分类器对内存的需求，需要选择最优的分类器子集和其对应的权重向量。寻找最优稀疏权重向量问题可以归结为组合优化问题，通过使用进化算法对其优化求解[54]。

本章只考虑有监督的二分类集成学习问题。给定一个训练集 $X_{tr} = \{(x_j, y_j) \mid x_j \in \mathbf{R}^d, y_j \in \{-1,1\}, j = 1, 2, \cdots, M\}$，其中 y_j 是样本 x_j 的类标，d 是样本的特征维数，M 是训练集中样本的个数。本章只考虑了二分类问题，把类标设定为 $\{-1,1\}$，这里 1 表示正类，-1 表示负类。给定弱分类器集合 $\{C_1(x), C_2(x), \cdots, C_N(x)\}$，其中 $C_i(x)$ 表示第 i 个分类器。通常情况下，$C_i(x)$ 通过随机选择训练数据集 X_{tr} 的样本或者特征训练得到。

每个分类器可以通过使用机器学习算法和学习训练集中的样本得到。每个样本特征和类标的关系可以描述为一个未知的方程 $y = f(x)$。分类器 $C_i(x)$ 对真实函数 $f(x)$ 的一个假设逼近表示为 $f_i(x)$，其可以预测验证集 X_{val} 或者测试集 X_{ts} 中新

输入向量 x 的标签。用 f_{ji} 表示使用第 i 个学习器 $C_i(x)$ 预测第 j 个样本 x_j。上述关系可以用式(4.1)描述：

$$f_{ji} = C_i(x_j) \tag{4.1}$$

对于包含 M 个样本的训练集 X_{tr}，可以使用分类器 C_i 预测出标签向量，如式(4.2)所示：

$$f_i = [f_{1i}, f_{2i}, \cdots, f_{Mi}]^T \tag{4.2}$$

由所有分类器获得的所有样本预测标签的矩阵 F 可以表示为

$$F = [f_1, f_2, \cdots, f_N] = \begin{bmatrix} f_{11} & f_{12} & \cdots & f_{1N} \\ f_{21} & f_{22} & \cdots & f_{2N} \\ \vdots & \vdots & & \vdots \\ f_{M1} & f_{M2} & \cdots & f_{MN} \end{bmatrix} \tag{4.3}$$

其中，$F \in \mathbf{R}^{M \times N}$ 并且 $N < M$。

集成学习可以通过综合多个分类器的分类结果来提高整体分类器的性能，例如，向每个分类器 $C_i(x)$ 分配权重 w_i，并且权重 w 可以表示成

$$w = [w_1, w_2, \cdots, w_N]^T \tag{4.4}$$

通过集成学习分类器可以得到输入数据集 X 所有样本的类标，预测向量 $y_{predict}$ 可表示为

$$y_{predict} = Fw = \begin{bmatrix} f_{11} & f_{12} & \cdots & f_{1N} \\ f_{21} & f_{22} & \cdots & f_{2N} \\ \vdots & \vdots & & \vdots \\ f_{M1} & f_{M2} & \cdots & f_{MN} \end{bmatrix} \begin{bmatrix} w_1 \\ w_2 \\ \vdots \\ w_N \end{bmatrix} \tag{4.5}$$

一个完美的集成分类器可以通过求解一个方程组获得，如式(4.6)所述：

$$y_{val} = y_{predict} \tag{4.6}$$

通常情况下，当方程组的数量大于方程中加权变量的个数时，不能得到方程的精确解。在这种情况下，可以通过使用优化算法来近似求解方程组，使训练样本真实标签和预测标签的差异尽量小。集成学习的损失函数可以表示为

$$\min J(w) = \sum \| y_{val} - Fw \|_p \tag{4.7}$$

其中，$\|\cdot\|_p$ 表示采用 L_p 范数来评估分类器的误差。

为了获得具有良好性能的稀疏集成分类器，不仅要减小真实标签向量 y_{val} 和预测标签向量 $y_{predict}$ 的差异，还要让权重向量 w 中非零元素的数量尽可能小。本章定义稀疏率(sr)来描述权重向量的稀疏性，如式(4.8)所示：

$$sr = \frac{\|w\|_0}{N} \tag{4.8}$$

其中，N 是候选分类器集合中分类器的数量；$\|w\|_0$ 表示权重向量中非零稀疏的个数。通常情况下，权重向量 w 为非负数，因为负权重没有直观的物理意义[22]。我们试图找到具有较小稀疏率 sr 的集成分类器，以便降低集成分类器的复杂度和避免过拟合。

4.3.2　多目标集成学习

本章使用 DET 图[30]来描述分类器的性能。一个好的分类器可以最小化真实类别和预测类别之间的差异，此时同样会最小化 fpr 和 fnr。具有较大 sr 的合成分类器计算成本要比具有较小 sr 的高。当给定具有相同分类性能(fpr 和 fnr)的两个分类器时，我们优先选择具有较小 sr 的集成分类器。所以 sr、fpr 和 fnr 是三个相互冲突的目标。通常情况下，一个具有较小 sr 的稀疏分类器意味着选择了很少量的分类器用于分类器的集成，这样会导致分类器具有很差的 fpr 和 fnr 性能。通过把稀疏率 sr 当作第三个目标，稀疏分类器集成变成一个多目标优化问题，我们将这个问题称作多目标稀疏集成(MOSE)学习，如式(4.9)所示：

$$\min \text{MOSE}(w) := (\text{fpr}, \text{fnr}, \text{sr})(w) \tag{4.9}$$

$$\text{s.t. } w \in \Omega$$

其中，Ω 是权重向量 w 的解空间。

4.3.3　增广 DET 凸包最大化

具有两个维度的 DET 图用于描述 fpr 和 fnr 之间的权衡关系，其中 fpr 绘制在 X 坐标轴上，fpr 绘制在 Y 坐标轴上。对于增广 DET 空间来说，除了 fpr 和 fnr，还要把 sr 绘制在 Z 坐标轴上。增广 DET 凸包最大化问题在文献[31]中进行了深入的研究，这个问题可以看成是一个三目标优化问题。稀疏集成学习可以建模为增广 DET 凸包最大化问题。

在增广 DET 空间中，所有的数值都在区间[0,1]内，图 4.1 给出了一个示意图。通常情况下，sr、fpr 和 fnr 是相互冲突的，即不能让所有的目标同时达到最优值。

对于稀疏集成分类器问题，较小的 sr 会导致较差的 DET 性能，即较高的 fpr 和 fnr。在本章中，我们尝试使用进化多目标优化算法寻找三个目标的折中解。

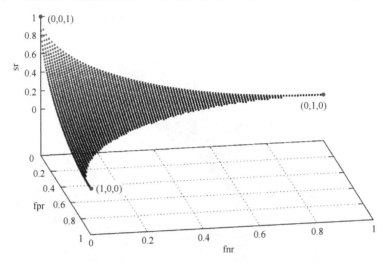

图 4.1 多目标稀疏集成分类器的增广 DET 空间分布示意图

每个稀疏集成分类器都可以映射到增广 DET 空间。分布在增广 DET 凸包面上的分类器是潜在最优分类器的集合，即当且仅当一个分类器分布在凸包面上，该分类器才可能是最优的稀疏集成分类器。如果两个集成分类器具有相同的 DET 性能，我们会优先选择具有较小 sr 的集成分类器，因为具有较小 sr 的集成分类器占用更少的计算资源、更短的计算时间以及更少的存储资源。任何虚拟分类器可以通过在 ADCH 上两个或者多个分类器线性组合得到[40]，这样做不需要增加分类器的复杂性，但是需要更多的存储空间存储每组集成分类器中的弱分类器。给定一组分类器和测试数据集，可以根据数据集的分布或者每个类标错分的成本代价结合等性能面(iso-performance)[31,49]来选择最优分类器。文献[31]使用 VAS 来评估 ADCH 的性能。通常情况下，具有较高 VAS 值的集成分类器集合会具有更好的分类性能。文献[31]提出的 3DCH-EMOA 在处理 ADCH 最大化问题时具有很好的性能。在这种算法中，VAS 被用来作为种群评价指标指导种群的进化过程，最终可以获得一个性能较好的稀疏集成分类器集合。

对于多目标稀疏集成问题，在增广 DET 空间中有几个特殊的点。点$(1/N,0,0)$表示使用一个分类器就可以得到一个完美的预测，其中 N 表示候选分类器集合中分类器的数量。通常情况下，这样的弱分类器是不存在的。多目标稀疏集成分类器的目的是找到一个尽可能逼近这个点的集成分类器，即选择少量分类器集成就可以达到较好的分类性能。分布在 fpr+fnr=1 平面上的点表示随机猜测分类器，这些分类器对于分类问题没有提供有用的信息，该平面如图 4.2 所示。为了获得具有良好性能的稀疏集成分类器，我们应该在空间 fpr+fnr＜1 的区域中搜索。在计算 VAS 时，我们选择(1,0,0)、(0,1,0)、(1,0,1)和(0,1,1)作为参考点集。

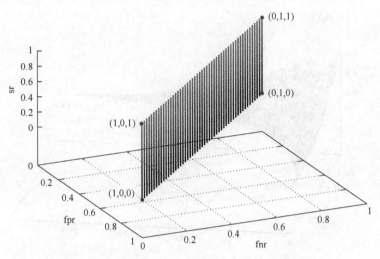

图 4.2   在增广 DET 空间中随机猜测分类器对应的平面

多目标稀疏集成分类器的目标是在增广 DET 空间中找到一组集成分类器，让这组分类器对应的点都尽量逼近完美点(1/N,0,0)。Pareto 支配是多目标优化理论中比较多目标解之间性能的重要概念。这里将讨论具有三个目标问题的特殊情况：用 $\mu=(\mu_1,\mu_2,\mu_3)$ 和 $\nu=(\nu_1,\nu_2,\nu_3)$ 表示两个具有三个目标的向量，当且仅当 $\nu_i \leqslant \mu_i$ 对于所有的 $i=1,2,3$ 均成立且 $\nu \neq \mu$ 时，称 ν 支配 μ，记作 $\nu \succ \mu$。如果 ν 和 μ 相互之间不支配，并且它们不相等，那么 ν 和 μ 是不能比较的，因为它们之间很难找出谁的性能更好。另外一个概念是 Pareto 集(PS)，它是决策空间中所有最优点的集合，即对于所有的点 $w \in \Omega$，不存在 $w' \in \Omega$ 满足 $\mathrm{MOSE}(w') \succ \mathrm{MOSE}(w)$。Pareto 前沿面是 PS 中所有解对应的目标向量在增广 DET 空间的分布，多目标稀疏集成分类器记作 PF=$\{\mathrm{MOSE}(w)|\ w \in PS\}$。

在 3DCH-EMOA 中，每次迭代过程中会根据 VAS 指标决定保留那些好的解集。在算法的执行过程中保证 VAS 不停地增长，因为算法根据每个解对 VAS 的贡献度进行排序和选择。

凸包和 Pareto 前沿面是两个不同的概念，它们很相似但仍有很大的区别，图 4.3 给出了凸包面和 Pareto 前沿面的对比图。图 4.3 中，分布在 Pareto 前沿面的点 a、b、c 和 d 对于传统的多目标优化算法相互之间是非支配的。然而，只有点 a、b 和 c 在凸包面上。这是 ADCH 最大化问题的特性，也是区别于其他进化多目标优化问题的地方，这个特性被 3DCH-EMOA 很好地利用。传统的进化多目标优化算法希望找到的解可以覆盖所有的 Pareto 前沿，3DCH-EMOA 与其不同的地方在于分布在凸包面上的点可以通过对凸包的顶点线性组合得到。3DCH-EMOA 旨在找到分布在凸包面上顶点的对应解。

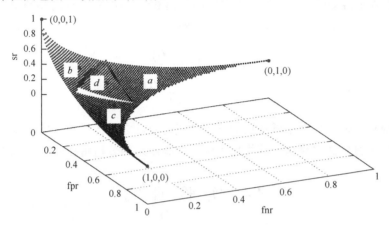

图 4.3　增广 DET 空间中 Pareto 前沿面和凸包面的对比图

4.3.4　稀疏实数编码

本节设计了稀疏实数编码表示稀疏集成分类器的权重向量，并且用于进化算法中解的编码，它是对实数编码的改进。稀疏实数编码中染色体中每个基因位对应[0,1]上的一个实数。染色体的长度为候选弱分类器集合中分类器的数量。采用两种策略改进实数编码用于求解多目标稀疏集成分类器：一个是硬阈值稀疏约束；另一个是不等式约束。接下来对它们进行详细的描述。

在集成分类器中具有较小权重值的分类器对最终的决策贡献很小。本节通过采用硬阈值稀疏约束策略忽略权重值较小分类器对最终决策的影响。把那些权重值小于设定阈值的值置为零，如式(4.10)所示：

$$w_{\text{update}}(i) = \begin{cases} 0, & w(i) < \sigma \\ w(i), & \text{其他} \end{cases} \qquad (4.10)$$

其中，σ 是设定的硬阈值。在实验中设定它的值为 $0.01/N$，其中 N 是候选分类器的数量。

寻找集成学习的最优稀疏权重向量是一个线性连续组合优化问题。为了消除解空间的冗余，通常约束所有权重之和为 1。然而等式约束过于严格，在某种程度上会限制解的搜索空间，因为权重向量中的一个变量可以由其余的权重确定。因此，我们将权重之和转化为不等式约束，如式(4.11)所示：

$$1 - \delta < \sum_{i=1}^{N} w(i) < 1 + \delta \tag{4.11}$$

其中，δ 表示抖动的量，实验中设置它的值为 0.5。当所有权重之和超出这个范围时，我们会对其进行归一化，如式 (4.12) 所示：

$$w_{\text{update}}(i) = \frac{w(i)}{\sum_{i=1}^{N} w(i)} \tag{4.12}$$

稀疏实数编码建立了稀疏集成学习和进化算法之间的桥梁，接下来可以使用多种进化多目标优化算法对其优化求解。实验结果和分析将在 4.4 节给出。

4.4　实 验 研 究

本节给出多目标稀疏集成算法的实验结果，然后将其与两种压缩感知集成算法以及五种修剪集成学习算法进行比较。所对比的压缩感知集成算法包括 SpaRSA[24] 和 OMP[25]，它们是解决稀疏重构问题比较经典的算法[22]。对比的修剪集成学习算法包括 RE[2,15]、KP[15]、CM[15]、MD[15] 和基于匹配追踪算法的集成学习（简称 MP）[15]。本节将多种进化多目标优化算法用于多目标优化稀疏集成的优化求解，包括 3DCH-EMOA[31]、SMS-EMOA[32]、SPEA2[33] 和 NSGA-II[34]。

本章中的实验都是基于 MATLAB 实现。所有的实验都在台式计算机上实现，该机器配备 i5 3.2GHz 的处理器和 4GB 内存，操作系统为 Windows 7。对于每个提到的算法，在 22 个公开测试的数据集上独立运行实验 30 次。候选分类器集合包含两种不同数目的分类器。对于含有多种类别的分类器，我们把它拆分成只包含两个类别的小数据。实验使用 22 个来自 UCI 数据库[35] 的两类别数据集。这些数据集包含了平衡数据和不平衡数据，数据量从几百到几千不等，数据的具体描述如表 4.1 所述。对于每个数据集，随机选择 1/4 的样本作为训练集，用于训练候选弱分类器集合。不重复地再选取 1/4 样本作为验证数据集，用于约减集成分类器。剩余 1/2 样本作为测试集，用于验证集成分类器的性能。

采用四个评价指标评估每种算法处理 22 个数据集的性能，包括 VAS[41]、分类准确率、训练时间和稀疏率，具体细节如下所述。

采用 VAS 作为评价指标，评估使用进化多目标算法优化求解多目标稀疏集成问题解集的性能。VAS 的最小值是 0，表示随机猜测分类器，最大值是 0.5。通常情况下得到的值为 0～0.5。VAS 值越大，对应种群的性能就越好。

表 4.1　22 个 UCI 数据集信息

编号	数据集	特征数	类别分布	编号	数据集	特征数	类别分布
1	Australian	14	383:307	12	Vehicle12	18	199:217
2	Breast	9	458:241	13	Vehicle13	18	199:218
3	Clean	166	207:269	14	Vehicle23	18	217:218
4	Glass12	9	51:163	15	Vehicle24	18	217:212
5	Heart	13	139:164	16	Vehicle34	18	218:212
6	Ionosphere	34	126:225	17	Vote	16	267:168
7	Musk	166	207:269	18	Wdbc	30	212:357
8	Parkinsons	22	147:48	19	Wine12	13	59:71
9	Sonar	60	97:111	20	Wine13	13	59:48
10	Spambase	57	2788:1813	21	Wine23	13	71:48
11	Spectf	44	95:254	22	Wpbc	33	46:148

分类准确率(accuracy)可以直接评估集成分类器的好坏,分类准确率为正确划分的样本个数占总样本个数的百分比。通常分类准确率越高,表示分类器的性能越好。

训练时间(time cost)用来测量算法的计算复杂度,算法越复杂,用时就越长。

本节中使用非零权重的个数描述分类器的稀疏性。非零权重的个数越少,表示集成分类器的稀疏性越好。

对于实验采用的四种进化多目标优化算法,当候选分类器中分类器个数 N=50 时,设置最大的迭代次数为 5000,分类器个数 N=100,设置最大评估次数为 10000。实验中使用模拟二值交叉(SBX)算子和多项式比特翻转变异(polynomial bit flip mutation)算子,实验中交叉概率为 $p_c = 0.9$,变异概率为 $p_m = 0.1$ 。所有的进化多目标优化算法的种群设为 50,SPEA2 的档案长度设为 50,SMS-EMOA 的偏移量设为 50,3DCH-EMOA 的偏移量设为 1。NSGA-II 的代码由 Aravind Seshadri 提供,网址为 http://www.mathworks.com。SPEA2 的代码由德国汉堡工业大学控制系统研究所提供,网址为 http://www.tu-harburg.de/rts。SMS-EMOA 的代码由 Fabian Kretzschmar 和 Tobias Wagner 提供,网址为 http://ls11-www.cs.uni-dortmund.de。

4.4.1　基于 C4.5 和装袋策略的实验结果

本节中讨论基于 C4.5 的弱分类器和装袋产生候选弱分类器集合策略的实验结果。候选分类器的数量 N 被设置为 50 和 100 两种情况。首先在三维坐标空间中给出参考 Pareto 前沿的分布图分析多目标稀疏集成分类器解集的特点,这个参考的解集是通过合并四种进化多目标算法第一次实验的 Pareto 解集得到。不失一般性,我们只讨论表 4.1 中第一个数据集(Australian)的实验结果,其中候选分类器的个数为 50。

　　参考 Pareto 前沿解如图 4.4 所示。从图中可以看出，得到的 Pareto 前沿解是分布在增广 DET 空间中的一些离散点。为了更加清楚地说明参考 Pareto 前沿解的物理含义，图 4.5 给出了参考 Pareto 前沿解二维坐标的投影图。图 4.5(a) 表示向 fpr×sr 平面的投影图；图 4.5(b) 表示向 fnr×sr 平面的投影图。

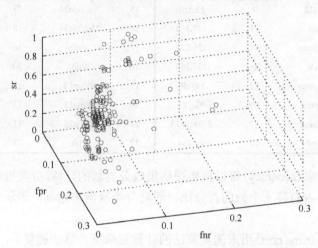

图 4.4　增广 DET 空间中参考 Pareto 前沿解分布图

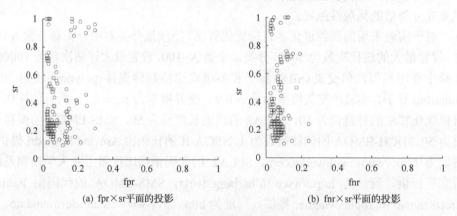

(a) fpr×sr平面的投影　　　　　　　　　　　　　(b) fnr×sr平面的投影

图 4.5　处理 Australian 数据集得到的参考 Pareto 前沿解

　　通过综合分析图 4.5(a) 和 (b)，可以得到几个很重要的结论：①fpr、fnr 和 sr 是相互冲突的目标，因为它们不能同时达到最优；②即使 sr 值很高，也不能保证 fpr 和 fnr 可以获得最好的结果，这个结论也验证了文献[14]中所提观点的正确性，使用所有的分类器集成并不一定能获得比只使用一部分分类器集成更好的结果；③使用太少的分类器集成也不能获得很好的分类性能，因为当 sr 小于 0.1 时，fpr 和 fnr 的性能都呈现很明显的下降。总体来说，无论是对于 fpr 指标还是对于 fnr

指标，当稀疏度介于[0.2,0.4]时，集成分类器可以获得较好的分类性能。接下来将讨论每种算法的分类性能。

　　3DCH-EMOA 得到的 Pareto 前沿解如图 4.6(a) 所示，在该图中，3DCH-EMOA 得到的 Pareto 前沿解用实心点标注，参考 Pareto 前沿解用空心点标注。通过观察分析图 4.6(a) 的结果可以发现，3DCH-EMOA 得到的解分布很均匀，在 3DCH-EMOA 解集中可以找到稀疏度较高和较低的解。通过分析 3DCH-EMOA 的解集可以清楚地分析集成分类器的稀疏性与集成分类器性能之间的关系。SMS-EMOA 的实验结果如图 4.6(b) 所示，通过观察和分析可以得到以下结论：①SMS-EMOA 得到的解的稀疏度集中在区间[0.4,0.6]；②当 sr 大于 0.6 时，没有实心点，说明 SMS-EMOA 忽略了稀疏度较大的那些集成分类器。SPEA2 得到的 Pareto 前沿解的分布如图 4.6(c) 所示。通过观察可以发现，该算法得到的解的稀疏

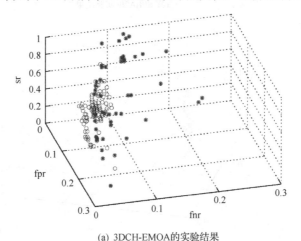

(a) 3DCH-EMOA的实验结果

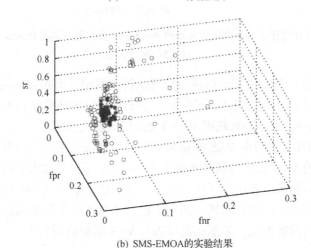

(b) SMS-EMOA的实验结果

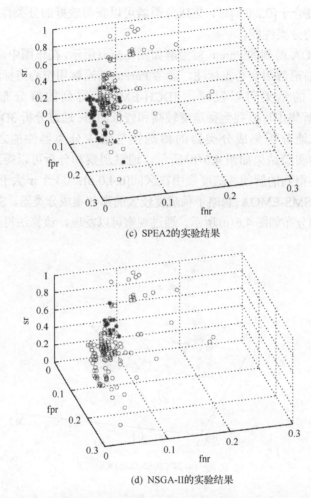

(c) SPEA2的实验结果

(d) NSGA-II的实验结果

图 4.6　四种进化多目标优化算法处理 Australian 数据集得到的 Pareto 前沿解分布图
（C4.5、装袋策略）

率 sr 集中在区间[0.1,0.4]，这说明此算法得到的解具有很好的稀疏性。NSGA-II
的 Pareto 前沿解分布如图 4.6(d)所示。我们可以发现该算法得到的解的稀疏率 sr
分布在区间[0.6,0.8]，在稀疏率 sr 小于 0.6 的区域没有解。

　　在增广 DET 空间中 VAS 指标可以很好地评估一个分类器集合的性能。在本
章中所对比的 VAS 指标由测试数据集计算得到。表 4.2 给出了四种进化多目标优
化算法的实验结果，表中包括候选集合中分类器个数 N 为 50 和 100 两种情况。
为了更加直观地对比实验结果，图 4.7 给出了直方图统计结果，图中不同形式的
方框代表不同的数据集，方框的高度表示 VAS 累积值的大小。

表 4.2　四种进化多目标优化算法得到的种群对应的 VAS 值(C4.5、装袋策略)

数据集	N=50			
	3DCH-EMOA	SMS-EMOA	SPEA2	NSGA-II
Australian	0.36±0.02	0.27±0.01	0.30±0.02	0.27±0.01
Breast	0.44±0.01	0.33±0.02	0.33±0.04	0.31±0.02
Clean	0.25±0.03	0.18±0.03	0.19±0.03	0.18±0.02
Glass12	0.26±0.05	0.20±0.03	0.16±0.04	0.17±0.03
Heart	0.30±0.03	0.22±0.03	0.24±0.03	0.22±0.02
Ionosphere	0.26±0.04	0.20±0.03	0.16±0.04	0.15±0.03
Musk	0.26±0.03	0.19±0.03	0.19±0.03	0.18±0.02
Parkinsons	0.17±0.04	0.13±0.03	0.07±0.05	0.08±0.04
Sonar	0.07±0.03	0.05±0.03	0.03±0.03	0.03±0.03
Spambase	0.38±0.01	0.30±0.02	0.34±0.01	0.30±0.01
Spectf	0.11±0.03	0.08±0.04	0.10±0.04	0.06±0.03
Vehicle12	0.33±0.01	0.26±0.02	0.29±0.02	0.25±0.01
Vehicle13	0.45±0.02	0.35±0.02	0.31±0.02	0.31±0.02
Vehicle23	0.38±0.02	0.29±0.02	0.29±0.04	0.28±0.02
Vehicle24	0.06±0.02	0.04±0.02	0.06±0.02	0.05±0.02
Vehicle34	0.39±0.02	0.29±0.02	0.29±0.04	0.28±0.03
Vote	0.46±0.01	0.36±0.02	0.32±0.02	0.32±0.02
Wdbc	0.43±0.01	0.32±0.01	0.30±0.02	0.30±0.02
Wine12	0.31±0.08	0.25±0.08	0.16±0.06	0.18±0.06
Wine13	0.44±0.04	0.36±0.04	0.22±0.08	0.28±0.04
Wine23	0.40±0.05	0.32±0.05	0.19±0.06	0.25±0.05
Wpbc	0.04±0.02	0.03±0.02	0.02±0.03	0.01±0.02
数据集	N=100			
	3DCH-EMOA	SMS-EMOA	SPEA2	NSGA-II
Australian	0.36±0.01	0.36±0.01	0.25±0.01	0.27±0.03
Breast	0.43±0.01	0.31±0.01	0.32±0.03	0.31±0.02
Clean	0.25±0.04	0.18±0.03	0.16±0.02	0.17±0.03
Glass12	0.25±0.04	0.19±0.03	0.17±0.03	0.17±0.03
Heart	0.30±0.03	0.21±0.02	0.20±0.03	0.22±0.02
Ionosphere	0.25±0.05	0.17±0.04	0.16±0.04	0.15±0.03
Musk	0.26±0.03	0.18±0.03	0.16±0.03	0.18±0.02
Parkinsons	0.15±0.04	0.12±0.04	0.08±0.03	0.09±0.04
Sonar	0.08±0.04	0.05±0.04	0.03±0.03	0.03±0.03
Spambase	0.38±0.01	0.27±0.01	0.32±0.01	0.30±0.01

数据集	N=100			
	3DCH-EMOA	SMS-EMOA	SPEA2	NSGA-II
Spectf	0.11±0.04	0.05±0.03	0.10±0.04	0.05±0.03
Vehicle12	0.33±0.01	0.24±0.01	0.26±0.03	0.24±0.01
Vehicle13	0.45±0.02	0.33±0.02	0.31±0.02	0.31±0.02
Vehicle23	0.38±0.02	0.27±0.02	0.27±0.03	0.27±0.02
Vehicle24	0.06±0.02	0.04±0.02	0.06±0.02	0.05±0.01
Vehicle34	0.38±0.03	0.27±0.02	0.27±0.02	0.28±0.02
Vote	0.45±0.01	0.35±0.02	0.32±0.02	0.32±0.01
Wdbc	0.42±0.02	0.30±0.01	0.29±0.02	0.30±0.01
Wine12	0.31±0.08	0.24±0.08	0.18±0.06	0.19±0.07
Wine13	0.43±0.04	0.35±0.04	0.23±0.06	0.29±0.04
Wine23	0.40±0.05	0.32±0.06	0.20±0.06	0.25±0.04
Wpbc	0.03±0.02	0.00±0.01	0.02±0.02	0.00±0.01

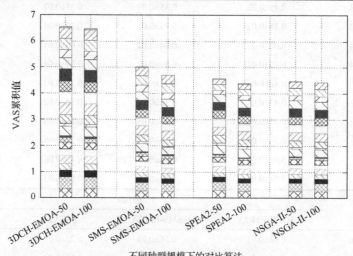

图 4.7　四种进化多目标优化算法得到的种群对应的 VAS 直方图对比结果(C4.5、装袋策略)

　　表 4.3 中给出了分类准确率的统计结果，包括均值和标准差。对比算法包含四种进化多目标优化算法、两种压缩感知集成算法(SpaRSA 是一种 1-norm 正则算法，OMP 为 0-norm 正则算法)，还有多数投票集成算法(表中记作"Major")。表中"Single"表示使用所有的训练样本训练一个 C4.5 分类器的分类性能。表中"Average"表示候选分类器集合中所有分类器性能的均值。对于多目标稀疏集成算法，使用进化多目标优化算法优化求解时会得到一个种群，在对比分类结果时，我们只把每种算法每次实验结果中分类准确率最高的结果拿出来对比。

表 4.3　稀疏集成分类器分类准确率对比（C4.5、装袋策略）

数据集	N=50								
	3DCH-EMOA	SMS-EMOA	SPEA2	NSGA-II	SpaRSA	OMP	Single	Major	Average
Australian	0.86±0.01	0.86±0.01	0.85±0.01	0.85±0.01	0.82±0.03	0.84±0.02	0.82±0.02	0.84±0.02	0.84±0.02
Breast	0.95±0.01	0.95±0.02	0.95±0.02	0.94±0.02	0.93±0.02	0.92±0.02	0.90±0.04	0.92±0.02	0.92±0.02
Clean	0.78±0.03	0.76±0.03	0.77±0.03	0.77±0.03	0.73±0.05	0.72±0.04	0.72±0.05	0.76±0.04	0.76±0.04
Glass12	0.88±0.03	0.88±0.03	0.86±0.03	0.87±0.03	0.85±0.03	0.82±0.05	0.79±0.05	0.87±0.03	0.87±0.03
Heart	0.81±0.03	0.80±0.03	0.80±0.02	0.80±0.03	0.72±0.09	0.76±0.04	0.66±0.14	0.78±0.04	0.78±0.04
Ionosphere	0.83±0.04	0.83±0.03	0.79±0.04	0.80±0.03	0.76±0.05	0.77±0.07	0.93±0.02	0.78±0.03	0.78±0.03
Musk	0.78±0.04	0.77±0.04	0.77±0.04	0.78±0.03	0.73±0.05	0.73±0.04	0.71±0.05	0.76±0.04	0.76±0.04
Parkinsons	0.78±0.03	0.79±0.03	0.70±0.06	0.74±0.04	0.67±0.05	0.62±0.05	0.70±0.03	0.75±0.04	0.75±0.04
Sonar	0.58±0.03	0.57±0.05	0.53±0.05	0.53±0.05	0.50±0.07	0.52±0.05	0.66±0.06	0.50±0.06	0.50±0.06
Spambase	0.90±0.01	0.90±0.01	0.90±0.01	0.89±0.01	0.88±0.01	0.89±0.01	0.87±0.01	0.88±0.01	0.88±0.01
Spectf	0.76±0.03	0.77±0.03	0.76±0.03	0.76±0.03	0.71±0.05	0.73±0.03	0.65±0.07	0.74±0.03	0.74±0.03
Vehicle12	0.84±0.02	0.84±0.02	0.84±0.02	0.83±0.02	0.78±0.03	0.81±0.03	0.77±0.05	0.82±0.02	0.82±0.02
Vehicle13	0.97±0.02	0.97±0.02	0.96±0.02	0.96±0.03	0.95±0.03	0.95±0.03	0.90±0.08	0.95±0.03	0.95±0.03
Vehicle23	0.89±0.02	0.89±0.02	0.88±0.03	0.88±0.03	0.82±0.07	0.86±0.03	0.75±0.09	0.85±0.03	0.85±0.03
Vehicle24	0.57±0.02	0.56±0.03	0.57±0.04	0.57±0.03	0.52±0.04	0.53±0.03	0.50±0.03	0.53±0.03	0.53±0.03
Vehicle34	0.89±0.02	0.89±0.03	0.89±0.03	0.89±0.03	0.80±0.06	0.86±0.03	0.81±0.08	0.86±0.03	0.86±0.03
Vote	0.96±0.01	0.96±0.01	0.96±0.01	0.96±0.01	0.93±0.02	0.95±0.02	0.95±0.02	0.95±0.02	0.95±0.02
Wdbc	0.95±0.01	0.95±0.01	0.94±0.02	0.94±0.01	0.91±0.03	0.92±0.02	0.92±0.02	0.94±0.01	0.94±0.01
Wine12	0.85±0.09	0.81±0.10	0.74±0.10	0.76±0.11	0.74±0.13	0.74±0.10	0.78±0.10	0.77±0.12	0.77±0.12
Wine13	0.97±0.04	0.94±0.06	0.80±0.14	0.92±0.08	0.86±0.12	0.83±0.13	0.84±0.09	0.91±0.08	0.91±0.08
Wine23	0.92±0.05	0.91±0.06	0.80±0.08	0.87±0.07	0.84±0.10	0.77±0.09	0.76±0.09	0.87±0.07	0.87±0.07
Wpbc	0.95±0.01	0.95±0.02	0.95±0.02	0.94±0.02	0.93±0.02	0.92±0.02	0.90±0.04	0.92±0.02	0.92±0.02

数据集	N=100								
	3DCH-EMOA	SMS-EMOA	SPEA2	NSGA-II	SpaRSA	OMP	Single	Major	Average
Australian	0.86±0.01	0.85±0.02	0.85±0.01	0.85±0.02	0.83±0.02	0.84±0.02	0.82±0.02	0.84±0.01	0.84±0.01
Breast	0.95±0.01	0.94±0.02	0.95±0.02	0.94±0.02	0.93±0.02	0.92±0.02	0.90±0.04	0.92±0.02	0.92±0.02
Clean	0.78±0.03	0.77±0.04	0.75±0.03	0.76±0.04	0.72±0.07	0.72±0.04	0.72±0.05	0.76±0.04	0.76±0.04
Glass12	0.88±0.02	0.88±0.03	0.86±0.03	0.87±0.03	0.85±0.05	0.82±0.04	0.79±0.05	0.87±0.03	0.87±0.03
Heart	0.81±0.02	0.80±0.03	0.79±0.04	0.81±0.03	0.73±0.08	0.74±0.04	0.66±0.14	0.78±0.04	0.78±0.04
Ionosphere	0.83±0.04	0.80±0.04	0.78±0.04	0.79±0.03	0.74±0.06	0.76±0.08	0.93±0.02	0.79±0.03	0.79±0.03
Musk	0.78±0.03	0.78±0.03	0.74±0.04	0.77±0.03	0.72±0.07	0.72±0.04	0.71±0.05	0.77±0.04	0.77±0.04

数据集	N=100								
	3DCH-EMOA	SMS-EMOA	SPEA2	NSGA-II	SpaRSA	OMP	Single	Major	Average
Parkinsons	0.78±0.03	0.78±0.04	0.70±0.04	0.76±0.04	0.68±0.07	0.63±0.07	0.70±0.03	0.75±0.04	0.75±0.04
Sonar	0.59±0.05	0.56±0.06	0.54±0.04	0.53±0.06	0.51±0.05	0.52±0.05	0.66±0.06	0.51±0.06	0.51±0.06
Spambase	0.90±0.01	0.89±0.01	0.90±0.01	0.89±0.01	0.87±0.02	0.90±0.01	0.87±0.01	0.88±0.01	0.88±0.01
Spectf	0.77±0.03	0.76±0.03	0.77±0.03	0.76±0.03	0.74±0.03	0.74±0.04	0.65±0.07	0.74±0.03	0.74±0.03
Vehicle12	0.84±0.01	0.84±0.02	0.83±0.02	0.84±0.02	0.78±0.05	0.80±0.03	0.77±0.05	0.82±0.02	0.82±0.02
Vehicle13	0.97±0.02	0.96±0.02	0.96±0.03	0.96±0.03	0.94±0.04	0.95±0.03	0.90±0.08	0.95±0.03	0.95±0.03
Vehicle23	0.89±0.02	0.88±0.03	0.88±0.03	0.88±0.02	0.81±0.07	0.86±0.03	0.75±0.09	0.86±0.03	0.86±0.03
Vehicle24	0.57±0.03	0.55±0.04	0.58±0.03	0.56±0.02	0.52±0.04	0.52±0.04	0.50±0.03	0.52±0.03	0.52±0.03
Vehicle34	0.90±0.03	0.88±0.03	0.89±0.03	0.88±0.03	0.82±0.08	0.87±0.04	0.81±0.08	0.86±0.03	0.86±0.03
Vote	0.96±0.01	0.96±0.01	0.96±0.01	0.96±0.01	0.92±0.04	0.94±0.02	0.95±0.02	0.95±0.01	0.95±0.01
Wdbc	0.94±0.01	0.94±0.02	0.94±0.01	0.94±0.02	0.92±0.04	0.91±0.02	0.92±0.02	0.93±0.02	0.93±0.02
Wine12	0.84±0.09	0.81±0.12	0.77±0.10	0.79±0.13	0.73±0.13	0.75±0.11	0.78±0.10	0.77±0.13	0.77±0.13
Wine13	0.96±0.05	0.94±0.06	0.83±0.10	0.92±0.08	0.86±0.10	0.85±0.10	0.84±0.09	0.91±0.09	0.91±0.09
Wine23	0.93±0.05	0.91±0.07	0.81±0.07	0.88±0.07	0.85±0.07	0.75±0.09	0.76±0.09	0.88±0.08	0.88±0.08
Wpbc	0.77±0.04	0.76±0.04	0.70±0.04	0.76±0.04	0.70±0.07	0.66±0.05	0.63±0.04	0.76±0.04	0.76±0.04

通过对比表 4.3 中的结果，可以得出以下结论：对于大多数据集，用多目标稀疏集成算法可以得到比压缩感知集成算法和多数投票集成算法更好的分类性能。然而，集成学习算法在处理 Ionosphere 和 Sonar 数据集时比单纯使用一个分类器的性能要差。使用进化多目标优化算法得到的分类器的分类准确率非常接近。通过比较表中的实验结果可以看出，对于大多数数据集，3DCH-EMOA 可以得到最好的结果，SMS-EMOA 分类性能仅次于 3DCH-EMOA 而优于其他两种算法。

所有算法在候选分类器集合中分类器的个数 N=50 的对比实验结果如图 4.8(a) 所示。图中从下到上每个框对应表 4.1 中每个不同的数据集分类准确率，框的高度越高表示分类的准确率越高，横坐标为所有对比算法的名称。通过对比图中的结果发现，3DCH-EMOA 可以获得最高的分类器准确率。多目标稀疏集成分类器的性能要普遍优于其他的算法。对于这组实验，多数投票集成算法要优于压缩感知集成算法，多数投票集成算法的性能和候选分类器集合中分类器的平均性能相当。此外，可以看出集成分类器的性能要优于单个分类器。候选分类器集合中分类器个数 N=100 时的对比实验结果如图 4.8(b) 所示，通过对比图中的结果可以得到和 N=50 时类似的结论。

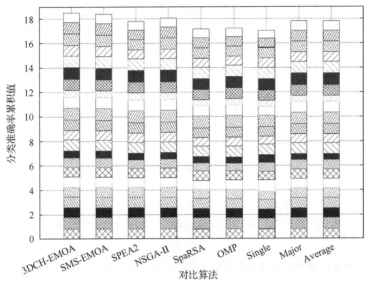

(a) 候选分类器数量为50时的结果对比

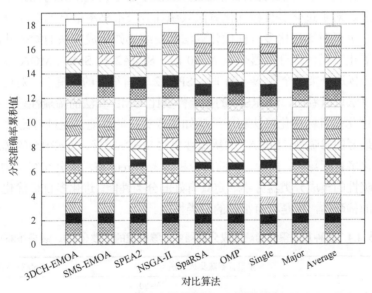

(b) 候选分类器数量为100时的结果对比

图 4.8 各种算法的分类准确率累积值对比图(C4.5、装袋策略)

对于每种算法获得最优结果的次数如图 4.9 所示。从图中的统计结果可以看出，对于大部分数据集，3DCH-EMOA 的性能要优于其他算法，SMS-EMOA 的性能仅次于 3DCH-EMOA，并且 3DCH-EMOA 的性能随着候选分类器集合中分类器数量的增加会有所提升。

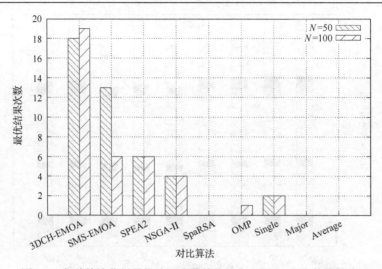

图 4.9　各种算法获得最优结果次数的统计直方图(C4.5、装袋策略)

表 4.4 给出各种算法得到稀疏集成分类器中非零权重个数的统计结果,即均值和标准差。对于进化多目标优化算法只统计分类准确率最高的集成分类器的结果。首先,分开对比进化多目标优化算法和压缩感知集成算法的稀疏性。从表中结果可以看出,当候选分类器个数 N=50 时,SPEA2 和 SMS-EMOA 具有很好的稀疏性。当候选分类器个数 N=100 时,SPEA2 具有很好的稀疏性。对比两个压缩感知集成算法可以看出,SpaRSA 的稀疏性要比 OMP 算法的稀疏性差。接下来,我们对比进化多目标优化算法和压缩感知集成算法的性能。通过对比发现,OMP 算法具有最好的稀疏性,SPEA2 的稀疏性要比 SpaRSA 好,SpaRSA 的稀疏性优于其他的进化多目标算法。然而,如前面分析参考 Pareto 前沿解分布得出的结论,具有较好稀疏性的集成分类器并不一定具有好的分类性能。进化多目标优化算法虽然不具备好的稀疏性,但是具有很好的分类性能。

表 4.4　各种算法得到稀疏集成分类器中非零权重的个数(C4.5、装袋策略)

数据集	多目标稀疏集成算法				压缩感知集成算法	
	N=50					
	3DCH-EMOA	SMS-EMOA	SPEA2	NSGA-II	SpaRSA	OMP
Australian	24.13±14.69	13.60±5.31	15.97±5.85	27.40±3.90	11.90±7.37	12.17±4.14
Breast	25.40±14.20	16.43±6.16	9.03±8.31	25.47±3.18	12.63±6.33	2.43±0.63
Clean	30.73±12.97	12.20±3.56	12.50±6.53	24.50±3.72	12.20±7.77	3.73±0.64
Glass12	19.23±11.21	20.87±9.21	3.47±0.78	21.90±1.21	13.00±7.11	1.03±0.18
Heart	30.40±15.62	13.50±4.75	18.90±11.78	26.07±2.92	12.90±6.94	8.87±3.59
Ionosphere	18.57±9.48	13.30±6.40	5.10±1.32	23.00±1.88	12.53±7.51	1.63±0.56
Musk	33.70±13.15	11.40±5.79	11.33±3.55	24.97±2.20	13.17±7.57	4.10±0.61

数据集	多目标稀疏集成算法				压缩感知集成算法	
	$N=50$					
	3DCH-EMOA	SMS-EMOA	SPEA2	NSGA-II	SpaRSA	OMP
Parkinsons	26.07±15.17	19.60±8.71	4.17±1.18	22.10±1.69	11.47±10.02	1.63±0.49
Sonar	18.93±7.53	16.83±9.82	5.87±1.48	22.20±1.35	13.30±6.30	4.00±0.59
Spambase	24.73±10.56	20.07±6.92	27.70±8.68	30.90±4.73	9.30±6.87	18.27±2.77
Spectf	28.33±13.78	15.93±4.82	24.97±12.20	26.67±3.47	17.13±9.43	23.33±3.98
Vehicle12	23.87±12.83	14.80±5.14	23.30±11.72	26.27±4.52	13.47±10.37	10.27±7.19
Vehicle13	15.80±9.42	22.50±8.92	3.07±1.20	23.37±2.13	19.03±10.28	1.00±0.00
Vehicle23	25.03±14.64	11.73±3.79	8.47±8.38	26.63±2.81	13.33±6.29	6.13±3.96
Vehicle24	22.07±14.42	21.73±6.61	30.90±10.41	27.33±4.71	19.17±9.41	31.30±3.84
Vehicle34	22.83±11.63	12.20±5.65	7.53±3.63	26.27±3.43	7.90±6.04	6.07±4.35
Vote	19.50±14.96	32.87±14.79	3.93±1.57	23.33±3.28	13.23±5.69	1.70±0.75
Wdbc	27.67±14.57	11.70±4.10	5.00±1.80	23.50±2.76	10.00±6.99	1.07±0.25
Wine12	19.90±8.31	37.13±9.84	2.87±0.43	22.00±1.31	14.93±9.06	1.03±0.18
Wine13	21.03±10.94	40.07±9.19	2.10±0.88	21.87±1.36	19.27±7.75	1.00±0.00
Wine23	24.27±12.17	34.03±9.48	2.83±0.70	21.87±1.20	15.27±5.85	1.03±0.18
Wpbc	29.73±15.57	20.47±6.36	4.77±0.94	22.57±1.61	11.17±7.63	2.53±0.82

数据集	$N=100$					
	3DCH-EMOA	SMS-EMOA	SPEA2	NSGA-II	SpaRSA	OMP
Australian	51.27±32.35	32.77±10.51	14.10±14.93	48.77±6.90	27.77±14.91	9.77±6.04
Breast	63.00±30.24	50.00±21.43	6.33±5.68	49.00±6.23	25.50±15.37	2.47±0.68
Clean	51.77±31.86	40.83±15.00	7.40±3.04	44.67±2.67	23.77±22.19	3.47±0.51
Glass12	30.80±16.39	61.77±20.73	3.07±0.87	42.73±1.62	24.90±15.71	1.00±0.00
Heart	64.13±29.38	37.67±8.09	10.37±7.00	51.50±6.50	27.80±19.94	5.47±1.57
Ionosphere	31.73±20.48	54.30±13.65	4.30±0.88	43.33±1.54	17.03±15.55	1.47±0.51
Musk	45.73±31.99	39.13±15.68	7.57±3.52	44.47±3.18	19.57±16.01	3.43±0.57
Parkinsons	44.07±21.92	66.23±17.03	4.03±0.93	42.87±1.87	16.87±14.37	1.53±0.51
Sonar	37.20±18.06	77.07±19.17	4.90±1.12	41.70±2.35	29.27±23.76	3.57±0.63
Spambase	58.30±26.21	38.87±7.70	30.10±13.62	56.97±6.44	12.73±15.13	22.17±3.12
Spectf	50.90±28.85	37.27±7.94	25.27±15.13	48.63±6.05	36.40±10.25	30.37±4.77
Vehicle12	49.17±31.23	36.73±11.53	19.93±18.82	49.30±4.89	19.63±16.44	6.90±5.10
Vehicle13	36.07±20.61	61.67±12.70	2.30±0.88	43.63±3.23	37.83±21.62	1.00±0.00
Vehicle23	41.73±26.58	38.97±11.54	7.37±8.26	49.87±5.79	20.70±14.88	4.83±3.53
Vehicle24	41.00±23.53	44.87±7.80	34.10±22.91	51.07±6.23	33.17±17.27	43.80±4.59
Vehicle34	41.53±29.41	39.30±11.53	7.50±5.46	51.30±7.45	23.17±13.80	4.03±1.83
Vote	41.97±29.98	72.50±21.03	3.37±1.56	44.73±3.99	20.80±11.61	1.43±0.50
Wdbc	43.33±27.75	44.57±10.57	5.07±2.99	46.80±4.22	21.40±14.24	1.00±0.00
Wine12	40.33±20.26	83.23±13.62	2.63±0.93	41.87±2.05	24.80±20.07	1.00±0.00
Wine13	32.50±16.95	83.20±21.65	1.53±0.86	42.63±1.61	37.67±15.84	1.00±0.00
Wine23	39.00±23.92	80.23±14.11	2.60±0.77	41.97±1.81	30.07±13.60	1.03±0.18
Wpbc	43.37±25.69	73.53±15.95	4.17±1.12	42.70±1.66	24.87±19.35	2.17±0.53

　　表 4.5 给出了每种算法搜索稀疏集成分类器需要的时间，表中的时间为 30 次独立实验平均值。从表中的结果可以看出，两种压缩感知集成算法可以很快地找到稀疏集成分类器，进化多目标优化算法相对来说会花费更多的时间搜索合适的权重向量。然而，进化多目标优化算法可以同时找到很多个解，压缩感知集成算法只能找到一个解并且需要提前设置好参数。对于大多数数据集，进化多目标优化算法中 SPEA2 时间耗费最少。然而，对于很多分类器来说学习是一个耗时的过程，这种情况下与分类器学习过程的时间耗费相比，优化的成本并不是太高。进化多目标优化算法还是具有很大的使用价值，尤其是因为它能找到一组稀疏集成分类器，可以根据不同数据集的分布找到一个最适合这个数据的稀疏集成分类器。

表 4.5　优化求解过程中每种算法的计算时间(C4.5、装袋策略)　　(单位：s)

| 数据集 | 多目标稀疏集成算法 | | | | 压缩感知集成算法 | |
| | N=50 | | | | | |
	3DCH-EMOA	SMS-EMOA	SPEA2	NSGA-II	SpaRSA	OMP
Australian	4.42e+00	3.89e+01	9.55e-01	3.68e+00	6.34e-03	3.14e-03
Breast	4.26e+00	5.38e+01	9.46e-01	2.76e+00	6.53e-03	8.39e-04
Clean	4.32e+00	5.35e+01	9.02e-01	3.26e+00	5.28e-03	1.02e-03
Glass12	4.01e+00	3.98e+01	8.54e-01	2.82e+00	3.50e-03	3.88e-04
Heart	4.39e+00	3.85e+01	8.39e-01	2.63e+00	4.64e-03	2.11e-03
Ionosphere	4.11e+00	3.68e+01	8.38e-01	3.70e+00	5.64e-03	5.28e-03
Musk	4.31e+00	3.83e+01	8.85e-01	2.71e+00	5.72e-03	1.09e-03
Parkinsons	3.95e+00	2.93e+01	7.87e-01	2.87e+00	4.87e-03	5.15e-04
Sonar	3.97e+00	2.97e+01	8.00e-01	3.64e+00	3.89e-03	9.20e-04
Spambase	5.10e+00	4.53e+01	1.97e+00	2.74e+00	1.40e-02	7.17e-03
Spectf	4.40e+00	3.85e+01	8.58e-01	2.45e+00	5.14e-03	5.31e-03
Vehicle12	4.35e+00	4.28e+01	8.75e-01	2.82e+00	6.25e-03	2.25e-03
Vehicle13	4.11e+00	3.65e+01	8.91e-01	2.79e+00	3.35e-03	3.40e-04
Vehicle23	4.41e+00	4.01e+01	8.75e-01	2.83e+00	5.49e-03	1.61e-03
Vehicle24	4.47e+00	4.42e+01	8.69e-01	2.33e+00	4.29e-03	7.12e-03
Vehicle34	4.33e+00	4.21e+01	8.77e-01	2.78e+00	5.41e-03	1.39e-03
Vote	4.05e+00	3.68e+01	8.92e-01	2.81e+00	4.01e-03	5.83e-04
Wdbc	4.30e+00	3.66e+01	9.10e-01	2.74e+00	7.96e-03	4.44e-04
Wine12	3.72e+00	2.87e+01	7.37e-01	3.65e+00	3.30e-03	3.79e-04
Wine13	3.72e+00	2.87e+01	7.18e-01	2.90e+00	2.29e-03	3.72e-04
Wine23	3.78e+00	2.85e+01	7.47e-01	2.88e+00	3.02e-03	3.80e-04
Wpbc	4.00e+00	2.83e+01	7.83e-01	2.88e+00	4.48e-03	7.01e-04

数据集	多目标稀疏集成算法				压缩感知集成算法	
	N=100					
	3DCH-EMOA	SMS-EMOA	SPEA2	NSGA-II	SpaRSA	OMP
Australian	1.17e+01	8.81e+01	2.55e+00	5.95e+00	8.65e−03	2.55e−03
Breast	1.22e+01	9.76e+01	2.46e+00	7.42e+00	7.15e−03	8.30e−04
Clean	1.23e+01	8.86e+01	2.36e+00	6.57e+00	6.22e−03	9.64e−04
Glass12	1.16e+01	8.94e+01	2.22e+00	6.43e+00	4.78e−03	3.85e−04
Heart	1.18e+01	7.56e+01	2.19e+00	8.57e+00	4.75e−03	1.29e−03
Ionosphere	1.20e+01	7.29e+01	2.23e+00	6.66e+00	7.46e−03	5.08e−04
Musk	1.23e+01	7.50e+01	2.32e+00	6.39e+00	6.42e−03	8.98e−04
Parkinsons	1.14e+01	7.49e+01	2.13e+00	6.54e+00	6.57e−03	4.57e−04
Sonar	1.12e+01	8.83e+01	2.15e+00	6.93e+00	4.92e−03	8.37e−04
Spambase	1.33e+01	9.92e+01	5.68e+00	7.47e+00	2.69e−02	1.05e−02
Spectf	1.18e+01	8.09e+01	2.27e+00	6.19e+00	6.57e−03	7.56e−03
Vehicle12	1.17e+01	8.37e+01	2.31e+00	9.37e+00	6.81e−03	1.58e−03
Vehicle13	1.22e+01	6.70e+01	2.38e+00	6.58e+00	4.12e−03	3.39e−04
Vehicle23	1.20e+01	7.96e+01	2.32e+00	6.27e+00	7.44e−03	1.18e−03
Vehicle24	1.14e+01	8.40e+01	2.33e+00	5.89e+00	5.20e−03	1.10e−02
Vehicle34	1.20e+01	8.28e+01	2.30e+00	7.58e+00	6.59e−03	9.85e−04
Vote	1.19e+01	8.43e+01	2.45e+00	6.60e+00	4.10e−03	4.52e−04
Wdbc	1.24e+01	7.47e+01	2.52e+00	6.62e+00	8.14e−03	3.77e−04
Wine12	1.08e+01	8.73e+01	2.01e+00	8.94e+00	3.96e−03	4.19e−04
Wine13	1.09e+01	6.04e+01	1.92e+00	6.92e+00	2.59e−03	4.21e−04
Wine23	1.09e+01	5.89e+01	2.04e+00	6.65e+00	3.41e−03	4.06e−04
Wpbc	1.13e+01	8.45e+01	2.17e+00	7.11e+00	5.20e−03	5.80e−04

4.4.2　基于 CART 和随机子空间的实验结果

本节讨论基于弱分类器 CART 和随机子空间产生候选分类器集合策略的实验结果。候选分类器集合中分类器数量 N 为 50 和 100。本节仍然采用 4.4.1 节中所采用的评价准则评价每种算法的结果。

表 4.6 给出了四种进化多目标优化算法得到的种群对应的 VAS 的统计结果。图 4.10 给出了直方图统计结果。通过对比以上结果可以看出，3DCH-EMOA 在大部分数据集上都能获得最好的结果。

表 4.6　四种进化多目标优化算法得到的种群对应的 **VAS** 值（CART、随机子空间）

数据集	N=50			
	3DCH-EMOA	SMS-EMOA	SPEA2	NSGA-II
Australian	0.38±0.01	0.29±0.02	0.30±0.03	0.28±0.01
Breast	0.45±0.01	0.34±0.01	0.31±0.01	0.33±0.01
Clean	0.29±0.03	0.22±0.02	0.20±0.02	0.21±0.02
Glass12	0.41±0.03	0.31±0.03	0.27±0.04	0.28±0.03
Heart	0.32±0.02	0.24±0.02	0.23±0.04	0.23±0.02
Ionosphere	0.40±0.02	0.30±0.01	0.28±0.02	0.28±0.02
Musk	0.28±0.02	0.22±0.02	0.20±0.02	0.20±0.02
Parkinsons	0.32±0.05	0.22±0.04	0.21±0.04	0.19±0.06
Sonar	0.25±0.04	0.19±0.03	0.17±0.04	0.17±0.03
Spambase	0.41±0.01	0.32±0.01	0.35±0.01	0.33±0.01
Spectf	0.28±0.04	0.21±0.03	0.19±0.03	0.18±0.03
Vehicle12	0.41±0.01	0.31±0.01	0.29±0.02	0.29±0.02
Vehicle13	0.47±0.01	0.37±0.02	0.32±0.01	0.33±0.01
Vehicle23	0.44±0.01	0.33±0.01	0.30±0.02	0.31±0.02
Vehicle24	0.10±0.03	0.07±0.03	0.08±0.03	0.06±0.03
Vehicle34	0.45±0.01	0.34±0.01	0.30±0.01	0.31±0.02
Vote	0.45±0.01	0.35±0.02	0.31±0.01	0.32±0.02
Wdbc	0.43±0.01	0.32±0.02	0.30±0.02	0.30±0.02
Wine12	0.46±0.01	0.38±0.02	0.30±0.02	0.32±0.02
Wine13	0.48±0.00	0.42±0.01	0.33±0.01	0.33±0.01
Wine23	0.45±0.03	0.36±0.03	0.29±0.03	0.30±0.03
Wpbc	0.03±0.05	0.00±0.02	0.01±0.02	0.01±0.02
数据集	N=100			
	3DCH-EMOA	SMS-EMOA	SPEA2	NSGA-II
Australian	0.38±0.01	0.27±0.02	0.28±0.04	0.28±0.01
Breast	0.45±0.01	0.33±0.01	0.31±0.01	0.32±0.01
Clean	0.29±0.03	0.21±0.02	0.20±0.02	0.20±0.02
Glass12	0.40±0.03	0.29±0.02	0.27±0.03	0.29±0.03
Heart	0.32±0.03	0.22±0.02	0.22±0.03	0.23±0.02
Ionosphere	0.40±0.02	0.29±0.01	0.27±0.02	0.28±0.02
Musk	0.29±0.03	0.20±0.03	0.20±0.02	0.19±0.03
Parkinsons	0.29±0.05	0.19±0.06	0.20±0.06	0.18±0.05
Sonar	0.26±0.04	0.17±0.02	0.16±0.03	0.16±0.04
Spambase	0.41±0.01	0.30±0.01	0.32±0.01	0.32±0.01

数据集	N=100			
	3DCH-EMOA	SMS-EMOA	SPEA2	NSGA-II
Spectf	0.27±0.03	0.18±0.05	0.18±0.03	0.17±0.04
Vehicle12	0.41±0.02	0.29±0.01	0.28±0.02	0.29±0.01
Vehicle13	0.47±0.01	0.36±0.02	0.32±0.01	0.33±0.01
Vehicle23	0.44±0.01	0.32±0.02	0.30±0.01	0.31±0.01
Vehicle24	0.10±0.02	0.06±0.02	0.07±0.02	0.06±0.02
Vehicle34	0.45±0.01	0.33±0.02	0.30±0.02	0.32±0.02
Vote	0.44±0.01	0.35±0.02	0.32±0.02	0.32±0.01
Wdbc	0.42±0.02	0.31±0.02	0.29±0.01	0.30±0.02
Wine12	0.45±0.02	0.35±0.03	0.30±0.02	0.30±0.02
Wine13	0.48±0.00	0.41±0.01	0.33±0.01	0.33±0.00
Wine23	0.44±0.03	0.34±0.03	0.28±0.03	0.30±0.03
Wpbc	0.01±0.03	0.00±0.02	0.01±0.03	0.00±0.02

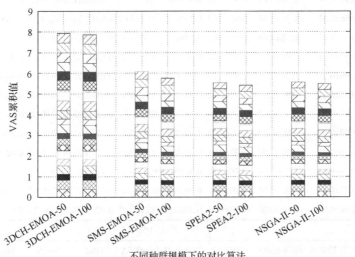

图 4.10　四种进化多目标优化算法得到种群对应的 VAS 直方图对比结果（CART、随机子空间）

表 4.7 给出了四种进化多目标优化算法、两种压缩感知集成算法以及多数投票算法结果的分类准确率统计。实验结果和 4.4.1 节的结果很相似，对于进化多目标优化算法，只列出了分类准确率最高的算法。通过对比表中的结果可以看出，进化多目标优化算法的性能要优于压缩感知集成算法和多数投票算法。3DCH-EMOA 和 SMS-EMOA 要优于其他进化多目标优化算法。获得良好性能的 VAS 的算法总是可以获得较高的分类准确率。我们同样发现，对大多数数据集而言，稀疏集成分类器的分类性能要优于多数投票集成算法。

表 4.7 稀疏集成分类器分类准确率对比（CART、随机子空间）

数据集	$N=50$								
	3DCH-EMOA	SMS-EMOA	SPEA2	NSGA-II	SpaRSA	OMP	Single	Major	Average
Australian	0.81±0.03	0.81±0.03	0.80±0.03	0.80±0.03	0.79±0.03	0.75±0.03	0.72±0.03	0.76±0.04	0.76±0.04
Breast	0.94±0.02	0.95±0.02	0.93±0.03	0.94±0.02	0.92±0.03	0.92±0.03	0.92±0.02	0.92±0.02	0.92±0.02
Clean	0.83±0.03	0.83±0.03	0.82±0.03	0.83±0.03	0.78±0.04	0.79±0.03	0.75±0.04	0.78±0.03	0.78±0.03
Glass12	0.93±0.01	0.93±0.02	0.92±0.02	0.93±0.02	0.90±0.02	0.89±0.02	0.89±0.03	0.90±0.02	0.90±0.02
Heart	0.80±0.03	0.81±0.03	0.80±0.03	0.80±0.03	0.79±0.04	0.75±0.03	0.73±0.04	0.75±0.04	0.75±0.04
Ionosphere	0.89±0.03	0.87±0.04	0.86±0.04	0.86±0.05	0.86±0.04	0.85±0.05	0.82±0.05	0.83±0.04	0.83±0.04
Musk	0.77±0.04	0.76±0.04	0.74±0.06	0.75±0.04	0.73±0.06	0.70±0.05	0.71±0.03	0.72±0.04	0.72±0.04
Parkinsons	0.93±0.00	0.94±0.01	0.94±0.00	0.94±0.00	0.93±0.01	0.91±0.01	0.91±0.01	0.93±0.00	0.93±0.00
Sonar	0.85±0.02	0.85±0.02	0.84±0.02	0.83±0.02	0.81±0.03	0.80±0.03	0.77±0.04	0.78±0.04	0.78±0.04
Spambase	0.92±0.01	0.92±0.02	0.91±0.02	0.91±0.02	0.90±0.02	0.89±0.02	0.87±0.03	0.88±0.02	0.88±0.02
Spectf	0.99±0.01	0.98±0.01	0.98±0.01	0.98±0.01	0.97±0.03	0.97±0.02	0.96±0.02	0.97±0.01	0.97±0.01
Vehicle12	0.96±0.01	0.96±0.01	0.95±0.02	0.95±0.02	0.94±0.02	0.92±0.03	0.91±0.02	0.93±0.02	0.93±0.02
Vehicle13	0.59±0.03	0.58±0.04	0.59±0.03	0.57±0.04	0.56±0.03	0.56±0.03	0.54±0.04	0.54±0.03	0.54±0.03
Vehicle23	0.97±0.01	0.96±0.02	0.95±0.02	0.96±0.02	0.95±0.02	0.93±0.02	0.91±0.04	0.94±0.03	0.94±0.03
Vehicle24	0.96±0.01	0.96±0.01	0.96±0.01	0.96±0.01	0.91±0.00	0.95±0.01	0.96±0.01	0.96±0.01	0.96±0.01
Vehicle34	0.95±0.01	0.94±0.02	0.94±0.02	0.94±0.00	0.94±0.01	0.93±0.02	0.92±0.02	0.92±0.02	0.92±0.02
Vote	0.98±0.01	0.97±0.02	0.95±0.04	0.97±0.03	0.95±0.04	0.95±0.01	0.92±0.05	0.95±0.04	0.95±0.04
Wdbc	1.00±0.00	1.00±0.00	0.99±0.02	1.00±0.01	1.00±0.01	0.99±0.01	0.99±0.03	1.00±0.01	1.00±0.01
Wine12	0.96±0.03	0.95±0.04	0.93±0.04	0.94±0.04	0.93±0.03	0.92±0.05	0.89±0.04	0.92±0.05	0.92±0.05
Wine13	0.76±0.04	0.76±0.04	0.76±0.04	0.76±0.04	0.73±0.05	0.73±0.05	0.76±0.04	0.76±0.04	0.76±0.04
Wine23	0.81±0.03	0.81±0.03	0.80±0.03	0.80±0.03	0.79±0.03	0.75±0.03	0.72±0.03	0.76±0.04	0.76±0.04
Wpbc	0.94±0.02	0.95±0.02	0.93±0.03	0.94±0.02	0.92±0.03	0.92±0.03	0.92±0.02	0.92±0.02	0.92±0.02

数据集	$N=100$								
	3DCH-EMOA	SMS-EMOA	SPEA2	NSGA-II	SpaRSA	OMP	Single	Major	Average
Australian	0.87±0.01	0.87±0.01	0.86±0.01	0.87±0.01	0.80±0.06	0.85±0.02	0.85±0.02	0.85±0.01	0.85±0.01
Breast	0.97±0.01	0.97±0.01	0.96±0.01	0.97±0.01	0.96±0.01	0.95±0.01	0.94±0.02	0.96±0.01	0.96±0.01
Clean	0.81±0.03	0.81±0.03	0.80±0.03	0.80±0.03	0.80±0.03	0.75±0.05	0.72±0.03	0.76±0.04	0.76±0.04
Glass12	0.94±0.02	0.94±0.02	0.93±0.02	0.94±0.02	0.92±0.02	0.92±0.02	0.92±0.02	0.92±0.03	0.92±0.03
Heart	0.83±0.03	0.82±0.03	0.82±0.03	0.83±0.03	0.79±0.04	0.79±0.03	0.75±0.04	0.78±0.04	0.78±0.04
Ionosphere	0.94±0.02	0.93±0.02	0.91±0.02	0.93±0.02	0.91±0.03	0.89±0.03	0.89±0.03	0.91±0.02	0.91±0.02
Musk	0.81±0.03	0.80±0.04	0.80±0.04	0.78±0.04	0.80±0.03	0.76±0.04	0.73±0.04	0.75±0.05	0.75±0.05
Parkinsons	0.88±0.03	0.84±0.05	0.86±0.05	0.85±0.04	0.86±0.04	0.85±0.04	0.82±0.05	0.83±0.04	0.83±0.04
Sonar	0.77±0.04	0.75±0.04	0.74±0.05	0.74±0.06	0.73±0.06	0.71±0.05	0.71±0.03	0.71±0.06	0.71±0.06
Spambase	0.94±0.00	0.94±0.01	0.94±0.00	0.94±0.00	0.91±0.02	0.91±0.01	0.91±0.01	0.93±0.01	0.93±0.01

续表

数据集	N=100								
	3DCH-EMOA	SMS-EMOA	SPEA2	NSGA-II	SpaRSA	OMP	Single	Major	Average
Spectf	0.84±0.02	0.84±0.04	0.83±0.03	0.83±0.04	0.81±0.04	0.79±0.03	0.77±0.04	0.79±0.04	0.79±0.04
Vehicle12	0.92±0.02	0.90±0.02	0.91±0.02	0.91±0.02	0.91±0.02	0.89±0.03	0.87±0.03	0.88±0.03	0.88±0.03
Vehicle13	0.99±0.01	0.98±0.01	0.98±0.01	0.98±0.01	0.97±0.01	0.97±0.01	0.96±0.02	0.97±0.01	0.97±0.01
Vehicle23	0.96±0.01	0.95±0.02	0.95±0.02	0.95±0.01	0.95±0.02	0.92±0.02	0.91±0.02	0.93±0.02	0.93±0.02
Vehicle24	0.59±0.03	0.57±0.04	0.59±0.04	0.57±0.04	0.56±0.03	0.57±0.03	0.54±0.04	0.54±0.03	0.54±0.03
Vehicle34	0.97±0.01	0.96±0.02	0.95±0.02	0.96±0.02	0.95±0.03	0.93±0.03	0.91±0.03	0.94±0.03	0.94±0.03
Vote	0.96±0.01	0.96±0.01	0.96±0.01	0.96±0.01	0.92±0.04	0.95±0.01	0.96±0.01	0.96±0.01	0.96±0.01
Wdbc	0.95±0.01	0.93±0.02	0.94±0.02	0.94±0.02	0.93±0.02	0.92±0.02	0.92±0.02	0.92±0.02	0.92±0.02
Wine12	0.98±0.02	0.95±0.04	0.95±0.03	0.95±0.04	0.95±0.04	0.95±0.03	0.92±0.05	0.94±0.04	0.94±0.04
Wine13	1.00±0.00	1.00±0.00	0.99±0.01	1.00±0.01	1.00±0.01	0.99±0.03	0.99±0.03	1.00±0.01	1.00±0.01
Wine23	0.97±0.03	0.95±0.03	0.92±0.04	0.94±0.03	0.94±0.03	0.92±0.04	0.89±0.04	0.93±0.05	0.93±0.05
Wpbc	0.76±0.04	0.76±0.04	0.75±0.04	0.76±0.04	0.73±0.05	0.73±0.04	0.76±0.04	0.76±0.04	0.76±0.04

图 4.11(a) 和(b) 用直方图的方式显示了表 4.7 中的结果。通过对比图中结果可以看出，进化多目标优化算法总是可以获得最高的分类准确率。对于大多数数据集，3DCH-EMOA 可以获得最好的分类结果。所有集成学习算法的分类性能都优于单个分类器的分类性能，压缩感知集成算法的性能要优于多数投票集成算法。

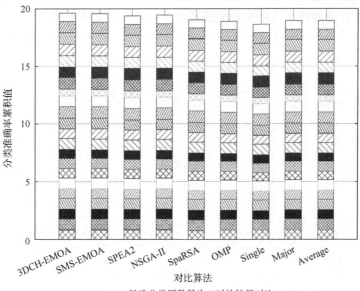

(a) 候选分类器数量为50时的结果对比

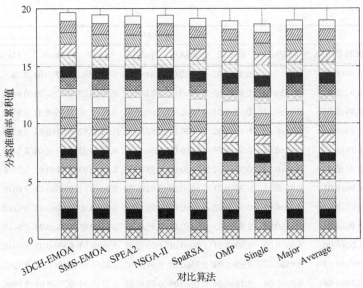

(b) 候选分类器数量为100时的结果对比

图 4.11　各种算法的分类准确率累积值对比图（CART、随机子空间）

　　每种算法获得最优结果次数如图 4.12 所示。从图中结果可以看出，3DCH-EMOA 在候选分类器个数 N 为 50 和 100 的情况下都可以获得最好的结果。当候选分类器的数量增加时，3DCH-EMOA 的分类性能会有所提升。进化多目标优化算法的性能要优于压缩感知集成算法和多数投票集成算法。

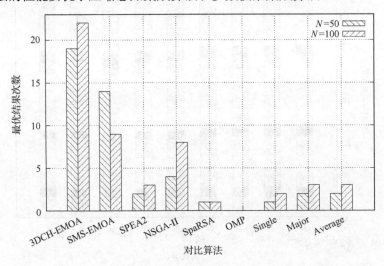

图 4.12　各种算法获取最优结果次数的统计直方图（CART、随机子空间）

表 4.8 给出了各种算法得到稀疏集成分类器中非零权重的个数。对于进化多目标优化算法只统计分类准确率最高的集成分类器的结果。非零稀疏最少的进化多目标优化算法和压缩感知集成算法都分别被标记出来。当候选分类器中分类器个数 $N=50$ 时，SPEA2 和 SMS-EMOA 优于其他的进化多目标优化算法。当 $N=100$ 时，SPEA2 的性能最好。通过对比压缩感知集成算法的结果可以发现，OMP 算法的性能要优于 SpaRSA。通过对比表中所有的算法可以得出结论，OMP 算法具有最好的稀疏性，其次 SPEA2 的性能优于其他算法。

表 4.8　各种算法得到稀疏集成分类器中非零权重的个数（CART、随机子空间）

数据集	多目标稀疏集成算法				压缩感知集成算法	
	N=50					
	3DCH-EMOA	SMS-EMOA	SPEA2	NSGA-II	SpaRSA	OMP
Australian	27.20±16.11	14.30±6.78	11.80±8.20	27.30±3.81	11.20±6.62	6.83±1.53
Breast	24.83±14.50	12.00±6.06	4.57±4.64	23.73±2.78	14.67±7.73	1.00±0.00
Clean	26.33±15.78	12.03±4.50	4.07±1.01	26.40±2.79	12.67±6.31	1.43±0.82
Glass12	22.73±12.87	19.00±7.40	3.17±0.79	23.73±2.13	14.73±6.32	1.00±0.00
Heart	25.30±13.57	14.50±8.31	7.80±6.09	26.10±3.53	16.33±7.28	7.03±2.03
Ionosphere	26.73±16.11	19.10±10.82	4.43±2.10	24.03±3.00	14.90±5.80	1.13±0.43
Musk	22.13±13.49	10.73±4.06	4.63±2.91	27.30±3.33	12.50±7.00	1.73±1.46
Parkinsons	22.07±14.56	23.53±9.56	2.77±1.36	23.40±2.42	11.93±6.39	1.27±0.83
Sonar	25.57±12.84	14.33±7.25	4.80±5.67	25.30±4.33	12.40±4.64	2.40±1.59
Spambase	39.73±11.95	18.10±3.78	19.23±6.33	30.03±4.42	11.03±7.00	2.20±0.76
Spectf	24.13±13.23	10.30±4.13	4.77±1.89	26.60±3.53	13.33±6.34	1.73±1.66
Vehicle12	19.60±13.30	12.97±8.79	4.73±4.91	26.17±3.06	13.10±7.10	1.17±0.53
Vehicle13	18.50±12.01	26.70±8.83	2.63±0.81	23.23±2.33	16.40±6.33	1.00±0.00
Vehicle23	27.90±13.91	12.70±6.85	3.53±0.90	24.13±3.27	16.20±6.64	1.00±0.00
Vehicle24	26.10±14.22	18.30±11.09	11.93±9.32	26.87±3.86	15.50±15.63	7.27±2.68
Vehicle34	24.17±11.29	14.37±6.98	3.47±1.01	23.90±2.50	15.10±7.65	1.00±0.00
Vote	14.47±11.79	23.70±14.55	2.80±1.19	23.27±3.28	17.23±10.50	1.27±0.58
Wdbc	23.13±14.31	16.63±7.87	3.33±0.76	24.50±3.62	14.97±5.57	1.00±0.00
Wine12	17.57±10.61	37.20±8.69	1.77±0.90	22.07±1.95	19.33±8.94	1.00±0.00
Wine13	7.10±3.83	49.17±3.14	1.73±0.45	21.27±1.60	46.10±2.23	1.00±0.00
Wine23	17.93±11.35	36.90±10.53	1.77±0.97	21.73±1.55	18.93±7.99	1.00±0.00
Wpbc	6.13±2.56	47.90±8.45	1.93±0.37	21.60±1.40	23.73±23.57	1.53±0.73

数据集	多目标稀疏集成算法				压缩感知集成算法	
	N=100					
	3DCH-EMOA	SMS-EMOA	SPEA2	NSGA-II	SpaRSA	OMP
Australian	55.57±34.65	45.57±23.05	9.00±7.70	54.10±7.50	24.07±11.83	8.47±1.89
Breast	45.87±29.70	51.87±15.04	3.57±1.17	46.03±3.87	24.57±15.32	1.00±0.00
Clean	49.70±27.13	35.10±11.22	3.57±0.97	49.77±5.42	24.27±13.59	1.60±1.67
Glass12	39.17±27.88	46.00±12.93	2.77±0.86	45.33±3.47	30.33±18.19	1.07±0.37
Heart	49.33±27.40	38.40±16.14	6.73±4.62	50.27±5.15	29.63±14.30	7.60±2.65
Ionosphere	44.87±32.27	55.20±13.93	3.43±1.83	46.87±5.17	24.40±14.62	1.10±0.40
Musk	51.97±25.72	37.17±11.06	4.10±1.54	51.13±7.00	24.37±12.36	1.27±0.94
Parkinsons	42.57±29.82	64.53±19.51	2.20±0.96	44.70±2.91	23.50±11.03	1.13±0.43
Sonar	43.67±29.85	53.57±23.76	3.43±1.17	47.23±6.01	22.80±10.55	1.47±0.73
Spambase	62.40±32.25	36.23±8.75	15.50±7.01	54.87±8.88	15.27±15.83	1.73±0.58
Spectf	49.23±28.74	37.90±17.15	3.93±2.21	50.90±6.76	22.17±14.31	1.33±1.06
Vehicle12	48.80±29.58	49.97±14.68	3.53±1.68	50.03±5.47	24.77±15.12	1.07±0.25
Vehicle13	27.57±18.48	65.40±16.60	2.27±0.98	44.90±3.34	28.87±13.63	1.00±0.00
Vehicle23	41.17±24.50	47.30±16.52	3.30±0.92	48.10±5.90	30.07±14.48	1.00±0.00
Vehicle24	45.13±28.59	45.53±21.78	9.10±9.65	55.17±9.44	29.03±26.17	7.93±3.35
Vehicle34	41.00±25.79	51.77±18.69	2.70±1.06	45.67±3.91	28.20±15.75	1.00±0.00
Vote	32.27±22.97	72.47±25.32	2.97±4.82	45.90±5.82	28.47±19.26	1.10±0.31
Wdbc	42.17±25.57	58.30±20.15	2.83±0.59	47.37±5.33	22.73±14.15	1.00±0.00
Wine12	24.57±14.88	77.57±16.59	1.40±0.77	42.23±3.08	35.80±14.91	1.00±0.00
Wine13	13.63±2.98	96.20±11.60	1.00±0.00	41.73±1.91	93.07±3.89	1.00±0.00
Wine23	26.83±15.31	74.03±19.08	1.53±0.90	43.10±3.27	41.27±13.16	1.00±0.00
Wpbc	13.90±3.07	99.00±4.27	1.07±0.37	42.23±2.91	51.23±46.86	1.47±0.51

　　表 4.9 给出了优化求解过程中每种算法的求解时间，时间都是 30 次独立实验的平均值。从表中的结果可以看出，SMS-EMOA 是最耗时的。在今后的工作中可以尝试使用高效的策略提升进化多目标优化算法的计算效率。

表 4.9　优化求解过程中每种算法的求解时间（CART、随机子空间）　　（单位：s）

数据集	多目标稀疏集成算法				压缩感知集成算法	
	N=50					
	3DCH-EMOA	SMS-EMOA	SPEA2	NSGA-II	SpaRSA	OMP
Australian	4.42e+00	3.89e+01	9.55e-01	3.68e+00	6.34e-03	3.14e-03
Breast	4.26e+00	5.38e+01	9.46e-01	2.76e+00	6.53e-03	8.39e-04
Clean	4.32e+00	5.35e+01	9.02e-01	3.26e+00	5.28e-03	1.02e-03
Glass12	4.01e+00	3.98e+01	8.54e-01	2.82e+00	3.50e-03	3.88e-04
Heart	4.39e+00	3.85e+01	8.39e-01	2.63e+00	4.64e-03	2.11e-03
Ionosphere	4.11e+00	3.68e+01	8.38e-01	3.70e+00	5.64e-03	5.28e-04

数据集	多目标稀疏集成算法				压缩感知集成算法	
	N=50					
	3DCH-EMOA	SMS-EMOA	SPEA2	NSGA-II	SpaRSA	OMP
Musk	4.31e+00	3.83e+01	8.85e−01	2.71e+00	5.72e−03	1.09e−03
Parkinsons	3.95e+00	2.93e+01	7.87e−01	2.87e+00	4.87e−03	5.15e−04
Sonar	3.97e+00	2.97e+01	8.00e−01	3.64e+00	3.89e−03	9.20e−04
Spambase	5.10e+00	4.53e+01	1.97e+00	2.74e+00	1.40e−02	7.17e−03
Spectf	4.40e+00	3.85e+01	8.58e−01	2.45e+00	5.14e−03	5.31e−03
Vehicle12	4.35e+00	4.28e+01	8.75e−01	2.82e+00	6.25e−03	2.25e−03
Vehicle13	4.11e+00	3.65e+01	8.91e−01	2.79e+00	3.35e−03	3.40e−04
Vehicle23	4.41e+00	4.01e+01	8.75e−01	2.83e+00	5.49e−03	1.61e−03
Vehicle24	4.47e+00	4.42e+01	8.69e−01	2.33e+00	4.29e−03	7.12e−03
Vehicle34	4.33e+00	4.21e+01	8.77e−01	2.78e+00	5.41e−03	1.39e−03
Vote	4.05e+00	3.68e+01	8.92e−01	2.81e+00	4.01e−03	5.83e−04
Wdbc	4.30e+00	3.66e+01	9.10e−01	2.74e+00	7.96e−03	4.44e−04
Wine12	3.72e+00	2.87e+01	7.37e−01	3.65e+00	3.30e−03	3.79e−04
Wine13	3.72e+00	2.87e+01	7.18e−01	2.90e+00	2.29e−03	3.72e−04
Wine23	3.78e+00	2.85e+01	7.47e−01	2.88e+00	3.02e−03	3.80e−04
Wpbc	4.00e+00	2.83e+01	7.83e−01	2.88e+00	4.48e−03	7.01e−04
数据集	N=100					
	3DCH-EMOA	SMS-EMOA	SPEA2	NSGA-II	SpaRSA	OMP
Australian	1.17e+01	8.81e+01	2.55e+00	5.95e+00	8.65e−03	2.55e−03
Breast	1.22e+01	9.76e+01	2.46e+00	7.42e+00	7.15e−03	8.30e−04
Clean	1.23e+01	8.86e+01	2.36e+00	6.57e+00	6.22e−03	9.64e−04
Glass12	1.16e+01	8.94e+01	2.22e+00	6.43e+00	4.78e−03	3.85e−04
Heart	1.18e+01	7.56e+01	2.19e+00	8.57e+00	4.75e−03	1.29e−03
Ionosphere	1.20e+01	7.29e+01	2.23e+00	6.66e+00	7.46e−03	5.08e−04
Musk	1.23e+01	7.50e+01	2.32e+00	6.39e+00	6.42e−03	8.98e−04
Parkinsons	1.14e+01	7.49e+01	2.13e+00	6.54e+00	6.57e−03	4.57e−04
Sonar	1.12e+01	8.83e+01	2.15e+00	6.93e+00	4.92e−03	8.37e−04
Spambase	1.33e+01	9.92e+01	5.68e+00	7.47e+00	2.69e−02	1.05e−02
Spectf	1.18e+01	8.09e+01	2.27e+00	6.19e+00	6.57e−03	7.56e−03
Vehicle12	1.17e+01	8.37e+01	2.31e+00	9.37e+00	6.81e−03	1.58e−03
Vehicle13	1.22e+01	6.70e+01	2.38e+00	6.58e+00	4.12e−03	3.39e−04
Vehicle23	1.20e+01	7.96e+01	2.32e+00	6.27e+00	7.44e−03	1.18e−03
Vehicle24	1.14e+01	8.40e+01	2.33e+50	5.89e+00	5.20e−03	1.10e−02
Vehicle34	1.20e+01	8.28e+01	2.30e+00	7.58e+00	6.59e−03	9.85e−04
Vote	1.19e+01	8.43e+01	2.45e+00	6.60e+00	4.10e−03	4.52e−04
Wdbc	1.24e+01	7.47e+01	2.52e+00	6.62e+00	8.14e−03	3.77e−04
Wine12	1.08e+01	8.73e+01	2.01e+00	8.94e+00	3.96e−03	4.19e−04
Wine13	1.09e+01	6.04e+01	1.92e+00	6.92e+00	2.59e−03	4.21e−04
Wine23	1.09e+01	5.89e+01	2.04e+00	6.65e+00	3.41e−03	4.06e−04
Wpbc	1.13e+01	8.45e+01	2.17e+00	7.11e+00	5.20e−03	5.80e−04

4.4.3　多目标稀疏集成算法与五种修剪算法对比

本节给出多目标稀疏集成算法与五种修剪算法的对比实验结果，其中对比算法包括 RE[2,15]、KP[15]、CM[15]、MD[15]和 MP[16]。如 4.4.1 节和 4.4.2 节所述，3DCH-EMOA 在评价指标 VAS 上有最好的性能，SPEA2 和其他进化多目标优化算法相比具有很好的稀疏性，因此本节仅选择 3DCH-EMOA 和 SPEA2 与其他的修剪算法进行比较。本节只比较集成分类器的分类准确率。采用弱分类器为 C4.5 和装袋策略以及回归树 CART 和随机子空间生成的候选分类器集合进行比较，所有的实验候选分类器集合中分类器数量 N=100。

每种算法的分类准确率的统计结果在表 4.10 中给出。图 4.13 (a) 显示弱分类器为 C4.5 和装袋策略生成候选分类器集合的分类准确率统计结果，图 4.13 (b) 显示弱分类器为 CART 和随机子空间生成候选分类器集合的分类准确率统计结果。通过对比这些结果，我们可以发现多目标稀疏集成分类器总是可以得到最高的分类精度。对于大部分数据集，3DCH-EMOA 总是可以获得最优的实验结果，KP 算法的性能最差。

表 4.10　多目标稀疏集成算法和五种修剪算法准确率对比结果

数据集	C4.5，装袋策略，N=100						
	3DCH-EMOA	SPEA2	RE	KP	CM	MD	MP
Australian	0.85±0.02	0.85±0.01	0.84±0.02	0.82±0.02	0.84±0.02	0.84±0.01	0.82±0.02
Breast	0.94±0.02	0.95±0.02	0.93±0.02	0.91±0.01	0.92±0.02	0.93±0.02	0.94±0.02
Clean	0.78±0.04	0.75±0.03	0.74±0.04	0.67±0.05	0.76±0.03	0.76±0.04	0.69±0.04
Glass12	0.88±0.03	0.86±0.03	0.86±0.03	0.83±0.04	0.87±0.03	0.87±0.02	0.82±0.04
Heart	0.81±0.03	0.79±0.03	0.78±0.03	0.71±0.05	0.77±0.04	0.79±0.03	0.71±0.03
Ionosphere	0.81±0.04	0.78±0.04	0.78±0.04	0.71±0.06	0.81±0.04	0.77±0.03	0.76±0.07
Musk	0.79±0.03	0.74±0.04	0.75±0.04	0.65±0.05	0.77±0.04	0.76±0.04	0.70±0.04
Parkinsons	0.79±0.03	0.70±0.04	0.74±0.04	0.66±0.05	0.76±0.03	0.75±0.05	0.64±0.07
Sonar	0.57±0.05	0.54±0.04	0.47±0.07	0.52±0.05	0.50±0.06	0.50±0.06	0.52±0.06
Spambase	0.89±0.01	0.90±0.01	0.89±0.01	0.87±0.01	0.88±0.01	0.89±0.01	0.88±0.01
Spectf	0.76±0.03	0.77±0.03	0.73±0.03	0.67±0.04	0.74±0.03	0.75±0.03	0.71±0.04
Vehicle12	0.84±0.02	0.83±0.02	0.82±0.02	0.76±0.02	0.82±0.02	0.82±0.02	0.77±0.05
Vehicle13	0.97±0.02	0.96±0.03	0.96±0.03	0.93±0.03	0.95±0.04	0.96±0.03	0.95±0.05
Vehicle23	0.88±0.03	0.88±0.03	0.87±0.03	0.82±0.03	0.86±0.03	0.86±0.04	0.85±0.04
Vehicle24	0.56±0.03	0.58±0.03	0.49±0.04	0.52±0.03	0.53±0.03	0.51±0.03	0.52±0.03
Vehicle34	0.88±0.03	0.89±0.03	0.86±0.03	0.80±0.07	0.85±0.03	0.87±0.03	0.85±0.04
Vote	0.96±0.01	0.96±0.01	0.95±0.01	0.94±0.02	0.94±0.01	0.95±0.01	0.95±0.02
Wdbc	0.94±0.01	0.94±0.01	0.93±0.01	0.92±0.01	0.93±0.02	0.94±0.01	0.92±0.02
Wine12	0.82±0.11	0.77±0.10	0.76±0.14	0.67±0.12	0.78±0.13	0.75±0.12	0.72±0.13
Wine13	0.95±0.06	0.83±0.10	0.91±0.09	0.76±0.13	0.88±0.10	0.91±0.07	0.80±0.15
Wine23	0.92±0.07	0.81±0.07	0.86±0.07	0.75±0.08	0.85±0.09	0.88±0.08	0.75±0.10
Wpbc	0.77±0.04	0.70±0.04	0.76±0.04	0.65±0.05	0.75±0.03	0.76±0.04	0.64±0.05

续表

数据集	CART，随机子空间，N=100						
	3DCH-EMOA	SPEA2	RE	KP	CM	MD	MP
Australia	0.87±0.01	0.86±0.01	0.85±0.01	0.77±0.07	0.85±0.01	0.84±0.002	0.84±0.02
Breast	0.97±0.01	0.96±0.01	0.96±0.01	0.94±0.02	0.95±0.02	0.96±0.01	0.95±0.01
Clean	0.80±0.03	0.80±0.03	0.79±0.03	0.73±0.04	0.78±0.04	0.77±0.02	0.75±0.05
Glass12	0.94±0.02	0.93±0.03	0.92±0.02	0.90±0.04	0.92±0.03	0.92±0.03	0.92±0.04
Heart	0.83±0.03	0.82±0.03	0.81±0.03	0.75±0.04	0.77±0.04	0.82±0.03	0.76±0.03
Ionosphere	0.93±0.01	0.91±0.02	0.92±0.02	0.88±0.02	0.90±0.03	0.93±0.01	0.88±0.03
Musk	0.79±0.04	0.80±0.03	0.78±0.04	0.72±0.04	0.78±0.04	0.77±0.03	0.76±0.03
Parkinsons	0.86±0.04	0.86±0.05	0.84±0.04	0.82±0.06	0.83±0.06	0.85±0.04	0.84±0.05
Sonar	0.75±0.04	0.74±0.05	0.73±0.04	0.70±0.06	0.73±0.05	0.73±0.04	0.70±0.05
Spambase	0.94±0.00	0.94±0.00	0.93±0.00	0.89±0.01	0.93±0.01	0.93±0.01	0.91±0.01
Spectf	0.83±0.03	0.83±0.03	0.81±0.03	0.77±0.03	0.78±0.05	0.80±0.03	0.79±0.03
Vehicle12	0.91±0.02	0.91±0.02	0.90±0.02	0.87±0.04	0.88±0.03	0.90±0.02	0.89±0.03
Vehicle13	0.99±0.01	0.98±0.01	0.98±0.01	0.94±0.04	0.97±0.02	0.98±0.01	0.97±0.01
Vehicle23	0.96±0.01	0.95±0.02	0.94±0.02	0.90±0.04	0.95±0.02	0.94±0.02	0.92±0.02
Vehicle24	0.57±0.04	0.59±0.04	0.53±0.04	0.53±0.05	0.54±0.03	0.55±0.04	0.56±0.03
Vehicle34	0.97±0.02	0.95±0.02	0.95±0.02	0.90±0.04	0.92±0.03	0.95±0.02	0.93±0.02
Vote	0.96±0.01	0.96±0.01	0.95±0.01	0.91±0.05	0.96±0.01	0.93±0.02	0.95±0.01
Wdbc	0.94±0.02	0.94±0.02	0.93±0.02	0.92±0.02	0.92±0.02	0.93±0.02	0.92±0.02
Wine12	0.97±0.03	0.95±0.03	0.95±0.04	0.91±0.09	0.93±0.04	0.97±0.02	0.95±0.03
Wine13	1.00±0.00	0.99±0.01	1.00±0.01	0.98±0.04	1.00±0.01	1.00±0.00	0.99±0.02
Wine23	0.96±0.02	0.92±0.04	0.93±0.04	0.90±0.05	0.92±0.05	0.95±0.03	0.92±0.05
Wpbc	0.76±0.04	0.75±0.04	0.75±0.04	0.75±0.04	0.72±0.06	0.75±0.04	0.73±0.04

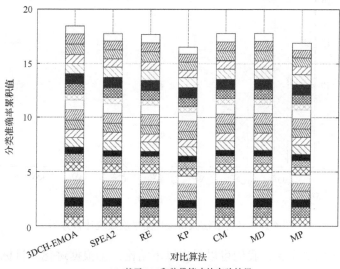

(a) 基于C4.5和装袋策略的实验结果

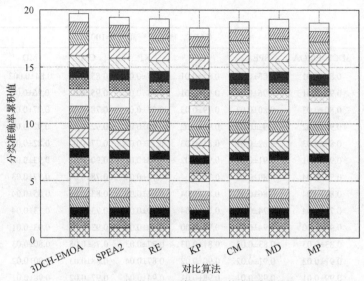

(b) 基于 CART 和随机子空间策略的实验结果

图 4.13　候选分类器个数为 100 时实验对比结果

图 4.14 显示了每种算法取得最优结果的统计个数，直方图的高度表示最优结果次数。从图中可以看出，对于大部分数据集，多目标稀疏集成分类器的性能要优于其他的修剪集成分类器算法。3DCH-EMOA 对于大部分数据集都可以获得最好的性能。

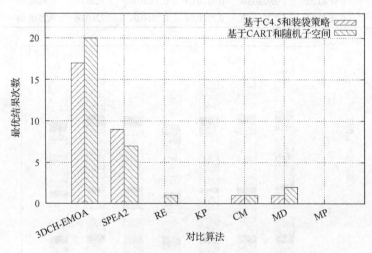

图 4.14　多种算法获得最优结果次数统计直方图

通过对比以上实验，我们可以得出以下结论：①根据进化多目标优化算法得到的参考 Pareto 前沿可以分析稀疏集成分类器在不同稀疏度下的分类性能，通过分析参考 Pareto 前沿可以找到一个最适合给定数据集的集成分类器;②使用所有的分类器集成并不能得到最理想的分类结果,稀疏集成分类器可以提高集成分类器的性能;③对于大多数数据集,3DCH-EMOA 不论在 VAS 评价指标还是在分类准确率上都优于其他的进化多目标优化算法;④进化多目标优化算法比较耗时,在将来要考虑有效的策略提升进化多目标优化算法的效率。

4.5 本 章 小 结

本章提出了多目标稀疏集成学习模型并且分析了其在增广 DET 空间的特性,采用增广 DET 凸包最大化策略搜索具有良好分类性能的稀疏集成分类器。本章中设计的稀疏实数编码建立了稀疏集成分类器与进化多目标优化算法之间的桥梁,并且可以用它进行优化求解。在实验部分,采用多种进化多目标优化算法搜索多目标稀疏集成分类器的权重向量。通过对参考 Pareto 前沿在增广 DET 空间中分布的分析,可以得出稀疏性和分类器性能之间的关系。在给定分类器分类精度要求的情况下,可以根据参考 Pareto 前沿面找到满足这个条件的稀疏集成分类器集合。同样在给定稀疏性要求时可以找到满足此条件分类性能最好的分类器。在将来的工作中,可以应用多目标稀疏集成分类器处理图像中的目标检测问题,如医学图像中的乳腺癌检测或者遥感图像中的城区检测。

参 考 文 献

[1] Dietterich T G. Ensemble methods in machine learning[C]. International Workshop on Multiple Classifier Systems, Cagliari, 2000: 1-15.

[2] Margineantu D D, Dietterich T G. Pruning adaptive boosting[C]. Proceedings of the Fourteenth International Conference on Machine Learning, San Francisco, 1997, 97: 211-218.

[3] Gupta R, Audhkhasi K, Narayanan S. Training ensemble of diverse classifiers on feature subsets[C]. IEEE International Conference on Acoustics, Speech and Signal Processing, Florence, 2014: 2927-2931.

[4] Riccardi A, Fernandez-Navarro F, Carloni S. Cost-sensitive adaBoost algorithm for ordinal regression based on extreme learning machine[J]. IEEE Transactions on Cybernetics, 2014, 44(10): 1898-1909.

[5] Ye D H, Desjardins B, Hamm J, et al. Regional manifold learning for disease classification[J]. IEEE Transactions on Medical Imaging, 2014, 33(6): 1236-1247.

[6] Merentitis A, Debes C, Heremans R. Ensemble learning in hyperspectral image classification: Toward selecting a favorable bias-variance trade off[J]. IEEE Journal of Selected Topics in Applied Earth Observations and Remote Sensing, 2014, 7(4): 1089-1102.

[7] Chen Y S, Zhao X, Lin Z H. Joint adaboost and multifeature based ensemble for hyperspectral image classification[C]. IEEE International Geoscience and Remote Sensing Symposium, Quebec City, 2014: 2874-2877.

[8] Breiman L. Bagging predictors[J]. Machine Learning, 1996, 24: 123-140.

[9] Schapire R E. The strength of weak learnability[J]. Machine Learning, 1990, 5: 197-227.

[10] Ho T K. The random subspace method for constructing decision forests[J]. IEEE Transactions on Pattern Analysis and Machine Intelligence, 1998, 20(8): 832-844.

[11] Rodriguea J, Kuncheva L, Alonso C. Rotation forest: A new classifier ensemble method[J]. IEEE Transactions on Pattern Analysis and Machine Intelligence, 2006, 28(10): 1619-1630.

[12] Hansen L, Salamon P. Neural network ensembles[J]. IEEE Transactions on Pattern Analysis and Machine Intelligence, 1990, 12(10): 993-1001.

[13] Peronne M P, Cooper L N. When networks disagree: Ensemble methods for neural networks[A]//How we Learn; How We Remember: Toward An Understanding of Brain and Neural Systems[M]. Singapore: World Scientific, 1993.

[14] Zhou Z H, Wu J, Tang W. Ensembling neural networks: Many could be better than all[J]. Artificial Intelligence, 2002, 137: 239-263.

[15] Martínez-Muñoz G, Hernández Lobato D, Suárez A. An analysis of ensemble pruning techniques based on ordered aggregation[J]. IEEE Transactions on Pattern Analysis and Machine Intelligence, 2009, 31(2): 245-259.

[16] Mao S S, Jiao L C, Xiong L, et al. Greedy optimization classifiers ensemble based on diversity[J]. Pattern Recognition, 2011, 44(6): 1245-1261.

[17] 毛莎莎. 基于贪婪优化和投影变换的集成分类器算法研究[D]. 西安: 西安电子科技大学, 2014.

[18] Chen H H, Tiho P, Yao X. Predictive ensemble pruning by expectation propagation[J]. IEEE Transactions on Knowledge and Data Engineering, 2009, 21(7): 999-1013.

[19] Zhang L, Zhou W D. Sparse ensembles using weighted combination methods based on linear programming[J]. Pattern Recognition, 2011, 44(1): 97-106.

[20] Li L, Yao X, Stolkin R, et al. An evolutionary multiobjective approach to sparse reconstruction[J]. IEEE Transactions on Evolutionary Computation, 2014, 18(6): 827-845.

[21] Zhao Z Q, Jiao L C, Liu F, et al. Semisupervised discriminant feature learning for SAR image category via sparse ensemble[J]. IEEE Transactions on Geoscience and Remote Sensing, 2016, 54(6): 3532-3547.

[22] Li L, Stolkin R, Jiao L C, et al. A compressed sensing approach for efficient ensemble learning[J]. Pattern Recognition, 2014, 47(10): 3451-3465.

[23] Donoho D. Compressed sensing[J]. IEEE Transactions on Information Theory, 2006, 52(4): 1289-1306.

[24] Wright S, Nowak R, Figueiredo M. Sparse reconstruction by separable approximation[J]. IEEE Transactions on Signal Processing, 2009, 57(7): 2479-2493.

[25] Davis G, Mallat S, Avellaneda M. Adaptive greedy approximations[J]. Constructive Approximation, 1997, 13: 57-98.

[26] Toh K C, Yun S. An accelerated proximal gradient algorithm for nuclear norm regularized linear least squares problems[J]. Pacific Journal of Optimization, 2010, 6(615-640): 1-15.

[27] Plumbley M D. Recovery of sparse representations by polytope faces pursuit[C]. Proceedings of the 6th International Conference on Independent Component Analysis and Blind Signal Seperation, Charleston, 2006: 206-213.

[28] Qiu X, Xu J X, Tan K C, et al. Adaptive cross-generation differential evolution operators for multiobjective optimization[J]. IEEE Transactions on Evolutionary Computation, 2016, 20(2): 232-244.

[29] Luo J, Jiao L, Lozano J A. A sparse spectral clustering framework via multiobjective evolutionary algorithm[J]. IEEE Transactions on Evolutionary Computation, 2016, 20(3): 418-433.

[30] Martin A F, Doddington G R, Kamm T, et al. The DET curve in assessment of detection task performance[C]. Proceeding of the Fifth European Conference on Speech Communication and Technology, Rhodes, 1997: 1895-1898.

[31] Zhao J Q, Basto-Fernandes V, Jiao L C, et al. Multiobjective optimization of classifiers by means of 3D convex-hull-based evolutionary algorithms[J]. Information Sciences, 2016, 367-368: 80-104.

[32] Beume N, Naujoks B, Emmerich M. SMS-EMOA: Multiobjective selection based on dominated hypervolume[J]. European Journal of Operational Research, 2007, 181(3): 1653-1669.

[33] Zitzler E, Laumanns M, Thiele L. SPEA2: Improving the Strength Pareto Evolutionary Algorithm: 103[R]. Zurich: Computer Engineering and Networks Laboratory (TIK), ETH Zurich, 2001.

[34] Deb K, Pratap A, Agarwal S, et al. A fast and elitist multiobjective genetic algorithm: NSGA-II[J]. IEEE Transactions on Evolutionary Computation, 2002, 6(2): 182-197.

[35] Bache K, Lichman M. UCI Machine Learning Repository[Z]. https://archive.ics.uci, edu/ml, 2013.

[36] Jin Y, Sendhoff B. Pareto-based multiobjective machine learning: An overview and case studies[J]. IEEE Transactions on Systems, Man, and Cybernetics, Part C: Applications and Reviews, 2008, 38(3): 397-415.

[37] Mukhopadhyay A, Maulik U, Bandyopadhyay S, et al. Survey of multiobjective evolutionary algorithms for data mining: Part II[J]. IEEE Transactions on Evolutionary Computation, 2014, 18(1): 20-35.

[38] Chen H H, Yao X. Evolutionary multiobjective ensemble learning based on Bayesian feature selection[C]. International Conference on Evolutionary Computation, Vancouver, 2006: 267-274.

[39] Ahmadian K, Golestani A, Analoui M, et al. Evolving ensemble of classifiers in low-dimensional spaces using multi-objective evolutionary approach[C]. IEEE/ACIS International Conference on Computer and Information Science, Melbourne, 2007: 217-222.

[40] Alfaro-Cid E, Castillo P, Esparcia A, et al. Comparing multiobjective evolutionary ensembles for minimizing type I and II errors for bankruptcy prediction[C]. IEEE Congress on Evolutionary Computation, Hongkong, 2008: 2902-2908.

[41] Levesque J C, Durand A, Gagne C, et al. Multi-objective evolutionary optimization for generating ensembles of classifiers in the ROC space[C]. Proceedings of the 14th Annual Conference on Genetic and Evolutionary Computation, New York, 2012: 879-886.

[42] Khreich W, Granger E, Miri A, et al. Iterative Boolean combination of classifiers in the ROC space: An application to anomaly detection with HMMs[J]. Pattern Recognition, 2010, 43(8): 2732-2752.

[43] Bhowan U, Johnston M, Zhang M, et al. Evolving diverse ensembles using genetic programming for classification with unbalanced data[J]. IEEE Transactions on Evolutionary Computation, 2013, 17(3): 368-386.

[44] Bhowan U, Johnston M, Zhang M, et al. Reusing genetic programming for ensemble selection in classification of unbalanced data[J]. IEEE Transactions on Evolutionary Computation, 2014, 18(6): 893-908.

[45] Smith C, Doherty J, Jin Y. Multi-objective evolutionary recurrent neural network ensemble for prediction of computational fluid dynamic simulations[C]. IEEE Congress on Evolutionary Computation, Beijing, 2014: 2609-2616.

[46] Wang S, Yao X. Using class imbalance learning for software defect prediction[J]. IEEE Transactions on Reliability, 2013, 62(2): 434-443.

[47] Fan Q, Wang Z, Li D D, et al. Entropy-based fuzzy support vector machine for imbalanced datasets[J]. Knowledge-Based Systems, 2017, 115: 87-99.

[48] Sheng V S, Gu B, Fang W, et al. Cost-sensitive learning for defect escalation[J]. Knowledge-Based Systems, 2014, 66: 146-155.

[49] Fawcett T. An introduction to ROC analysis[J]. Pattern Recognition Letters, 2006, 27(8): 861-874.

[50] Wang P, Emmerich M, Li R, et al. Convex hull-based multi-objective genetic programming for maximizing receiver operator characteristic performance[J]. IEEE Transactions on Evolutionary Computation, 2015, 19(2): 188-200.

[51] Hong W, Lu G, Yang P, et al. A new evolutionary multi-objective algorithm for convex hull maximization[C]. IEEE Congress on Evolutionary Computation, Sendai, 2015: 931-938.

[52] Wang P, Tang K, Weise T, et al. Multiobjective genetic programming for maximizing ROC performance[J]. Neurocomputing, 2014, 125: 102-118.

[53] Rote G, Buchin K, Bringmann K, et al. Selecting K points that maximize the convex hull volume[C]. The 19th Japan Conference on Discrete and Computational Geometry, Graphs, and Games, Tokyo, 2016: 58-60.

[54] Wang H D, Jiao L C, Yao X. Two Arch2: An improved two-archive algorithm for many-objective optimization[J]. IEEE Transactions on Evolutionary Computation, 2015, 19(4): 524-541.

第5章 多目标稀疏神经网络学习

5.1 引 言

长期以来，人类一直梦想能够制造或者模拟大脑神经元的活动机制，找到一个既具有计算能力，又拥有人类的推理和识别能力的系统。在这种需求下，神经网络的研究应运而生，神经网络是机器学习领域一个重要的学习方法，为图像识别、语音识别和自然语言处理领域诸多问题提供了解决方案。在传统的编程方法中，我们告诉计算机如何去做，将大问题划分为许多小问题，精确地定义了计算机很容易执行的任务。而神经网络不需要我们告诉计算机如何处理问题，而是通过从观测数据中学习到解决方案。

神经网络的发展并不是一帆风顺的，从人工神经网络的诞生至今，经历了漫长而曲折的发展道路。1943 年，M-P 神经元模型的问世，标志着神经网络研究的开始。McCulloch 和 Pitts 在数理逻辑的基础上，通过剖析神经元的机理提出了 M-P 神经元模型，为后继神经网络的研究开启了一扇门。1949 年，Hebb 从条件反射的角度出发，提出了一种学习规则，这种学习规则的提出加速了神经网络的发展，为神经网络的发展铺平了道路，为以后的神经网络模型的建立和应用起到了很大的启发作用。1958 年，感知器模型的出现标志着人类实现了对大脑神经元活动机理的简单模拟。感知器模型由一位计算机学家提出，实现了用数学模型对神经元活动机理的刻画。1960 年，Widrow 和 Hoff 提出了自适应线性单元，其可以看成是感知器的衍生模型。它通过采用最小均方误差准则，拥有自适应特性，在智能控制领域得到了广泛应用。1969 年，《感知器》一书的问世，标志着神经网络的研究陷入了低潮。在《感知器》一书中，Minsky 和 Papert 详细介绍了感知器模型的不足。由于 Minsky 在学术界权威的影响力，人工神经网络进入了低迷期。1982 年，Hopfield 提出了 Hopfield 神经网络模型，在该模型中通过结合能量函数的概念，并且给出了判定神经网络的收敛性的有效方法，同时有效地解决了旅行商问题。1985 年，Ackley 和 Hinton 等借助统计物理学的概念和方法，提出了玻尔兹曼机模型，并且可以找到网络收敛的平衡状态。1986 年，Rumelhart 和 McCelland 等出版的《并行分布式处理》一书，使得 Werbos 早年提出的多层神经网络模型的反向传播算法重新引起了人们的关注。此外，1987 年 Kohonen 提出的自组织神经网络、1991 年 Inone 等提出的混沌神经网络以及 1995 年 Mitra 提出的模糊神经网络等成果对神经网络的发展和研究起到了很大的推动作用。

人工神经网络是由大量人工神经元连接形成的一种具有智能计算能力的信息处理系统，人工神经元是针对生物大脑神经元特性及功能提炼出的一种抽象数学模型。单个神经元的计算能力较弱，同时计算能力简单，但由多个神经元构成的神经网络不仅具有并行处理复杂事情的能力，同时在处理问题时还具备较快的速度。神经网络可以模拟大脑神经系统的工作过程，在一定程度上具备智能的解决问题的能力。在设计神经网络时，输入层和输出层的神经元个数取决于具体要解决的问题，因此，神经网络隐层神经元的设计在神经网络结构设计中非常重要。通常情况下，按照神经元之间的连接方式和学习规则可以将神经网络分为三大类：前向型神经网络、反馈行神经网络和自组织型神经网络。其中，前向型神经网络应用比较广泛，简单地说，它包含输入层、隐层和输出层。神经元信号按照层与层之间全连接的方式向前传导，二层内的神经元相互独立，没有信息的传递。

针对神经网络结构设计的问题，很多学者进行了深入的研究，并且提出了一系列的方法。试凑法通过反复选择不同隐层的层数和隐层的节点个数实现网络结构的优化，常用的试凑法有交叉检验法。增长法首先选择具有较少隐层神经元的神经网络，对于给定的问题，在训练过程中逐步增加隐层神经元的个数，直到满足需要的网络精度要求。与增长法相对应的是删减法，对于删减法首先选择具有较多隐层神经元的神经网络，对于给定的现实问题，在满足网络精度的要求下，在训练过程中逐步删除隐层神经元数。进化算法可以模拟生物繁衍生息进化机理，具有很好的稳定性和全局搜索能力，也被广泛应用于神经网络隐层神经元个数的调整。虽然很多学者针对隐层神经元个数的设计提出了很多方法，但是仍然存在很多问题，试凑法虽然能够确定出达到模型精度所需的隐层神经元数，但却需要人为地尝试添加或减少神经元，这个过程比较费时，而且参数选择的过程也很不容易。增长法和删减法虽然能够确定隐层神经元的个数，但是会大大增加网络计算量。遗传算法虽然能够优选出隐层神经元数目，但涉及数据编码处理和目标函数的设计问题，还需要进行深入研究。

本章的其他部分安排如下：5.2 节介绍神经网络；5.3 节介绍多目标稀疏神经网络参数学习；5.4 节介绍多目标稀疏神经网络修剪；5.5 节为本章小结。

5.2 神 经 网 络

神经网络[1,2]包括生物神经网络和人工神经网络。生物神经网络是指在生物的大脑中由神经元、细胞、触点等组成的网络，用于产生生物的意识，帮助生物进行思考和行动。人工神经网络(artificial neural network，ANN)也简称为神经网络

（NN），它是一种模仿生物神经网络行为特征，进行分布式并行信息处理的算法数学模型。这种网络依靠系统的复杂程度，通过调整内部大量节点之间相互连接的关系，达到处理信息的目的。人工神经网络是一种应用类似于大脑神经突触连接的结构进行信息处理的数学模型，在工程与学术界也常直接简称为神经网络，在本书中若无特殊说明，神经网络特指人工神经网络。

在生物神经网络中，神经元，又称神经细胞，由细胞体、树突和轴突三部分组成，如图 5.1 所示。细胞体是神经元的新陈代谢和营养中心，位于脑和脊髓的灰质及神经节内。细胞体的形态和大小有很大的差别，有圆形、锤体形、梭形和星形等。细胞体最外是细胞膜，内含细胞核和细胞质（介于膜与核之间），细胞质包括如神经元纤维、高尔基体、线粒体等复杂的结构。树突是从胞体发出的一至多个突起，呈放射状。树突在胞体起始部分较粗，经反复分支而变细，形如树枝状。树突较短，其长度只有几百微米（1μm=1mm/1000），形状就像树的分枝，其作用类似于电视的接收天线，负责接收刺激，将神经冲动传向胞体。轴突是细胞发出的长突起，其长度从十几微米到一米。每个神经元只有一根轴突。在轴突主干上有时分出许多侧枝。主干内包含许多平行排列的神经元纤维。轴突末端多呈纤细分支称轴突终末，与其他神经元或效应细胞接触。轴突的作用是将神经冲动从胞体传出，到达与它联系的各种细胞。

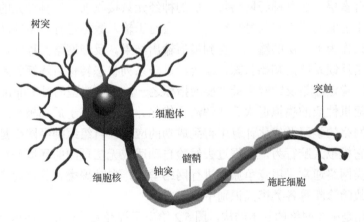

图 5.1 生物神经元的结构

按神经元突起的数目，可以分成假单极神经元、双极神经元和多极神经元。假单极细胞从胞体发出一个突起，在离胞体不远处呈 T 形分为两支，因此被称为假单极神经元。双极神经元从胞体两端各发出一个突起，一个是树突，另一个是轴突。而多极神经元有一个轴突和多个树突，是人体中数量最多的一种神经元。按神经元功能，可以分成内导神经元（感觉神经元）、外导神经元（运动神经元）和中间神经元。内导神经元收集和传导身体内、外的刺激，并将其达到脊髓和大脑；

外导神经元将脊髓和大脑发出的信息传到肌肉和腺体，支配效应器官的活动。中间神经元介于前两者之间，起联络作用。这些中间神经元的连接形成了中枢神经系统的微回路，这是脑进行信息加工的主要场所。

神经元是神经系统的结构和功能单位。神经元有接收、整合和传递信息的功能。一般就长轴突神经元而言，树突和胞体接收从其他神经元传来的信息，并进行整合，然后通过轴突将信息传递给另一些神经元或效应器。一个神经元不能单独执行神经系统的机能。各个神经元必须互相联系，构成简单或复杂的神经回路，才能传导信息。对脊椎动物来说，神经元之间在结构上没有细胞质相连，仅互相接触。神经冲动在神经元间通过突触以实现传递。

神经网络是一种运算模型，由大量的节点（或称神经元）相互连接构成。每个节点代表一种特定的输出函数，称为激励函数（activation function）。每两个节点间的连接都代表一个对于通过该连接信号的加权值，称为权重，这相当于人工神经网络的记忆。网络的输出则依网络的连接方式、权重值和激励函数的不同而不同。而网络自身通常都是对自然界某种算法或者函数的逼近，也可能是对一种逻辑策略的表达。目前已有的数十种神经网络模型主要有以下几种类型：前馈型、反馈型、随机型和竞争型。

前馈神经网络是指神经元分层排列，由输入层、隐层和输出层构成，其中隐层可能会有多层。这种神经网络每一层的神经元只接收前一层神经元的输入，后面的层对于前面的层没有信号反馈。每一层对于输入数据进行一定的转换，然后将输出结果作为下一层的输入，直到最后输出结果。反馈网络又称回归网络，输入信号决定反馈系统的初始状态，系统经过一系列状态转移后逐渐收敛于平衡状态，因此，稳定性是反馈网络最重要的指标之一，比较典型的是 Hopfield 神经网络。具有随机性质的模拟退火算法解决了优化计算过程陷于局部极小的问题，并已在神经网络的学习及优化计算中得到成功的应用。自组织神经网络是无教师学习网络，它模拟人脑行为，根据过去经验自动适应无法预测的环境变化，由于无监督，这类网络通常采用竞争原则进行网络学习，自动聚类。其目前广泛用于自动控制、故障诊断等各类模式识别中。

神经元是神经网络的基本结构，图 5.2 给出了神经元的图示。在这个神经元中 $x = \{x_1, x_2, \cdots, x_n\}$ 和一个偏置项 $b = +1$ 作为神经元的输入，$W = \{W_1, W_2, \cdots, W_n\}$ 是它们的权重，经过激活函数 f，得到输出 $h_{W,b}(x) = f(W^T x) = f\left(\sum_{i=1}^{n} W_i x_i + b\right)$，其中函数 f 称为激活函数，常用的激活函数为 sigmoid 函数，如式 (5.1) 所示：

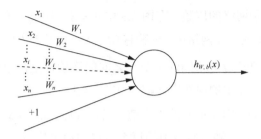

图 5.2 人工神经元的结构示意图

$$f(z) = \frac{1}{1 + \exp(-z)} \tag{5.1}$$

可以看出，单一神经元的输入-输出映射关系其实就是一个逻辑回归。常用的激活函数还有双曲正切函数(tanh)，如式(5.2)所示：

$$f(z) = \tanh(z) = \frac{\exp(z) - \exp(-z)}{\exp(z) + \exp(-z)} \tag{5.2}$$

$\tanh(z)$ 函数是 sigmoid 函数的一种变体，它的取值范围为$[-1,1]$，sigmoid 函数的范围是$[0, 1]$。

神经网络就是将多个神经元连接在一起，一个神经元的输出可以是另一个神经元的输入。图 5.3 给出了一个简单的神经网络模型。最左边一层是输入层，中间一层是隐层，右侧是输出层。输入层以及隐层均为 n 个节点，每个节点代表一个神经元。输入层由 n 个输入节点 $x_1, x_2, \cdots, x_n$ 以及一个偏置节点(标有+1 的圆圈)组成。每一层和下一层之间对应也有一个权重矩阵 W。

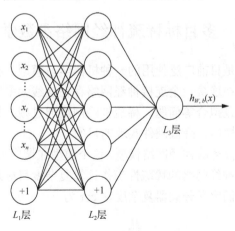

图 5.3 神经网络结构示意图

我们用 n_l 来表示网络的层数，在图 5.3 中 $n_l = 3$，用 L_l 记作第 l 层，L_1 是输入层，L_3 是输出层。在该神经网络中，参数有 $(W, b) = (W^{(1)}, b^{(1)}, W^{(2)}, b^{(2)})$，其中 $W_{ij}^{(l)}$ 是第 l 层第 j 个节点与第 $l+1$ 层第 i 个节点之间的连接权重，$b_i^{(l)}$ 是第 $l+1$ 层第 i 个节点的偏置项参数。在本例中 $W^{(1)} \in \mathbf{R}_n^n$，$W^{(2)} \in \mathbf{R}_1^n$。

采用 $a_i^{(l)}$ 表示第 l 层第 i 单元的输出值。当 $l = 1$ 时，$a_i^{(1)} = x_i$，即第 i 个输入值。对于给定的参数 W、b，神经网络中的每个节点的输出值为

$$a_1^{(2)} = f(W_{11}^{(1)}x_1 + W_{12}^{(1)}x_2 + \cdots + W_{1n}^{(1)}x_n + b_1^{(1)})$$

$$a_2^{(2)} = f(W_{21}^{(1)}x_1 + W_{22}^{(1)}x_2 + \cdots + W_{2n}^{(1)}x_n + b_2^{(1)})$$

$$a_i^{(2)} = f(W_{i1}^{(1)}x_1 + W_{i2}^{(1)}x_2 + \cdots + W_{in}^{(1)}x_n + b_i^{(1)}) \tag{5.3}$$

$$a_n^{(2)} = f(W_{n1}^{(1)}x_1 + W_{n2}^{(1)}x_2 + \cdots + W_{nn}^{(1)}x_n + b_n^{(1)})$$

$$h_{W,b}(x) = a_1^{(3)} = f(W_{11}^{(2)}a_1^{(2)} + W_{12}^{(2)}a_2^{(2)} + \cdots + W_{1n}^{(2)}a_n^{(2)} + b_1^{(2)})$$

上面的计算步骤称为前向传播。神经网络的层数和每一层的节点数目都是可调的，可以根据具体的学习任务进行具体设计。反向传播算法[1]是常用的神经网络学习算法，在深度学习领域得到了广泛的应用。

稀疏神经网络分类器首先在文献[3]中提出，通过引入稀疏策略可以使神经网络模型提高泛化性能的同时避免过拟合。在该文献中通过使用单目标差分进化的方式删减全连接神经网络中冗余的连接并且得到性能良好的稀疏分类器。

5.3 多目标稀疏神经网络参数学习

全连接神经网络是目前广泛使用的一种机器学习模型。在全连接网络中，相邻层之间的节点都存在连接。全连接神经网络存在连线太多硬件不易实现、参数过多训练困难和容易过拟合等问题。稀疏神经网络通过减少神经元之间的连接实现提高神经网络泛化性能，降低硬件实现的目的。

本章提出了多目标稀疏神经网络模型，这个模型在增广 DET 空间中评价神经网络的性能，其中将神经网络的稀疏性当作计算复杂度目标进行优化。对于稀疏神经网络分类器，我们定义分类器复杂度率 ccr 为

$$\mathrm{ccr} = \frac{\sum_{i=1}^{M} \mathbf{1}\{|w_i| \neq 0\}}{M} \tag{5.4}$$

其中，$w_i(i=1,2,\cdots,M)$ 是神经网络中节点之间的连接权重；M 是所有连接权重的个数；$\mathbf{1}\{\}$ 是指示函数。

5.3.1　UCI 数据集

本节使用了 19 个二类别的 UCI 数据集[4]来测试进化多目标优化算法优化稀疏神经网络的性能。因为本节仅处理二分类的问题，对于多类的数据集，我们把它拆成多个仅包含两个类标的小数据集。所采用的数据集既包含平衡数据，也包含非平衡数据，数据集的信息如表 5.1 所示。

表 5.1　19 个 UCI 数据集信息

编号	数据集	特征数	类别分布	编号	数据集	特征数	类别分布
1	Australian	14	383:307	11	Vehicle23	18	217:218
2	Breast	9	458:241	12	Vehicle24	18	217:212
3	Glass12	9	51:163	13	Vehicle34	18	218:212
4	Heart	13	139:164	14	Vote	16	267:168
5	Ionosphere	34	126:225	15	Wdbc	30	212:357
6	Parkinsons	22	147:48	16	Wine12	13	59:71
7	Sonar	60	97:111	17	Wine13	13	59:48
8	Spectf	44	95:254	18	Wine23	13	71:48
9	Vehicle12	18	199:217	19	Wpbc	33	46:148
10	Vehicle13	18	199:218				

5.3.2　对比算法

本节采用了两种进化多目标优化算法，包括 NSGA-II 和 3DCH-EMOA。另外使用了一种经典的单目标优化算法——随机梯度下降(stochastic gradient descend，SGD)算法[5]。实验中的算法都用 MATLAB 编程语言实现。所有的实验都在台式计算机上实现，该机器配备 i5 3.2GHz 处理器、4GB 内存，操作系统为 Ubuntu 14.04 LTS。

5.3.3　参数设置

实验中进化多目标优化算法的评价准则是最大 20000 次的函数评价。实验中采用模拟二值交叉操作算子和多项式变异操作。交叉概率为 $p_c=0.9$，变异概率为 $p_m=0.1$。两种算法的种群规模都设置为 50。

以上提到的算法被用来优化多层前馈神经网络，网络的输入层节点个数为所采用数据集的特征维数，两个隐层单元都有 10 个节点，输出层有两个节点。在该网络中，激活函数为 sigmoid 函数。对于每个数据集，随机选择 50%的样本作为训练样本，剩下 50%的样本作为测试样本。对于每次实验独立执行 30 次。

5.4.4　结果和分析

为了评价本章使用算法的性能，我们对比了 VAS 值、基尼系数、训练时间以及分类准确率几个评价指标。对于分类任务，分类准确率是一个很重要的评价指标。它是指在测试数据集中被正确分类的样本个数占总样本个数的比例。对于二分类问题，分类准确率的计算公式为

$$\text{Acc} = \frac{\text{TP} + \text{TN}}{\text{TP} + \text{TN} + \text{FP} + \text{FN}} \tag{5.5}$$

表 5.2 显示了进化多目标优化算法 NSGA-II 和 3DCH-EMOA 得到的解集 VAS 指标的均值和标准差。表中 VAS 值根据测试集的结果计算得到。通过对比表中结果可以看出，在处理 UCI 数据集时，3DCH-EMOA 要比 NSGA-II 的性能好。Mann-Whitney 测试对 VAS 指标的结果如表 5.3 所示。从表中结果可以看出，在处理大部分 UCI 数据集时，3DCH-EMOA 的性能要明显优于 NSGA-II。在处理其中五个 UCI 数据集中，3DCH-EMOA 的性能和 NSGA-II 相当。

表 5.2　两种算法处理 UCI 数据集的 VAS 指标统计结果

数据集	NSGA-II	3DCH-EMOA	数据集	NSGA-II	3DCH-EMOA
Australian	1.47e−01(1.41e−02)	1.54e−01(1.50e−02)	Vehicle23	1.43e−01(3.76e−02)	1.69e−01(3.77e−02)
Breast	2.84e−01(9.25e−03)	2.98e−01(7.94e−03)	Vehicle24	3.89e−02(2.00e−02)	4.34e−02(1.64e−02)
Glass12	1.71e−01(1.28e−01)	1.79e−01(1.29e−01)	Vehicle34	1.36e−01(3.01e−02)	1.69e−01(3.34e−02)
Heart	2.19e−01(2.62e−02)	2.40e−01(1.73e−02)	Vote	3.27e−01(8.74e−03)	3.57e−01(8.44e−03)
Ionosphere	2.45e−01(3.03e−02)	2.71e−01(1.93e−02)	Wdbc	2.91e−01(5.73e−02)	2.95e−01(5.77e−02)
Parkinsons	5.76e−02(5.29e−02)	1.07e−01(3.37e−02)	Wine12	2.05e−01(1.31e−01)	2.99e−01(5.97e−02)
Sonar	1.17e−01(3.48e−02)	1.57e−01(2.54e−02)	Wine13	2.20e−01(1.22e−01)	3.02e−01(6.16e−02)
Spectf	1.09e−01(7.59e−02)	2.02e−01(3.19e−02)	Wine23	7.59e−02(6.88e−02)	1.51e−01(7.12e−02)
Vehicle12	2.38e−01(6.68e−02)	2.86e−01(1.40e−02)	Wpbc	3.56e−02(5.84e−02)	3.71e−02(5.46e−02)
Vehicle13	2.23e−01(2.19e−02)	2.48e−01(2.43e−02)			

表 5.3　Mann-Whitney 测试对 VAS 指标的结果

数据集	3DCH-EMOA 对比 NSGA-II	数据集	3DCH-EMOA 对比 NSGA-II
Australian	—	Vehicle23	▲
Breast	▲	Vehicle24	—
Glass12	—	Vehicle34	▲
Heart	▲	Vote	▲
Ionosphere	▲	Wdbc	—
Parkinsons	▲	Wine12	▲
Sonar	▲	Wine13	▲
Spectf	▲	Wine23	▲
Vehicle12	▲	Wpbc	—
Vehicle13	▲		

　　表 5.4 中列出了处理 UCI 数据集问题时 3DCH-EMOA 和 NSGA-II 得到种群基尼系数指标的统计结果。表中结果都是根据 UCI 数据集的测试集测试得到。Mann-Whitney 测试对基尼系数的结果如表 5.5 所示。通过对比表 5.4 中的结果可以看出在基尼系数这个评价指标下，NSGA-II 的性能要优于 3DCH-EMOA。但是通过对比表 5.5 的结果可以发现，NSGA-II 的性能并不明显优于 3DCH-EMOA。3DCH-EMOA 在处理 UCI 数据集时所得到的基尼系数并不好，因为处理 UCI 数据集时所得到的种群分布不均匀。在处理实际问题时 VAS 这个评价指标更适合评价进化多目标优化算法的性能。

表 5.4　两种算法处理 UCI 数据集的基尼系数指标统计结果

数据集	NSGA-II	3DCH-EMOA	数据集	NSGA-II	3DCH-EMOA
Australian	2.78e−01(2.78e−01)	5.97e−01(5.97e−01)	Vehicle23	3.04e−01(3.04e−01)	6.13e−01(6.13e−01)
Breast	3.26e−01(3.26e−01)	5.00e−01(5.00e−01)	Vehicle24	2.75e−01(2.75e−01)	7.20e−01(7.20e−01)
Glass12	4.63e−01(4.63e−01)	4.59e−01(4.59e−01)	Vehicle34	3.12e−01(3.12e−01)	6.22e−01(6.22e−01)
Heart	3.11e−01(3.11e−01)	4.60e−01(4.60e−01)	Vote	4.64e−01(4.64e−01)	5.71e−01(5.71e−01)
Ionosphere	3.40e−01(3.40e−01)	5.97e−01(5.97e−01)	Wdbc	4.86e−01(4.86e−01)	4.87e−01(4.87e−01)
Parkinsons	4.58e−01(4.58e−01)	7.02e−01(7.02e−01)	Wine12	4.02e−01(4.02e−01)	5.24e−01(5.24e−01)
Sonar	2.34e−01(2.34e−01)	6.72e−01(6.72e−01)	Wine13	4.10e−01(4.10e−01)	5.06e−01(5.06e−01)
Spectf	2.07e−01(2.07e−01)	6.26e−01(6.26e−01)	Wine23	2.18e−01(2.18e−01)	6.52e−01(6.52e−01)
Vehicle12	4.34e−01(4.34e−01)	5.52e−01(5.52e−01)	Wpbc	4.08e−01(4.08e−01)	3.22e−01(3.22e−01)
Vehicle13	3.98e−01(3.98e−01)	5.08e−01(5.08e−01)			

表 5.5　Mann-Whitney 测试对基尼系数的结果

数据集	3DCH-EMOA 对比 NSGA-II	数据集	3DCH-EMOA 对比 NSGA-II
Australian	—	Vehicle23	▲
Breast	—	Vehicle24	—
Glass12	—	Vehicle34	▲
Heart	—	Vote	—
Ionosphere	▲	Wdbc	—
Parkinsons	—	Wine12	▲
Sonar	▲	Wine13	▲
Spectf	—	Wine23	▲
Vehicle12	—	Wpbc	▲
Vehicle13	▲		

　　表 5.6 给出了 NSGA-II、3DCH-EMOA 和 SGD 算法处理 UCI 数据集的训练时间。Mann-Whitney 测试对计算时间的结果如表 5.7 所示。通过对比表中结果可以看出，SGD 算法执行速度最快，进化多目标优化算法的计算效率要低很多。3DCH-EMOA 要比 NSGA-II 耗时更多。在之后的研究中可以采用更多的策略优化3DCH-EMOA 的性能。

表 5.6　三种算法处理 UCI 数据集的算法训练时间的统计结果　　　　（单位：ms）

数据集	NSGA-II	3DCH-EMOA	SGD	数据集	NSGA-II	3DCH-EMOA	SGD
Australian	9.78e+04	2.29e+06	2.15e+03	Vehicle23	3.40e+04	2.47e+06	2.97e+03
Breast	9.02e+04	1.88e+06	1.74e+03	Vehicle24	3.00e+04	1.88e+06	7.85e+02
Glass12	9.44e+04	1.79e+06	5.08e+02	Vehicle34	2.89e+04	1.95e+06	1.25e+03
Heart	4.56e+04	1.91e+06	5.43e+02	Vote	2.91e+04	1.97e+06	4.38e+02
Ionosphere	5.05e+04	2.43e+06	1.38e+03	Wdbc	2.94e+04	2.33e+06	3.22e+03
Parkinsons	4.86e+04	1.86e+06	5.29e+02	Wine12	2.93e+04	1.72e+06	7.75e+02
Sonar	4.73e+04	2.58e+06	2.09e+03	Wine13	2.97e+04	1.71e+06	7.22e+02
Spectf	4.39e+04	2.55e+06	2.09e+03	Wine23	3.25e+04	1.78e+06	6.75e+02
Vehicle12	3.14e+04	1.91e+06	1.18e+03	Wpbc	3.25e+04	3.54e+06	5.25e+01
Vehicle13	3.10e+04	2.02e+06	1.20e+03				

表 5.7　**Mann-Whitney 测试对计算时间的结果**

数据集	3DCH-EMOA 对比 NSGA-II	3DCH-EMOA 对比 SGD	数据集	3DCH-EMOA 对比 NSGA-II	3DCH-EMOA 对比 SGD
Australian	▽	▽	Vehicle23	▽	▽
Breast	▽	▽	Vehicle24	▽	▽
Glass12	▽	▽	Vehicle34	▽	▽
Heart	▽	▽	Vote	▽	▽
Ionosphere	▽	▽	Wdbc	▽	▽
Parkinsons	▽	▽	Wine12	▽	▽
Sonar	▽	▽	Wine13	▽	▽
Spectf	▽	▽	Wine23	▽	▽
Vehicle12	▽	▽	Wpbc	▽	▽
Vehicle13	▽	▽			

此外，表 5.8 给出了 Mann-Whitney 测试对三种算法分类准确率的统计结果。对于进化多目标优化算法只统计了分类准确率最高的结果。通过对比表中的结果可以看出，3DCH-EMOA 在大多数数据集的分类准确率都比其他算法高。为了更加清晰地对比以上算法的结果，图 5.4 显示了每种算法的累积准确率。通过对比图中结果可以得出以下结论：①进化多目标优化算法得到的分类准确率要比 SGD 算法高；②3DCH-EMOA 的性能比 NSGA-II 好。通过对比表 5.8 中结果可以看出，对于大部分数据集，3DCH-EMOA 的统计结果要明显优于 NSGA-II，3DCH-EMOA 的统计结果和 SGD 相当。

表 5.8　**Mann-Whitney 测试对分类准确率的结果**

数据集	3DCH-EMOA 对比 NSGA-II	3DCH-EMOA 对比 SGD	数据集	3DCH-EMOA 对比 NSGA-II	3DCH-EMOA 对比 SGD
Australian	—	—	Vehicle23	—	—
Breast	▲	—	Vehicle24	—	—
Glass12	—	—	Vehicle34	▲	—
Heart	▲	—	Vote	▲	—
Ionosphere	▲	—	Wdbc	—	—
Parkinsons	▲	—	Wine12	▲	—
Sonar	▲	—	Wine13	▲	—
Spectf	▲	—	Wine23	▲	—
Vehicle12	▲	—	Wpbc	—	—
Vehicle13	▲	—			

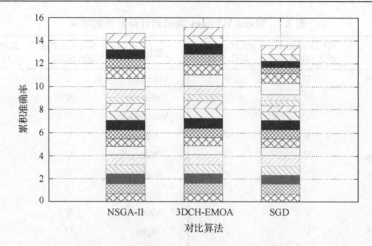

图 5.4　UCI 数据集分类准确率的累积结果

5.4　多目标稀疏神经网络结构修剪

深度神经网络[1]已经在大规模分类任务中获得了人类级别的性能，然而，这些深度神经网络通常包含大量参数要训练，训练过程中包含大规模的矩阵乘法，因此计算代价很大。近年来，稀疏神经网络引起了人们越来越多的关注[6]，进化算法已被证明是神经网络优化中很好的工具[7,8]。神经网络修剪不仅可以降低计算复杂度，而且可以提高神经网络的泛化能力。神经网络修剪示意图如图 5.5所示。

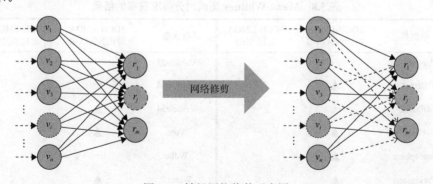

图 5.5　神经网络修剪示意图

在本书中采用门变量 $G^s = \{g_1^s, g_2^s, \cdots, g_m^s\}$ 通过执行门函数 G^s 与神经网络参数 $W = \{w_1, w_2, \cdots, w_m\}$ 按位乘法来获得一个新的稀疏神经网络的参数 $W^s = \{w_1^s, w_2^s, \cdots, w_m^s\}$，如式 (5.6) 所示：

$$w^s = w_i^s \odot g_i^s, \quad i = 1, 2, \cdots, m \tag{5.6}$$

它表示一个 m 层的前馈神经网络，其中 w_i^s 表示第 i 层的权重矩阵，门函数 $g_i^s = \{0,1\}^{n_i}$ 对应第 i 层神经网络的权重，包括 n_i 个元素。神经网络的稀疏性被定义为要优化的神经网络的复杂性，由式 (5.7) 表示：

$$\mathrm{ccr} = \frac{\sum_{i=1}^{m} \mathbf{1}\{g_i^s = 1\}}{\sum_{i}^{m} n_i} \tag{5.7}$$

其中，$\mathbf{1}\{\}$ 是指示函数，$\mathbf{1}\{$真命题$\} = 1$，$\mathbf{1}\{$假命题$\} = 0$。我们期望得到的分类器具有较低的 ccr，因为具有较低 ccr 的分类器将具有较低的过拟合倾向，同时具备好的泛化性能[7]。在我们的研究中，采用多目标模型对稀疏神经网络修剪进行建模，如式 (5.8) 所示：

$$\min_{G^s \in \Omega} F(G^s) = \min_{G^s \in \Omega} (\mathrm{fpr}(G^s), \mathrm{fnr}(G^s), \mathrm{ccr}(G^s)) \tag{5.8}$$

神经网络修剪是一个组合优化问题，本章应用了几个进化多目标优化算法在增广 DET 空间中寻找稀疏神经网络结构。

5.4.1　UCI 数据集

从 UCI 数据集[4]中选取了 14 个二类别分类的数据集用于评估几个进化多目标优化算法处理神经网络修剪问题的性能。这些数据集包含平衡数据集和非平衡数据集，详细信息在表 5.9 中描述。对于其中的每个数据集，随机选择 1/4 样本作为训练数据集，随机选择 1/4 样本作为验证数据集，并选择剩余样本作为测试数据集。训练数据集用于神经网络预训练，验证数据集用于神经网络修剪后性能的评估，测试数据集用于性能评估。

表 5.9　14 个平衡和非平衡 UCI 数据集

编号	数据集	特征数量	类别分布	编号	数据集	特征数量	类别分布
1	Australian	14	307:383	8	Liverbupa	6	145:200
2	Breast	9	239:444	9	Mask	166	207:269
3	Diabetes	8	268:500	10	Sonar	60	97:111
4	German	24	700:300	11	Spam	57	1813:2788
5	Heart	13	139:164	12	Spectf	44	254:95
6	Hill	13	139:164	13	Vote	16	67:168
7	Ionosphere	34	225:126	14	Wdbc	30	212:357

5.4.2　对比算法

实验中选取七种进化多目标优化算法用于神经网络修剪，包括 NSGA-III[9]、MOEA/DD[10]、RVEA[11]、AR-MOEA[12]、MPSO/D 算法[13]、3DCH-EMOA[7]和3DFCH-EMOA[14]。实验中采用 MATLAB 编程环境使用深度学习工具箱 LightNet[15]和进化多目标优化工具箱 PlatEMO[16]进行实验。

5.4.3　参数设置

上面提到的所有算法用于优化多层前馈神经网络，其中输入层节点的个数设为每个数据集的特征数量的大小，两个隐层分别有 10 个和 6 个神经元，输出层有 2 个神经元单元。实验中选择 sigmoid 函数作为神经网络中的激活函数，训练时批量大小设置为 5，并且针对每个数据集的预训练阶段执行 100个周期。

编码：采用二进制编码方案，即染色体由 0 或 1 的数组构成，0 意味着丢弃两个神经元单元之间的连接，1 意味着保持两个神经元单元之间的连接。染色体的长度是 $n_f \times 10 + 10 \times 6 + 6 \times 2$，其中 n_f 是每个数据集的特征数。在修剪阶段，仅采用验证集评估每条染色体的性能。

配置：设置七种算法的最多评估次数 20000 作为最大迭代代数。在实验中采用二元单点交叉和按位变异算子。交叉概率为 $p_c = 0.9$，变异概率为 $p_m = 1/\sum n_i$，其中 $\sum n_i$ 是门变量的数量。所有算法的种群规模大小都设置为 100。所有算法独立运行 10 次。这些实验都在 IBM X3650 服务器上运行，配有 Xeon E5-2600 2.9GHz处理器、32GB 内存和 Ubuntu 16.04LTS 系统。

5.4.4　结果和分析

为了评估这些算法的性能，实验中对比了时间成本和分类准确率的统计结果，其中分类准确率定义为正确分类的样本占测试数据集中所有样本的百分比。

表 5.10 给出了各种算法处理 UCI 数据集的分类准确率，表格的最下一行给出了几种算法在不同数据集上的分类准确率均值。通过分析表中的实验结果可以得出一些结论：①通过采用进化多目标算法对神经网络结构修剪，可以得到更好的分类结果；②3DCH-EMOA 和 3DFCH-EMOA 在大多数 UCI 数据集上优于其他进化多目标优化算法；③3DFCH-EMOA 在大多数 UCI 数据集上的表现与3DCH-EMOA 一样好。

表 5.10　各种算法处理 UCI 数据集的分类准确率及均值

数据集	NSGA-III	MOEA/DD	RVEA	AR-MOEA	MPSO/D	3DCH-EMOA	3DFCH-EMOA	未修剪
Australian	0.808	0.813	0.808	0.819	0.792	0.815	0.815	0.746
Breast	0.934	0.966	0.965	0.957	0.966	0.973	0.971	0.959
Diabetes	0.647	0.647	0.645	0.646	0.640	0.647	0.648	0.623
German	0.728	0.728	0.724	0.726	0.716	0.726	0.725	0.713
Heart	0.782	0.792	0.789	0.780	0.821	0.780	0.789	0.791
Hill	0.772	0.778	0.767	0.767	0.773	0.779	0.800	0.772
Ionosphere	0.871	0.874	0.870	0.870	0.862	0.883	0.881	0.845
Liverbupa	0.615	0.615	0.608	0.617	0.595	0.620	0.620	0.567
Mask	0.785	0.786	0.792	0.781	0.773	0.794	0.792	0.760
Sonar	0.634	0.638	0.635	0.633	0.654	0.638	0.644	0.625
Spam	0.909	0.916	0.908	0.918	0.896	0.924	0.922	0.920
Spectf	0.730	0.729	0.731	0.731	0.727	0.734	0.735	0.731
Vote	0.914	0.925	0.913	0.910	0.943	0.958	0.926	0.915
Wdbc	0.849	0.850	0.847	0.849	0.837	0.851	0.850	0.818
均值	0.7841	0.7898	0.7859	0.7860	0.7854	0.7944	0.7941	0.7704

表 5.11 给出了各种算法处理 UCI 数据集的运行时间。在该表中，仅针对神经网络修剪阶段计算时间成本。在修剪阶段，为染色体评估执行神经网络性能验证，因为验证的时间成本不耗时，时间成本最大程度上取决于每种算法的计算复杂性。从表中可以看出，新提出的算法比 3DCH-EMOA 花费更少的时间，因为基于年龄的选择策略和基于非冗余增量凸包的排序方法节省了很多的计算时间。

表 5.11　各种算法处理 UCI 数据集的运行时间　　　　（单位：ms）

数据集	NSGA-III	MOEA/DD	RVEA	AR-MOEA	MPSO/D	3DCH-EMOA	3DFCH-EMOA
Australian	2.87e+04	6.50e+02	3.30e+02	3.30e+04	3.05e+02	3.09e+04	3.13e+02
Breast	2.90e+04	6.41e+02	3.24e+02	3.07e+04	3.09e+02	3.12e+04	3.07e+02
Diabetes	3.01e+04	7.35e+02	3.40e+02	3.38e+04	3.23e+02	3.33e+04	3.28e+02
German	4.12e+04	9.00e+02	4.66e+02	4.57e+04	4.38e+02	4.41e+04	4.46e+02
Heart	1.49e+04	3.52e+02	1.83e+02	1.64e+04	1.53e+02	1.59e+04	1.60e+02
Hill	1.47e+04	3.51e+02	1.77e+02	1.62e+04	1.57e+02	1.62e+04	1.56e+02
Ionosphere	1.67e+04	3.72e+02	2.03e+02	1.77e+04	1.84e+02	1.78e+04	1.81e+02
Liverbupa	1.64e+04	4.59e+02	1.84e+02	1.79e+04	1.72e+02	1.75e+04	1.74e+02
Mask	1.97e+04	4.69e+02	2.27e+02	2.31e+04	2.20e+02	2.20e+04	2.25e+02
Sonar	1.04e+04	2.44e+02	1.16e+02	1.09e+04	1.12e+02	1.19e+04	1.16e+02
Spam	1.66e+04	3.99e+02	1.84e+02	1.91e+04	1.85e+02	3.51e+04	1.88e+02
Spectf	1.52e+04	3.50e+02	1.75e+02	1.67e+04	1.64e+02	1.69e+04	1.61e+02
Vote	1.80e+04	4.06e+02	2.21e+02	1.91e+04	1.91e+02	1.93e+04	1.93e+02
Wdbc	2.33e+04	5.23e+02	2.67e+02	2.52e+04	2.42e+02	2.47e+04	2.52e+02

5.5　本　章　小　结

本章介绍了神经网络以及稀疏神经网络的基本概念，同时介绍了两种稀疏神经网络的学习和优化算法，并且给出了多组实验证明多目标学习算法的有效性。

参 考 文 献

[1] 焦李成, 赵进, 杨淑媛, 等. 深度学习、优化与识别[M]. 北京: 清华大学出版社, 2017.

[2] 彭聃龄. 普通心理学[M]. 北京: 北京师范大学出版社, 2012.

[3] Morgan P H. Differential evolution and sparse neural networks[J]. Expert Systems, 2008, 25 (4): 394-413.

[4] Bache K, Lichman M. UCI Machine Learning Repository[Z]. https://archive.ics.uci.edu/ml, 2013.

[5] Bottou L. Stochastic gradient learning in neural networks[C]. Proceedings of the 4th International Conference on Neural Networks and Their Applications, Nîmes, 1991: 687-706.

[6] Srinivas S, Subramanya A, Babu R V. Training sparse neural networks[C]. Computer Vision and Pattern Recognition Workshops, Honolulu, 2017: 455-462.

[7] Zhao J Q, Basto-Fernandes V, Jiao L C, et al. Multiobjective optimization of classifiers by means of 3D convex-hull-based evolutionary algorithms[J]. Information Sciences, 2016, 367-368: 80-104.

[8] Rincon A L, Tonda A, Elati M, et al. Evolutionary optimization of convolutional neural networks for cancer miRNA biomarkers classification[J]. Applied Soft Computing, 2018, 65 (C): 91-100.

[9] Deb K, Jain H S. An evolutionary many-objective optimization algorithm using reference-point-based non-dominated sorting approach, Part I: Solving problems with box constraints[J]. IEEE Transactions on Evolutionary Computation, 2014, 18 (4): 577-601.

[10] Li K, Deb K, Zhang Q F, et al. An evolutionary many-objective optimization algorithm based on dominance and decomposition[J]. IEEE Transactions on Evolutionary Computation, 2015, 19 (5): 694-716.

[11] Cheng R, Jin Y C, Olhofer M, et al. A reference vector guided evolutionary algorithm for many-objective optimization[J]. IEEE Transactions on Evolutionary Computation, 2016, 20 (5): 773-791.

[12] Tian Y, Cheng R, Zhang X Y, et al. An indicator based multi-objective evolutionary algorithm with reference point adaptation for better versatility[J]. IEEE Transactions on Evolutionary Computation, 2018, 22 (4): 609-622.

[13] Dai C, Wang Y P, Ye M. A new multi-objective particle swarm optimization algorithm based on decomposition[J]. Information Sciences, 2015, 325 (C): 541-557.

[14] Zhao J Q, Jiao L Q, Liu F, et al. 3D fast convex-hull-based evolutionary multiobjective optimization algorithm[J]. Applied Soft Computing, 2018, 67: 322-336.

[15] Ye C X, Zhao C, Yang Y Z, et al. LightNet: A versatile, standalone matlab-based environment for deep learning[C]. The 24th ACM International Conference on Multimedia, New York, 2016: 1156-1159.

[16] Tian Y, Cheng R, Zhang X Y, et al. Plat EMO: A MATLAB platform for evolutionary multi-objective optimization[J]. IEEE Computational Intelligence Magazine, 2017, 12 (4): 73-87.

第 6 章　多目标卷积神经网络及其学习算法

6.1　引　　言

近年来，深度学习[1,2]引起了广泛的关注，深度学习技术已经被广泛应用于很多领域，如图像分类[3]、目标检测[4]、语音识别[5]等。近二十年发展出来了几种经典的深度学习模型，包括卷积神经网络(convolutional neural network，CNN)[6]、深度置信网络(deep belief network，DBN)[7]、堆栈自编码(stacked autoencoder，SAE)[8]等。卷积神经网络是一种神经网络模型，它使用卷积操作代替了一般的矩阵乘法[1]，深度卷积神经网络 LeNet-5 首次由 LeCun 等提出用于文档的字符识别[6]。卷积神经网络模型采用了局部连接和权值共享的方式，在减少权值参数数量的同时降低了过拟合的风险[1]。卷积神经网络在处理图像问题时，可以直接把多维图像作为输入，避免了大多数深度学习算法重构的过程。近年来，卷积神经网络已经被应用于计算机视觉中的很多领域。文献[9]提出了一个集成的卷积神经网络框架 OverFeat，在这个框架中实现了图像的分类、定位和检测的任务。文献[10]提出了一种新的可视化技术，可以深入了解中间特征层的功能和对分类器的作用，进而可以展现每一个卷积层对模型的贡献。文献[11]提出了一个极深的卷积神经网络用于图像的识别，并且分析了网络深度对识别准确率的影响。通过对网络深度做一个全面的评估发现深度为 16~19 层可以得到比较好的结果，层次太深不利于网络训练。2015 年，Szegedy 等[12]提出了 22 层卷积神经网络 GoogLeNet，在增加网络深度和宽度的同时仍能使计算代价在可接受范围内。深度神经网络以大量的参数和计算复杂度为代价获得了显著的分类性能[13]。2017 年，Zhao 等[14]利用深度置信网络处理合成孔径雷达图像分类器问题，并取得了很好的实验结果。

近年来，已经有学者提出了多目标的深度学习模型，并且使用进化算法对模型进行优化学习。2015 年，Gong 等[15]提出了基于自编码的多目标稀疏特征学习模型，其中隐单元的稀疏度作为除了重建误差以外的第二个目标被考虑。此外，多目标进化算法被应用于模型学习。实验结果表明，学习过程是有效的，提出的多目标模型可以学习到有用的稀疏特征。

ROC 曲线[16]和 DET 图[17]在机器学习领域被广泛用于评估二类别分类器的性能。ROC 曲线用来描述 tpr 和 fpr 之间的关系。我们期望获得的分类器具有较高的 tpr 和较低的 fpr。然而，通常情况下它们两个是相互冲突的，不能同时让这两个指标都很好。DET 图描述 fpr 和 fnr 之间的权衡关系，我们期望得到的分类器可以同时具有较小的 fpr 和 fnr。

然而，ROC 曲线和 DET 图只能描述二类别分类器的分类性能。ROC 曲线和 DET 图被扩展到更高的维度以处理更广泛的机器学习问题[18-20]。在文献[18]中，两维的 ROC 曲线通过最大化多类别分类器混淆矩阵的对角线元素被扩展到 N 维。2016 年，Basto-Fernandes 等[20]将 ROC 扩展到 3 维，通过在二类别分类器中引入专家参与完成分类任务并且定义了三种方式的分类问题。2016 年，Zhao 等[19]提出了三维增广 DET 空间，除了 fpr 和 fnr 之外添加分类器复杂度作为第三个目标。在三维增广 DET 空间中，我们期望获得的分类器不仅具备良好的分类性能，同时具备较低的计算复杂度。

ROCCH 近年来引起了广泛的关注[21]，对于一个给定的分类器参数集合，潜在最优的分类器分布在凸包表面，同样会分布在 DCH 的表面[19]。针对 ROCCH 最大化问题，目前已经有很多方法被提出，这些方法可以分为两类：一类是基于几何的机器学习方法[22,23]；另一类是基于进化多目标优化算法的方法[21,24]。

ROCCH 最大化问题首先由 Provost 等提出[25]，并且使用等性能线分析一个分类器集合的性能。针对不同的数据分布和不同类别的错误损失，根据等性能线选择出最优的分类器。Fawcett 等[26]定义 AUC 来评估 ROC 的性能，并且在 ROC 空间中引入决策规则来判断每个实例属于给定类别的可能性。在文献[23]中，当一个点位于 ROC 空间中两个点连线的下方时（即不在凸平面上），通过修改模型的预测来修复 ROC 曲线中的凹点。2005 年，Prati 等提出了基于 ROC 曲线的分类器规划选择方法（ROCCER），它通过最大化 AUC 从一个大规模的规则库中选择出一个小规模的规则库用于分类。2008 年，Fawcett 等[22]在 ROC 空间中最大化 AUC 来学习分类规则，根据 ROC 曲线的几何结构选择规则的组合方式。

近年来，通过采用多目标优化技术来解决 ROCCH 最大化问题引起了广泛的关注。ROCCH 最大化问题可以看成一个多目标优化问题，因为最小化 fpr 和最大化 tpr 是两个相互冲突的目标。求解优化分类器可以通过最大化 ROCCH 来实现，多种进化多目标优化算法（EMOA）是求解的有效手段。文献[27]针对代价敏感问题和非平衡数据分类问题采用多种多目标遗传规划技术在 ROC 空间生成非支配树。然而，这些方法不是通用的 ROCCH 最大化方法，因为它们只关注了特殊情况的分类问题。2014 年，Wang 等[21]采用多种进化多目标优化算法并结合遗传规划分类器通过 ROCCH 最大化来优化分类器参数。实验结果表明，使用多目标的方法得到的 ROC 曲线要优于单目标的方法。然而，这些算法没有考虑 ROC 曲线的特性。2015 年，Wang 等[24]提出了一种基于指标的进化多目标算法，即基于凸包的多目标遗传规划（CH-MOGP）算法。CH-MOGP 算法采用 AUC 作为评价指标指导算法种群的进化过程并通过最大化 ROCCH 来优化二类别分类器的参数。

CH-MOGP 算法在处理 ROCCH 最大化问题时表现出了比其他 EMOA 更好的性能，因为它考虑了 ROCCH 的特殊性质。

CH-MOGP 算法只能处理包含两个目标的机器学习问题，即最小化 fpr 和最大化 tpr。2016 年，Zhao 等[19]把该算法扩展到了可以处理三个目标的机器学习问题，把分类器的复杂度作为第三个目标，并且提出了更具一般性的基于三维凸包的进化多目标优化算法(3DCH-EMOA)。在该算法中采用增广 DET 凸包的体积作为评价指标来指导进化算法种群的进化，以优化分类器的参数。3DCH-EMOA 已经被应用于稀疏神经网络学习[19]和优化求解三种方式分类问题[20]。然而，3DCH-EMOA 只能处理三个目标的分类问题，如三维 ROCCH 最大化问题、三维 ADCH 最大化问题以及三种方式的分类问题。本章将 DET 图扩展到更高的维数来描述更多类别的分类问题。

通常情况下，我们把超过三个目标的多目标问题当作高维多目标问题(MaOP)[28]。许多 EMOA 适合解决具有两个或者三个目标的多目标问题，但是随着相互冲突目标数量的增加，大多数 EMOA 的性能会严重恶化[29]。目前许多学者致力于研究和开发新的适合处理高维多目标优化的算法[28]。2014 年，Deb 等[30]提出了 NSGA-III，该算法是一种基于参考点的进化算法，它在处理多个高维多目标测试问题方面取得了很好的结果。2015 年，Wang 等[31]提出了一种双档案高维多目标进化算法 Two_Arch2，该算法将基于指标和 Pareto 的两个解集分别存储于两个不同的档案中，此算法在求解高维多目标问题时收敛性、种群多样性和计算复杂性方面都优于 NSGA-III。

本章首先将 DET 图[17]扩展到高维空间去评估多类别分类问题的分类器性能，记作 MaDET(Many-class DET)超平面。其次，在 MaDET 空间中提出了高维多目标卷积神经网络(MaO-CNN)模型。再次，提出了一个混合高维多目标优化进化算法框架用于 MaO-CNN 模型的学习，并且采用 Two_Arch2 算法对其优化求解。最后，实验中采用广泛使用的 MNIST 手写体数据集[6]和谷歌街景门牌号数据集 SVHN[32]，实验结果证明了本章所提出方法的有效性。

本章其余部分的安排如下：6.2 节介绍相关工作；6.3 节介绍高维多目标卷积神经网络模型；6.4 节给出混合高维多目标优化进化算法框架，并进行实验对比和讨论；6.5 节给出本章小结。

6.2　相　关　工　作

6.2.1　卷积神经网络

卷积神经网络在深度学习的发展历史中发挥了很重要的作用，特别是在计算机视觉领域[2]。与传统的神经网络相比，卷积神经网络至少有一层使用卷积操作替代矩阵相乘操作，它是一个根据生物的视觉机制创造出来的模型[1]。卷积神经网络采用了三个基本的结构单元，保证了一定程度的平移、尺度和变换不变性：①局部感受野；②权值共享；③空间下采样[6]。本章将介绍一个经典的神经网络模型，即 LeNet-5，它包含两个卷积流。

本章把训练样本记作 S_{tr}，它的定义如式（6.1）所示：

$$S_{tr} = \{(I_i, y_i) \mid I_i \in \mathbf{R}^{N \times N \times d}, y_i \in \{1, 2, \cdots, n\}, i = 1, 2, \cdots, m\} \tag{6.1}$$

其中，y_i 是给定图像 I_i 的类标，图像的大小为 $N \times N \times d$，这里 d 表示图像的通道数（对于灰度图像，如 MNIST 数据集 d=1，对于彩色图像，如 SVHN 数据集 d=3）；n 表示类别数；m 表示训练集中的样本数量。

经典卷积神经网络 LeNet-5 的网络结构如图 6.1 所示，其中卷积层（convolutional layer）标记为 Cl，池化层（pooling layer）标记为 Pl，全连接层（fully connected layer）标记为 Fl，l 表示层的编号。除了输入层，该网络还包含七层。

第一层 C1 是一个卷积层，包含 6 个需要学习优化的卷积核（$K^1 = \{k_1^1, k_2^1, \cdots, k_6^1\}$）。在本层中，输入图像 I 和卷积核 K^1 进行卷积并且通过激活函数 f 得到一组特征图谱（feature map）$X^1 = \{x_1^1, \cdots, x_6^1\}$。每个输出映射 x_j^1 是多个输入特征图谱与卷积核的卷积加和，如式（6.2）所示：

$$x_j^1 = f\left(Ik_j^1 + b_j^1\right) \tag{6.2}$$

其中，b_j^1 为每个特征图谱的偏置项。在本章中激活函数采用 sigmoid 函数，即 $f(x) = (1 + e^{-x})^{-1}$。

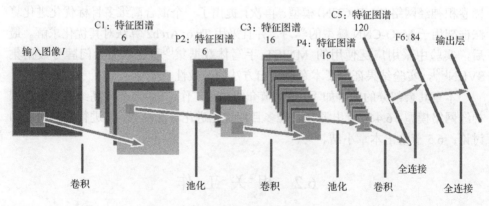

图 6.1　经典卷积神经网络 LeNet-5 结构

第二层 P2 是池化层，包含 6 个特征图谱 $X^2 = \{x_1^2, \cdots, x_6^2\}$。池化操作可以让网络具备一定的平移和抖动不变性，另外它还可以提高网络的学习效率。P2 的每个单元的特征图谱都是 C1 中对应特征图进行 2×2 的下采样得到的。因此，P2 中特征图谱的尺寸是 C1 特征图谱的一半。

类似地，C3 是一个卷积层，包含 16 个可以学习的卷积核（$K^3 = \{k_1^3, \cdots, k_{16}^3\}$）和偏置项 b^3。通过卷积操作和激活函数之后得到特征图谱 $X^3 = \{x_1^3, \cdots, x_{16}^3\}$，如式 (6.3) 所示：

$$x_j^3 = f\left(\sum_{i=1}^{|K^3|} x_i^2 k_j^3 + b_j^3\right) \tag{6.3}$$

P4 是一个池化层，具有 16 个特征图谱 $X^4 = \{x_1^4, \cdots, x_{16}^4\}$。

C5 是一个卷积层，具有 120 个可以学习的卷积核（$K^5 = \{k_1^5, \cdots, k_{120}^5\}$）和偏置项 b^5。可以得到 120 个特征图谱 $X^5 = \{x_1^5, \cdots, x_{120}^5\}$，每个图谱的尺寸是 1×1，如式 (6.4) 所示：

$$x_j^5 = f\left(\sum_{i=1}^{|K^4|} x_i^4 k_j^5 + b_j^5\right) \tag{6.4}$$

F6 层包含 84 个单元，F6 层和 C5 层通过全连接方式连接，如式 (6.5) 所示：

$$X^6 = f\left(W^6 X^5 + b^6\right) \tag{6.5}$$

其中，W^6 是权重矩阵描述 C5 层和 F6 层之间的连接关系；b^6 为偏置项。

通过上述步骤得到的 X^6 输入到 softmax 分类器中完成最终的分类任务。对于分类器给定的一个输入 X_i^6 和分类器参数 θ_s，它属于每个类别的概率如式 (6.6) 和式 (6.7) 所示：

$$h_{\theta_s}(X_i^6) = p(y_p^i = j \mid X_i^6, \theta_s), \ j = 1, 2, \cdots, n \tag{6.6}$$

$$p(y_p^i = j \mid X_i^6, \theta_s) = \frac{e^{\theta_{sj}^{\mathrm{T}} X_i^6}}{\sum\limits_{k=1}^{n} e^{\theta_{sk}^{\mathrm{T}} X_i^6}} \tag{6.7}$$

其中，$\theta_{s1}, \theta_{s2}, \cdots, \theta_{sn} \in \mathbf{R}^{85}$ 是 softmax 分类器的参数。softmax 分类器的损失函数如式 (6.8) 所示：

$$J(\theta_s) = -\frac{1}{m}\left(\sum_{i=1}^{m}\sum_{j=1}^{n} \mathbf{1}\{y_i = j\} \lg \frac{e^{\theta_{sj}^{\mathrm{T}} X_i^6}}{\sum\limits_{k=1}^{n} e^{\theta_{sk}^{\mathrm{T}} X_i^6}}\right) \tag{6.8}$$

其中，$\mathbf{1}\{\cdot\}$ 是指示函数，即 $\mathbf{1}\{$满足条件$\}$=1 和 $\mathbf{1}\{$不满足条件$\}$=0。

定义 θ 为卷积神经网络所有的参数，如式(6.9)所示：

$$\theta = \{K^1, b^1, K^3, b^3, K^5, b^5, W^6, b^6, \theta_s\} \tag{6.9}$$

卷积神经网络的目标函数可以用式(6.10)描述。对于最小化 $J(\theta)$ 没有一个闭式的解，通常使用随机梯度下降(SGD)算法在反向传播框架下对整个网络进行迭代优化求解：

$$J(\theta) = -\frac{1}{m}\left(\sum_{i=1}^{m}\sum_{j=1}^{n}\mathbf{1}\{y_i = j\}\lg\frac{e^{\theta_{sj}^{\mathrm{T}}X_i^6}}{\sum_{k=1}^{n}e^{\theta_{sk}^{\mathrm{T}}X_i^6}}\right) \tag{6.10}$$

其中，$\mathbf{1}\{\}$ 是指示函数。

6.2.2 双档案高维多目标进化算法

双档案高维多目标进化(Two_Arch2)算法(流程图见图 6.2)是在 2015 年由 Wang 等提出，它是一种包含两个档案的进化算法，即收敛档案(convergence archive，CA)

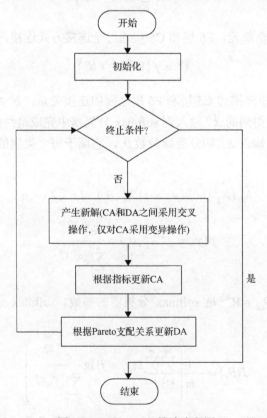

图 6.2　Two_Arch2 算法流程图

和多样性档案(diversity archive，DA)。算法中采用两种不同的选择策略更新两个档案，采用基于指标的方式更新 CA，采用基于非支配的方式更新 DA。此外，还设计了基于 L_p 范数($p<1$)多样性保持策略处理高维多目标优化问题。实验结果表明，Two_Arch2 算法的性能要优于经典的高维多目标优化算法 NSGA-III。本章选择 Two_Arch2 算法作为 MaO-CNN 模型的学习优化算法。

6.3　高维多目标卷积神经网络模型

本节提出了一种新的卷积神经网络模型，即 MaO-CNN 模型。首先，把 DET 图扩展到多类别 DET(MaDET)超平面；然后，在 MaDET 空间中描述 MaO-CNN 模型；最后，提出一个基于高维多目标优化进化算法的混合框架算法用于 MaO-CNN 模型的学习。

6.3.1　多类别 DET 超平面

多类别分类器的混淆矩阵如表 6.1 所示。当一个真实类别为 i 的样本被预测为类 i 时，我们定义其为一个真实的 $c(i,i)$ ($i=1, 2, \cdots, n$)。当一个真实类别为 j ($j=1, 2, \cdots, n$)的样本被预测为 i ($i \neq j$)时，我们定义其为一个假的 $c(i,j)$。

表 6.1　多类别分类器的混淆矩阵

混淆矩阵		真实类别			
		class 1	class 2	...	class n
预测类别	class 1	真 $c(1,1)$	假 $c(1,2)$		假 $c(1,n)$
	class 2	假 $c(2,1)$	真 $c(2,2)$		假 $c(2,n)$
	⋮	⋮	⋮		⋮
	class n	假 $c(n,1)$	假 $c(n,2)$		真 $c(n,n)$

定义类别为 i 的样本的错分率(fcr_i)为式(6.11)，分类准确率(tcr_i)为式(6.12)。很明显我们可以发现 $\mathrm{fcr}_i + \mathrm{tcr}_i = 1$：

$$\mathrm{fcr}_i = \frac{\sum_{j=1}^{n} c(j,i)(j \neq i)}{\sum_{j=1}^{n} c(j,i)} \tag{6.11}$$

$$\mathrm{tcr}_i = \frac{c(i,i)}{\sum_{j=1}^{n} c(j,i)} \tag{6.12}$$

通常情况下，我们期望得到的分类器可以同时得到较小的 fcr_i，然而，对于每个类别最小化 fcr_i 是相互冲突的。我们定义多类别 DET 超平面（MaDET）来描述 fcr_i 之间的权衡关系，如式（6.13）所示：

$$MaDET \overset{def}{=\!=} \{fcr_1, fcr_2, \cdots, fcr_C\} \tag{6.13}$$

图 6.3 给出了一个在 MaDET 空间中的三类别分类器对应的分类特性曲面。因为在三维空间中可以更直观地观察其分布。对 MaDET 空间中几个重要作用的点做如下说明。点 $(0,0,\cdots,0)$ 表示一个完美的分类器，因为对于这个分类器来说没有一个样本被错分。通常情况下这样的分类器是不存在的，但是我们可以找到一个分类器尽量逼近这个性能。点 $(1,0,\cdots,0)$ 表示一种特殊的情况，在这个情况下所提供的测试样本中类别为 1 的样本全部被错分，而其他类别的样本被正确地划分。在 MaDET 空间中的超平面 $fcr_1 + fcr_2 + \cdots + fcr_n = n-1$ 表示随机猜测分类器的分布。这里给出一个三类别分类器的例子，如果这个分类器以 0.3 的概率猜测一个样本为类别 1，以 0.4 的概率猜测一个样本为类别 2，以 0.3 的概率猜测一个样本为类别 3。那么 30%属于类别 1 的样本可以被正确划分，70%属于类别 1 的样本会被错误划分，即 $fcr_1 = 0.7$。同理我们可以得到 $fcr_2 = 0.6$ 和 $fcr_3 = 0.7$。我们很容易得到 $fcr_1 + fcr_2 + fcr_3 = 2$。

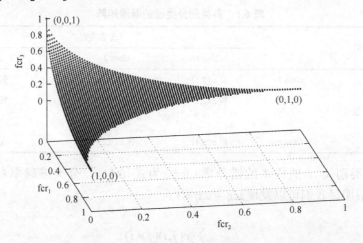

图 6.3　在 MaDET 空间中一个三类别分类器对应的分类特性曲面

在 MaDET 空间中，任何分布在超平面 $fcr_1 + fcr_2 + \cdots + fcr_n = n-1$ 上的分类器对于分类任务都没能提供有用的信息。如果一个分类器在 MaDET 空间中对应的点在随机猜测超平面上，那么它的分类性能比随机猜测分类器的性能还要差。我们希望找到的分类器应该在 MaDET 空间中分布在随机猜测超平面的下方，即 $fcr_1 + fcr_2 + \cdots + fcr_n < n-1$。

每个分类器都可以映射到 MaDET 空间中。对于一个给定的分类器集合，所有潜在最优分类器应分布在 MaDET 凸包的(MDCH)超平面上。我们定义在 MaDET 空间中的高维多目标优化问题为 MDCH 最大化问题。MDCH 是给定一组分类器中所有可能获得的最优分类器集合，也就是说当且仅当一个分类器分布在 MDCH 表面时，它才是潜在的最优分类器。给定一组分布在 MDCH 表面的分类器，最优分类器根据不平衡数据的分布或者不同类别的错分代价来选择确定。通常我们希望获得的分类器组可以均匀地分布在 MaDET 空间中，因为分布得越均匀，MDCH 的鲁棒性越好，分类器组的敏感性越低。

MDCH 最大化的目的是找到一组分类器的参数，使其性能在 MaDET 空间中尽量接近完美点 $(0,0,\cdots,0)$。MDCH 最大化问题可以看成是一个高维多目标优化问题，如式(6.14)所示：

$$\min_{x\in\Omega} F(x) = \left(f_1(x), f_2(x), \cdots, f_m(x)\right) \tag{6.14}$$

其中，x 是决策变量；m 是目标的个数；Ω 表示解空间；$F(x)$ 是一组描述分类器在 MaDET 空间性能的方程。

在高维多目标优化问题里，Pareto 支配是一个很重要的概念[28]。对于给定的两个解 x^1 和 x^2，定义对于所有 $i=1,2,\cdots,m$，当且仅当 $f_i(x^1) \leqslant f_i(x^2)$，且 $f_i(x^1) \neq f_i(x^2)$ 时，x^1 支配 x^2，记作 $x^1 \succ x^2$。当不存在一个解 x 支配 x^* 时称 x^* 为 Pareto 最优解。Pareto 集(PS)是包含所有 Pareto 最优解的集合，如式(6.15)所示：

$$PS \overset{\text{def}}{=} \{x^* \mid \nexists x \in \Omega, x \succ x^*\} \tag{6.15}$$

Pareto 前沿面(PF)是对应 PS 解目标向量的集合，如式(6.16)所示：

$$PF \overset{\text{def}}{=} \{F(x) \mid x \in PS\} \tag{6.16}$$

6.3.2　MaO-CNN 模型描述

与传统的卷积神经网络不同，我们尝试在 MaDET 空间中找到 MaO-CNN 一组多个目标折中的解集，如式(6.17)所示：

$$\min_{\theta\in\Omega} \text{MaO-CNN}(\theta) = \left(\text{fcr}_1(\theta), \text{fcr}_2(\theta), \cdots, \text{fcr}_n(\theta)\right) \tag{6.17}$$

其中，θ 表示给定分类器的参数；Ω 为解空间。

通常情况下，MaO-CNN 模型没有一个显式的解析解。很多学者的研究表明，进化算法是求解多目标问题的一个有效方法[28]，尤其是在处理高维多目标测试问题时。然而，这些高维多目标测试问题通常只有很少的决策变量需要优化。当处理的高维多目标问题具有太多参数时, 高维多目标优化进化算法(MaOEA)需要更多的时间去搜索次优解集。一些学者尝试结合传统的基于梯度的方法去加快进化算法的收敛速度[33]。本章提出一个混合算法框架对 MaO-CNN 模型进行优化求解, 在该框架中 MaOEA 用于全局搜索, 梯度下降算法用于局部搜索, 二者结合可以更加有效地找到合适的解集。

6.3.3　MaO-CNN 模型学习算法

1. 混合 MaOEA 框架

使用 MaOEA 直接优化 MaO-CNN 模型所有的参数是非常困难的, 因为大量的参数需要更多的时间去优化, 在工程实现上有很大的局限性。本章提出了一个基于 MaOEA 和梯度下降的混合算法框架。在这个框架下, MaOEA 关注全局搜索, 梯度下降算法主要用于局部搜索。MaOEA 可以帮助梯度下降算法跳出局部极值点, 同样梯度下降算法可以加快 MaOEA 的收敛速度, 两者相互结合可以更加有效地对 MaO-CNN 模型进行优化求解。在这个框架下, Mao-CNN 优化问题首先被分解为多个单目标优化问题, 然后使用梯度下降算法对其进行优化求解。针对本章提出的混合算法框架, 我们还设计了混合编码方式对 MaO-CNN 模型进行编码, 并且构造了混合交叉算子。接下来对该算法框架进行详细的描述。

如上所述, 我们知道 fcr_i 都是非负的, 式(6.17)和式(6.18)是等价的:

$$\min_{\theta \in \Omega} \text{MaO-CNN}(\theta) = \left(fcr_1^2(\theta), fcr_2^2(\theta), \cdots, fcr_n^2(\theta) \right) \tag{6.18}$$

受到基于分解的多目标优化算法[34]的启发, 高维多目标优化问题可以转化为多个单目标优化问题, 如式(6.19)所示:

$$\min_{\theta \in \Omega} J_M(\theta) = \frac{1}{2} \sum_{i=1}^{n} \left(w_i \cdot fcr_i^2(\theta) \right) \tag{6.19}$$

其中, $w = \{w_1, w_2, \cdots, w_C\}$ 是每个类别错分率的权重, 它能反映每个类别的样本对最终分类的影响程度。w 的权重可以根据先验知识设置, 也可以通过 MaOEA 对其优化求解得到。

对于一组给定的 w, MaO-CNN 模型的损失函数 $J_M(\theta)$ 可以在反向传播框架下采用梯度下降算法对其优化。损失函数 $J_M(\theta)$ 关于 θ 的偏导数如式(6.20)所示:

$$\Delta_\theta J_M(\theta) = \sum_{i=1}^{C} \left(w_i \cdot fcr_i(\theta) \right) \tag{6.20}$$

通常，梯度下降算法对局部最优解是敏感的，然而，实际应用中，在给定合适权重 w 的情况下，它可以工作得很好。梯度下降算法可以加快整个算法的收敛速度。权重 w 可以使用 MaOEA 对其优化求解，如式 (6.21) 所示：

$$\min_{w \in \Omega_w} \text{MaO-CNN}(w)$$
$$= \left(\text{fcr}_1(\theta), \text{fcr}_2(\theta), \cdots, \text{fcr}_C(\theta) \right)(w) \qquad (6.21)$$
$$\text{s.t.} \quad \sum_{i=1}^{C} w_i = 1$$

其中，Ω_w 是 w 的解空间。对于一个给定的 w，MaO-CNN 模型的参数 w 可以使用梯度下降算法优化求解。梯度下降算法可以有效地找到局部最优解，进化算法可以为梯度下降算法找到一个好的初始解。通过结合两种算法可以让混合算法找到全局最优解。

算法 6.1　MaO-CNN 模型学习算法框架

　1：初始化：随机初始化模型参数 θ 和 w。

　2：局部搜索阶段：对于给定的 w，通过使用梯度下降算法最小化式 (6.20) 更新 θ。

　3：全局搜索阶段：使用 MaOEA 更新权重向量 w，通过采用选择、交叉和变异操作算子；采用混合交叉操作算子更新 θ。

　4：重复步骤 2 和步骤 3 直到算法收敛。

算法 6.1 给出了 MaO-CNN 模型学习算法框架。在该算法中，首先采用随机策略初始化 θ 和 w 作为进化算法的初始种群；其次对于给定的 w 使用梯度下降算法更新 θ，该步骤为局部搜索；再次采用 MaOEA 更新权重向量 w，混合交叉算法更新 θ，该步骤为全局搜索阶段；最后重复步骤 2 和步骤 3 直至算法收敛。

2. 混合 MaO-CNN 编码

本章针对 MaOEA 设计了混合编码方式对 MaO-CNN 模型编码。在该编码中染色体由两部分组成：一部分是权重向量 w，另一部分是卷积神经网络的模型参数 θ。实数编码来表示权重向量 w 和卷积神经网络模型的参数。权重向量的实数编码分布在区间 [0,1] 中。同时我们还使用二值编码方式对卷积神经网络参数编码，这里只对卷积层中的卷积核和偏置项编码，其中一个比特位表示一个卷积核或者一个偏置项。设计二值编码的目的是实现混合交叉操作算子，通过混合交叉算子可以提高整个学习算法的全局搜索能力。采用 MaOEA 中的选择算子、交叉算子和变异算子更新权重向量：

(1)混合交叉操作算子。本章针对混合编码设计出了一种混合交叉操作算子，如图 6.4 所示。对于实数编码部分，采用模拟二值交叉算子，对于二值编码部分，设计了一种新的交叉算子实现 MaO-CNN 模型的参数更新。两种交叉算子相互合作可以更好地提升算法的搜索能力。

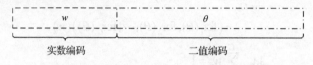

图 6.4　MaO-CNN 模型的混合编码示意图

首先，随机选择两个染色体，把其中一个染色体的所有基因都置为 1，另一个染色体的所有基因位都置为 0。其次，对于每个基因位以 P_{hc} 的概率和另外一个染色体交叉，在交叉时一个染色体的基因位必须和另外一个染色体相同位置的基因位交叉。最后，根据两个染色体交叉的结果把对应位置的卷积核与偏置项进行交换。

(2)混合交叉算子。混合交叉算子可以提高整个算法的全局搜索能力，可以有效地避免梯度下降算法陷入局部最优，如图 6.5 所示。因此，当梯度下降算法陷入局部最小值时，混合交叉算子可以通过大幅度更新模型参数让其跳出局部最优值。总体来说，混合交叉算子可以为随机梯度下降算法提供一个好的初始解来进行优化求解。

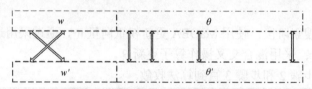

图 6.5　混合交叉操作示意图面

(3)变异操作算子。变异操作算子的说明如图 6.6 所示。在该步骤中只有染色体的实数部分通过变异操作更新。实验中采用的是多项式比特翻转变异操作算子。通过采用变异操作算子可以提高算法对权重向量的全局搜索能力。好的权重向量更加有利于随机梯度下降算法收敛到全局最优解。

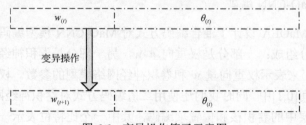

图 6.6　变异操作算子示意图

变异操作算子并没有作用在二值编码部分。MaO-CNN 模型参数 θ 通过采用梯度下降算法进行更新，如图 6.7 所示。其中，θ 表示的是 MaO-CNN 模型的实际参数而非二值编码。梯度下降算法可以根据梯度信息同时优化模型中的大多数参数，解决了进化算法不能同时优化过多参数的问题。

图 6.7　梯度下降算法示意图

6.4　实　验　研　究

本节使用机器学习领域常用的手写体数据库(MNIST)[6]和谷歌街景门牌号数据库(SVHN)[32]两个数据集测试新提出的多目标卷积神经网络的分类性能。实验中选择 Two_Arch2 算法[31]作为混合框架中的高维多目标优化进化算法，因为该算法在处理高维多目标问题时具有很好的效果。接下来对实验细节进行详细的描述。

6.4.1　数据集描述

1. MNIST 数据集

MNIST 数据集是现实世界中的手写体数据集，被机器学习和模式识别领域广泛采用。它包含 70000 个样本，其中 60000 个样本组成训练集，其他 10000 个样本组成测试集。这些手写体数据的大小已经被规范化，手写体数据分布在图像的中心区域。本章使用少量的样本进行模型训练，剩余的大量样本作为模型测试，MNIST 数据集的详细描述如表 6.2 所示。

表 6.2　MNIST 数据集详细描述

类别	全部样本数量	测试集样本数量	训练样本数量
0	6903	5923	980
1	7877	6742	1135
2	6990	5958	1032
3	7141	6131	1010
4	6824	5842	982
5	6313	5421	892
6	6876	5918	958
7	7293	6265	1028
8	6825	5851	974
9	6958	5949	1009

本节从整个数据集中选择出若干个数据子集用于模型的评估，包含 4、5、6、7、8、9 和 10 个类别的数据子集，数据子集的详细描述见表 6.3。ds$n$ 表示这个数据子集具有 n 个类别的样本，在表中用"*"标记。例如，ds4 表示这个数据子集具有 4 个类别的样本，这些样本分别属于类别 0、类别 1、类别 2 和类别 3。

表 6.3　MNIST 数据子集详细描述

类别	ds4	ds5	ds6	ds7	ds8	ds9	ds10
0	*	*	*	*	*	*	*
1	*	*	*	*	*	*	*
2	*	*	*	*	*	*	*
3	*	*	*	*	*	*	*
4		*	*	*	*	*	*
5			*	*	*	*	*
6				*	*	*	*
7					*	*	*
8						*	*
9							*

2. SVHN 数据集

SVHN 数据集[32]从谷歌街景视图中的图片获取。它是用于评估机器学习算法的一个真实世界的图像数据集。它包含 10 类 99259 幅 32×32 的彩色图像，其中训练集包含 73257 幅图像，测试集包含 26032 幅图像。在本章中，我们采用较少数量的数据用于模型的训练，使用余下较多数量的数据用于模型参数的评估。SVHN 数据集的详细描述如表 6.4 所示。从 SVHN 数据集选择出来的 8 个数据子集的描述如表 6.5 所示。

表 6.4　SVHN 数据集的详细描述

类别	全部样本数量	测试集样本数量	训练样本数量
0	6692	4948	1744
1	18960	13861	5099
2	14734	10585	4149
3	11379	8497	2882
4	9981	7458	2523
5	9266	6882	2384
6	7704	5727	1977
7	7614	5595	2019
8	6705	5045	1660
9	6254	4559	1595

表 6.5　SVHN 数据子集细节描述

类别	ds3	ds4	ds5	ds6	ds7	ds8	ds9	ds10
0	*	*	*	*	*	*	*	*
1	*	*	*	*	*	*	*	*
2	*	*	*	*	*	*	*	*
3		*	*	*	*	*	*	*
4			*	*	*	*	*	*
5				*	*	*	*	*
6					*	*	*	*
7						*	*	*
8							*	*
9								*

6.4.2　实验对比算法

实验中采用高维多目标优化进化(Two_Arch2)算法和经典的单目标优化(SGD)算法。实验在台式计算机完成,其具有 i5 3.2GHz 处理器、8GB 的内存,以及一块 NVIDIA Quadro K2000 显卡配备 2GB 显存,操作系统为 Ubuntu14.04 LTS,编程环境为 MATLAB 2014b。实验基于 CNN 的 MATLAB 工具包 MatConvNet[35]实现。

6.4.3　评价准则

为了评估上述算法的性能,本章选择了两个评价指标,分别是分类准确率(Acc)和训练时间(Tc)。分类准确率根据测试样本计算得到,它是指正确分类的样本占整体样本的百分比。训练时间反映模型训练算法的计算复杂度,训练用时越少,表明算法的计算复杂度越小。我们希望得到的模型不仅具有很高的分类准确率,还具有较低的计算复杂度。

6.4.4　参数设置

在本小节中,处理 MNIST 和 SVHN 数据集分类问题时选择经典的卷积神经网络 LeNet5 的拓扑结构。因为对于大部分数据,该算法执行 50 个训练周期就可以收敛,故在每个实验中,对于随机梯度下降算法执行 100 个训练周期。对于 Two_Arch2 算法,种群规模设置为 10,最大迭代次数设置为 20。在每一次的局部搜索阶段,对于 MNIST 数据集,执行 10 个训练周期的随机梯度下降算法,对于 SVHN 数据集,执行 20 个训练周期的随机梯度下降算法。对于混合高维多目标优化进化算法,采用模拟二值交叉算子和多项式比特翻转变异操作算子,交叉概率 $p_c = 1$,变异概率 $p_m = 0.1$,混合交叉概率 $p_{hc} = 0.2$。

对于随机梯度下降算法,独立运行实验 10 次,我们给出了 10 次最佳分类准确率和平均分类准确率。由于混合高维多目标优化进化算法非常耗时,对于所有的数据集仅运行一次该算法,每次运行可以得到 10 个结果(因为种群规模为 10),我们用这 10 个结果和 10 次随机梯度下降算法的结果进行比较。

6.4.5　结果和分析

1. MNIST 数据集实验结果

本节给出了 MaO-CNN 模型和传统 CNN 模型获得的最高的分类准确率(Acc_{best})和平均分类准确率($Acc_{average}$),其结果见表 6.6。为了更加直观地对比这些实验结果,图 6.8 给出了分类准确率的直方图对比结果。通过对比可以发现,对于 MNIST 数据子集,不仅是最佳分类准确率还是平均分类准确率,MaO-CNN 模型的实验结果都优于传统的 CNN 模型实验结果。

表 6.6　对于 MNIST 数据集 MaO-CNN 模型和传统 CNN 模型分类准确率统计

数据子集	MaO-CNN		CNN	
	Acc_{best}	$Acc_{average}$	Acc_{best}	$Acc_{average}$
ds4	0.9872	0.9844	0.978	0.9780
ds5	0.9855	0.9836	0.9774	0.9774
ds6	0.9837	0.9834	0.9811	0.9811
ds7	0.9834	0.9828	0.9826	0.9826
ds8	0.9837	0.9832	0.9818	0.9818
ds9	0.9795	0.9791	0.963	0.9630
ds10	0.9783	0.9778	0.9737	0.9737

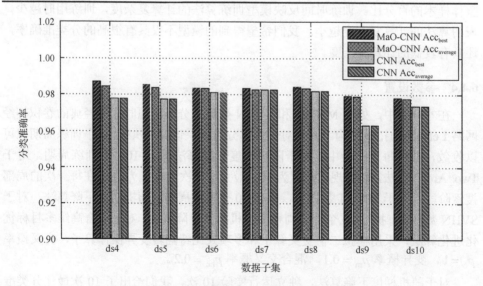

图 6.8　对于 MNIST 数据集分类准确率的直方图对比

　　图 6.9 给出了盒图来对比两种模型得到分类准确率的统计结果。通过对比盒图可以得出结论，MaO-CNN 模型得到的解有很好的多样性，使得通过 MaO-CNN 模型得到的参数具有更好的鲁棒性，因为它的解可以适应更多分布的数据。随机梯度算法得到的解很稳定，从图中可以看出该模型找到的解的分类准确率并不是最高，说明该算法容易陷入局部最优解，与本章先前的假设一致。

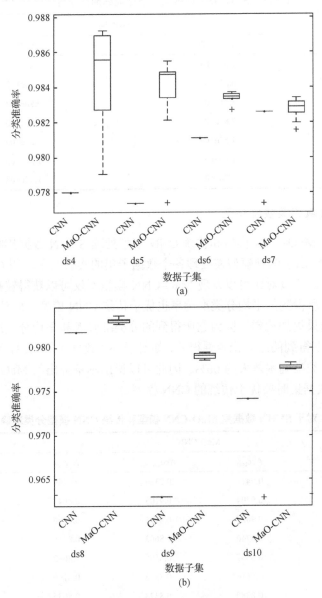

图 6.9　在 MNIST 数据集上分类准确率的统计结果

表 6.7 给出两种模型的时间耗费，通过对比表中结果可以发现，MaO-CNN 模型单次训练时间是 CNN 模型单次训练时间的 10 倍左右，与独立训练 10 次 CNN 模型的时间相当，这样的耗时是可以接受的。尤其是在训练样本不充足的情况下，MaO-CNN 模型是一个很好的选择。

表 6.7　在 MNIST 训练集下模型训练时间统计　　　　　　　　　　（单位：s）

数据子集	训练时间	
	MaO-CNN	CNN
ds4	7.88e+03	5.83e+02
ds5	6.67e+03	5.98e+02
ds6	1.31e+04	9.50e+02
ds7	7.89e+03	1.09e+03
ds8	1.55e+04	1.27e+03
ds9	1.90e+04	1.36e+03
ds10	1.78e+04	1.58e+03

2. SVHN 数据集实验结果

本节给出 MaO-CNN 模型和传统 CNN 模型处理 SVHN 数据集时的对比实验结果，表 6.8 给出了两种模型在处理各个数据子集的实验结果。图 6.10 给出了直方图对比结果。通过对比可以发现 MaO-CNN 模型不仅可以获得较高的最佳分类准确率，而且所得到的平均分类准确率也优于传统 CNN 模型。此外，MaO-CNN 模型得到的结果更加稳定，因为它所得到的分类准确率和平均分类准确率相当。传统 CNN 模型得到的结果稳定性很差，如对于 ds8 数据子集来说，平均分类准确率要比最佳分类准确率差大约 66%。因此可以得出本章提出的 MaO-CNN 模型在处理 SVHN 数据集时要优于传统的 CNN 模型。

表 6.8　对于 SVHN 数据集 MaO-CNN 模型和传统 CNN 模型分类准确率统计

数据子集	MaO-CNN		CNN	
	Acc_{best}	$Acc_{average}$	Acc_{best}	$Acc_{average}$
ds3	0.9421	0.9326	0.9289	0.9258
ds4	0.9204	0.9105	0.8647	0.8486
ds5	0.9027	0.8996	0.8526	0.8398
ds6	0.8740	0.8663	0.8415	0.8271
ds7	0.8657	0.8508	0.8082	0.7122
ds8	0.8614	0.8503	0.8199	0.2783
ds9	0.8380	0.8328	0.8036	0.7930
ds10	0.8351	0.8312	0.7992	0.7232

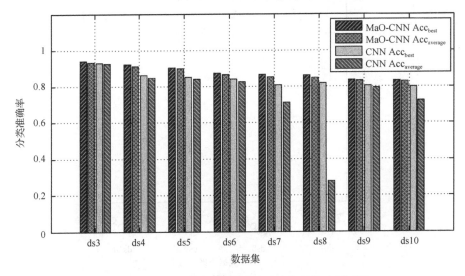

图 6.10　对于 SVHN 数据集分类准确率的直方图对比

图 6.11 给出了盒图来对比两种模型得到分类准确率的统计结果。通过对比盒图可以看出，对于大多数数据集，MaO-CNN 模型得到的分类结果要明显优于传统 CNN 模型。

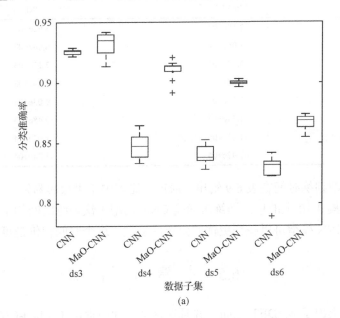

(a)

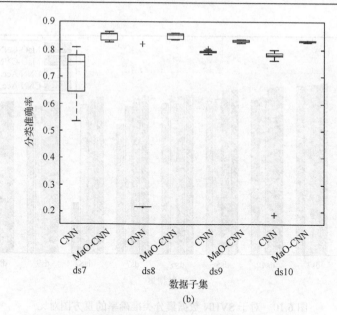

图 6.11 在 SVHN 数据集上分类准确率的统计结果

表 6.9 在 SVHN 训练集下模型训练时间统计 (单位：s)

数据集	训练时间	
	MaO-CNN	CNN
ds3	2.15e+04	5.92e+03
ds4	3.04e+04	6.06e+03
ds5	5.12e+04	7.13e+03
ds6	6.02e+04	7.84e+03
ds7	1.29e+05	9.03e+03
ds8	1.39e+05	9.48e+03
ds9	1.42e+05	1.02e+04
ds10	1.92e+05	1.34e+04

　　两种模型训练时间在表 6.9 给出，通过对比表中结果很容易发现，MaO-CNN 模型在数据集 ds10 上的单次训练时间是 CNN 模型单次训练时间的 14 倍左右。考虑到 MaO-CNN 模型可以找到更优的分类器参数，这个时间代价是可接受的。

6.5 本 章 小 结

　　本章中提出了 MaDET 空间，并且在这个空间中提出了 MaO-CNN 模型。针对 MaO-CNN 模型提出了一个混合高维多目标优化进化学习算法框架。另外，还设计了一个新的混合编码方式用于 MaO-CNN 模型的优化求解，并且根据这种编码设计了混合交叉操作算子。在实验部分采用 MNIST 数据集和 SVHN 数据集对所提出的模型进行了测试。实验结果表明，在使用较少训练样本的情况下，本章提出的 MaO-CNN 模型可以得到更高的分类准确率。然而，本章提出的混合高维多目标优化进化学习算法框架的计算效率不高，在接下来的工作中尝试采用新的策略提升算法的执行效率。

参 考 文 献

[1] Bengio Y I, Goodfellow J, Courville A. Deep Learning[M]. Cambridge: MIT Press, 2016.

[2] Lecun Y, Bengio Y, Hinton G. Deep learning[J]. Nature, 2015, 521 (7553): 436-444.

[3] Krizhevsky A, Sutskever I, Hinton G E. ImageNet classification with deep convolutional neural networks[C]. Advances in Neural Information Processing Systems, Lake Tahoe, 2012, 25: 1097-1105.

[4] Ouyang W, Wang X G, Zeng X Y, et al. Deepid-net: Deformable deep convolutional neural networks for object detection[C]. Proceedings of the IEEE Conference on Computer Vision and Pattern Recognition, Boston, 2015: 2403-2412.

[5] Graves A, Mohamed A R, Hinton G. Speech recognition with deep recurrent neural networks[C]. IEEE International Conference on Acoustics, Speech and Signal Processing, Vancouver, 2013: 6645-6649.

[6] LeCun Y, Bottou L, Bengio Y, et al. Gradient-based learning applied to document recognition[J]. Proceedings of the IEEE, 1998, 86 (11): 2278-2324.

[7] Hinton G. Deep Belief Nets[C]. Encyclopedia of Machine Learning, Boston, 2010: 267-269.

[8] Vincent P, Larochelle H, Lajoie I, et al. Stacked denoising autoencoders: Learning useful representations in a deep network with a local denoising criterion[J]. Journal of Machine Learning Research, 2010, 11 (6): 3371-3408.

[9] Sermanet P, Eigen D, Zhang X, et al. Overfeat: Integrated recognition, localization and detection using convolutional networks[J]. arXiv: 1312.6229, 2013.

[10] Zeiler M D, Fergus R. Visualizing and understanding convolutional networks[C]. European Conference on Computer Vision, Zurich, 2014: 818-833.

[11] Simonyan K, Zisserman A. Very deep convolutional networks for large-scale image recognition[J]. arXiv: 1409.1556, 2014.

[12] Szegedy C, Liu W, Jia Y Q, et al. Going deeper with convolutions[C]. Proceedings of the IEEE Conference on Computer Vision and Pattern Recognition, Boston, 2015: 1-9.

[13] Liu B Y, Wang M, Foroosh H, et al. Sparse convolutional neural networks[C]. Proceedings of the IEEE Conference on Computer Vision and Pattern Recognition, Boston, 2015: 806-814.

[14] Zhao Z Q, Jiao L C, Zhao J Q, et al. Discriminant deep belief network for high-resolution SAR image classification[J]. Pattern Recognition, 2017, 61: 686-701.

[15] Gong M, Liu J, Li H, et al. A multiobjective sparse feature learning model for deep neural networks[J]. IEEE Transactions on Neural Networks and Learning Systems, 2015, 26 (12): 3263-3277.

[16] Fawcett T. An introduction to ROC analysis[J]. Pattern Recognition Letters, 2006, 27 (8): 861-874.

[17] Martin A F, Doddington G R, Kamm T, et al. The DET curve in assessment of detection task performance[C]. Proceeding of the Fifth European Conference on Speech Communication and Technology, Rhodes, 1997: 1895-1898.

[18] Srinivasan A. Note on the Location of Optimal Classifiers in N-dimensional ROC Space: PRG-TR-2-99[R]. Oxford: Oxford University Computing Laboratory, 1999.

[19] Zhao J Q, Basto-Fernandes V, Jiao L C, et al. Multiobjective optimization of classifiers by means of 3D convex-hull-based evolutionary algorithms[J]. Information Sciences, 2016, 367-368: 80-104.

[20] Basto-Fernandes V, Yevseyeva I, Meńdez J R, et al. ASPAM filtering multi-objective optimization study covering parsimony maximization and three-way classification[J]. Applied Soft Computing, 2016, 48: 111-123.

[21] Wang P, Tang K, Weise T, et al. Multiobjective genetic programming for maximizing ROC performance[J]. Neurocomputing, 2014, 125: 102-118.

[22] Fawcett T. Prie: A system for generating rule lists to maximize ROC performance[J]. Data Mining and Knowledge Discovery, 2008, 17 (2): 207-224.

[23] Flach P A, Wu S. Repairing concavities in ROC curves[C]. Proceedings of the 19th International Joint Conference on Artificial Intelligence, Edinburgh, 2005: 702-707.

[24] Wang P, Emmerich M, Li R, et al. Convex hull-based multi-objective genetic programming for maximizing receiver operator characteristic performance[J]. IEEE Transactions on Evolutionary Computation, 2015, 19 (2): 188-200.

[25] Provost F, Fawcett T. Robust classification for imprecise environments[J]. Machine Learning, 2001, 42 (3): 203-231.

[26] Fawcett T. Using rule sets to maximize ROC performance[C]. Proceedings of the IEEE International Conference on Data Mining, San Jose, 2001: 131-138.

[27] Zhao H M. A multi-objective genetic programming approach to developing Pareto optimal decision trees[J]. Decision Support Systems, 2007, 43 (3): 809-826.

[28] Li B D, Li J L, Tang K, et al. Many-objective evolutionary algorithms: A survey[J]. ACM Computing Surveys, 2015, 48 (1): 1-35.

[29] von Lucken C, Baran B, Brizuela C A. A survey on multi-objective evolutionary algorithms for many-objective problems[J]. Computational Optimization and Applications, 2014, 58 (3): 707-756.

[30] Deb K, Jain H. An evolutionary many-objective optimization algorithm using reference-point-based nondominated sorting approach, Part I: Solving problems with box constraints[J]. IEEE Transactions on Evolutionary Computation, 2014, 18 (4): 577-601.

[31] Wang H D, Jiao L C, Yao X. Two_Arch2: An improved two-archive algorithm for many-objective optimization[J]. IEEE Transactions on Evolutionary Computation, 2015, 19 (4): 524-541.

[32] Netzer Y, Wang T, Coates A, et al. Reading digits in natural images with unsupervised feature learning[C]. NIPS Workshop on Deep Learning & Unsupervised Feature Learning, Granada, 2011: 5-13.

[33] Hernandez V A S, Schütze O, Emmerich M. Hypervolume maximization viasetbased Newton's method[C]. EVOLVE-A Bridge between Probability, Set Oriented Numerics, and Evolutionary Computation V, Beijing, 2014: 15-28.

[34] Trivedi A, Srinivasan D, Sanyal K, et al. A survey of multi-objective evolutionary algorithms based on decomposition[J]. IEEE Transactions on Evolutionary Computation, 2016, 21 (3): 440-462.

[35] Vedaldi A, Lenc K. MatConvNet-convolutional neural networks for MATLAB[C]. Proceeding of the 23rd ACM International Conference on Multimedia, Brisbane, 2015: 689-692.

第 7 章　基于多目标学习的垃圾邮件检测

7.1　引　言

机器学习中的分类器参数的学习可以表示为多目标优化问题。近年来，很多学者的研究工作表明，简单的进化多目标算法（如 NSGA-II、SPEA2）可以方便地优化不同垃圾邮件检测器的全局性能。当前工作采用两种新的基于指标（SMS-EMOA、CH-EMOA）和基于分解（MOEA/D）的进化多目标算法应用于垃圾邮件检测领域。所提出的方法用于将异构集成分类器的性能优化为两种不同但互补的场景：简约最大化和低置信度下的电子邮件分类。使用公开的标准测试数据集的实验结果证明我们提出的方法能够提高基于规则的分类器的计算效用，以及基于三种方式的分类方法用于垃圾邮件检测问题的适应性。

在今天的日常生活中，互联网邮件服务的使用已成为全球数百万用户日常生活中不可或缺的一部分。此外，通信电子邮件与最新的移动始终连接的智能手机的组合为人们生活提供了极大的便利，可以随时与其他人保持联系并有效地进行文档交换。因此，即时消息应用程序和电子邮件通常可以使人们实现有效的沟通。然而，流行的即时消息应用程序（包括 Whatsapp 或 GTalk）和 Internet 邮件服务之间的根本区别在于在接收消息时是否需要用户同意，这些方法只能在前者（如阻止用户等）中找到。这种背景极大地促进了电子邮件作为大规模广告推广方法和病毒分发平台的使用，从而产生了垃圾邮件现象。

自垃圾邮件检测任务被提出以来，许多公司和研究团队对这个问题进行了深入研究，使用不同的方法和技术处理垃圾邮件检测问题[1]。在这种背景下，从科学的角度来看，几种机器学习算法已成功应用于过滤垃圾邮件，这些算法包括朴素贝叶斯[2]、集成学习[3]、支持向量机（SVM）[4]以及其他基于记忆的系统[5]。此外，计算机安全行业和开源社区也提供了有效的技术，如散列方案[6]。SpamAssassin 是最常用的垃圾邮件检测框架，集成了很多经典的和新的垃圾邮件检测技术[7]。SpamAssassin 自创建以来，已被广泛地应用于很多商业产品和基本的垃圾邮件检测服务，如 McAfee SpamKiller 和 Symantec Brightmail[8]。在这些系统中，它允许系统管理员使用临时规则定义特定的垃圾邮件过滤器。每个规则都包含一个逻辑表达式（用作触发器）并定义其关联的分数。每次收到电子邮件进行评估时，SpamAssassin 都会找到与目标邮件匹配的所有规则，并计算总得分，然后将该累计值与可配置阈值进行比较，最后将新传入的邮件分类为垃圾邮件或者合法邮件。

为了定义准确的垃圾邮件检测过滤器，SpamAssassin 框架提供了多种技术，包括正则表达式、DNS 黑白名单、分布式校验和信息交换机[6]、朴素贝叶斯[2]等。此外，SpamAssassin 框架允许使用用户定义的插件来进一步扩展过滤规则的数量。在 SpamAssassin 框架中很多重要的参数是可以配置的，考虑到每个用户定义的规则过滤器的最终准确性很大程度上依赖底层规则的多样性和每个规则的权重，因此规则的选取和规则权重的设置是垃圾邮件检测的核心问题，目前规则的管理以及权重的优化仍然是一个挑战。在前人的研究中，通常把垃圾邮件检测器中规则权重设定的问题转化为单目标优化的问题，常采用的一般性能指标包括错误数量、Kappa 指数、F 分数和正确率[9]。然而，这个问题可以更直观地表述为多目标优化问题，对于一个垃圾邮件检测器，应同时考虑至少两个互补的指标：①假阴性(FN)错误的数量，即分类为合法邮件的垃圾邮件；②假阳性(FP)错误的数量，即分类为垃圾邮件的合法邮件。然而，这两个目标是相互冲突的，因为最小化 FP 错误的数量只能以提高 FN 为代价，反之亦然。

单目标优化方法，也称为"先验"方法，要求在计算解的集合之前要根据个人偏好设置权重信息，也就是说，为目标分配权重，把多个目标集合成为一个单一的目标。相反，多目标优化方法，也称"后验"方法，考虑了目标之间的相互制约关系，也就是说，一个目标性能的提升要牺牲另外一个目标。因此，用户可以选择最适合他偏好的结果。在这种情况下，一些学者采用多目标优化方法同时优化 FN 和 FP 来实现垃圾邮件检测滤波器的参数优化[8]。然而，在上述研究中，仅采用了经典的进化多目标优化技术，如 NSGA-II 和 SPEA2，并没有考虑应用特定领域的知识，也没有考虑目标函数之间的关系。

此外，在处理高成本的垃圾邮件错误分类问题时，采用三种方式[10]的分类方案通过引入专家的帮助可以有效减少信息丢失和降低安全风险。在该方案下，如果没有足够的证据将目标邮件分为正常邮件或者垃圾邮件，分类器会拒绝对这个邮件分类。这种情况下，这些邮件被标记为"可疑邮件"，最终由用户自己确定这个邮件的性质。同时，为了增加可疑邮件的安全性，系统不会自动加载图像、链接和危险附件。采用这种方式会有效降低邮件误判的概率，但是会增加用户的负担，因此采用这种方式的垃圾邮件检测系统还需要减少需要用户参与判别邮件的数量。

在本章中，采用三种进化多目标优化算法处理两种多目标优化模型：①同时最小化 FP 和 FN 来优化传统分类器的性能，同时最大化分类器的简约性，即减少邮件检测分类器规则的数量；②在使用三种方式邮件检测分类器时，需要最小化 FP 和 FN 错误的数量。为了检验这两种新模型的有效性，我们采用三目标优化算法处理邮件检测问题并且与经典的进化多目标优化算法进行对比。

本章的其余部分组织如下：7.2 节介绍多目标垃圾邮件检测模型；7.3 节介绍两个经典案例，并且定义重要的评价指标；7.4 节进行实验研究；7.5 节给出本章小结。

7.2　多目标垃圾邮件检测模型

尽管近些年计算机技术在快速发展，计算能力在不断提升，但对大规模的连续空间的组合优化问题进行穷举搜索仍然是个很大的挑战。在这种情况下，基于启发式的进化算法与其他优化算法相比具有更好的搜索近似最优解的能力[11]。进化算法以其一次运算可以得到多个解的特性在多目标优化领域得到了广泛的应用。对于多目标优化问题，有几个相互冲突的目标需要同时优化，它的解是一组 Pareto 最优解或非支配解，而不是单个最优解。进化算法可以通过一次计算得到一个解集，这个特性可以很好地对应多目标优化问题的 Pareto 解集。新型的多目标优化算法在不断发展，大多数算法通过考虑 Pareto 前沿面的收敛和覆盖情况提升解的性能[12]。

7.2.1　问题定义

在二类别分类任务中，错误的分类通常分为 FP 和 FN 两类错误，通常采用假正例率(fpr)和假负例率(fnr)对这两个目标进行归一化。在现实应用场景中，对于二类别分类器，每个样本只能被分为正例或者负例，对于错分的样本会造成一定的损失。为了降低损失的代价，用户可以参与到分类过程提升分类性能，降低分类器误分的损失。在这种应用场景下，采用三种方式的分类方案可以通过用户的参与提供分类准确率，同时最大化用户的体验，在这种情况下，混淆矩阵变成 3×2 的矩阵，如图 7.1 所示。

真实类别

预测类别		正例	负例
	正例	真正例(TP)	假正例(FP)
	负例	假负例(FN)	真负例(TN)
	？	用户分类	

图 7.1　三种方式分类的混淆矩阵

在这种情况下，使用三种方式分类方案使我们能够利用最终用户来提高过滤器的分类准确率并最大化用户体验。在这种情况下，初始混淆矩阵变为 3×2 矩阵。机器学习中的分类器参数学习问题可以用多目标优化模型进行建模。很多模型需要同时提升多个相互冲突的目标，如召回率、准确率以及分类器的复杂度[13,14]。近些年，已有一些学者开始用多目标模型对分类器建模，而不是简单考虑多个目标的线性组合。然而，由于这些模型的解空间很大，很难得到问题的精确解，通常采用进化多目标优化算法对其求解。

尽管 ROCCH 和 Pareto 前沿面的概念相似，并且 ROCCH 的思想被应用到进化多目标优化领域[15]，但是 ROCCH 的一个特性使得其在处理机器学习问题时比 Pareto 前沿面更有价值。在使用 ROCCH 时，可以使用一条直线连接凸包上的两个点，线上的点对应的分类器可以通过对多个顶点对应的分类器线性组合得到[16]。通常需要决策者在 Pareto 解集中选出一个最优解，不同的决策者根据自己的偏好会给出不一样的结果。

7.2.2   进化算法在邮件检测问题中的应用

采用进化多目标优化算法得到的 Pareto 前沿面通常由有限个数量的点构成，超体积（Pareto 前沿面相对于参考点距离最大的点集构成的立方体的体积）和凸包下面积常被用来描述点集的性能。在处理 ROCCH 最大化问题时，采用凸包下面积更为合适[15]。在三种方式分类模式中，除了最大化 tpr 和 tnr 之外，还需要最大化分类器分类邮件的数量，即分类器判别邮件类别的数量占所有邮件的比例（cr）。三种方式分类器的分类性能空间如图 7.2 所示。在图 7.2 中，点 $(0,0,1)$ 表示垃圾邮件检测器对所有的邮件进行错误划分的情况。点 $(1,0,1)$ 表示所有的样本被分为正例的情况，点 $(0,1,1)$ 表示所有的样本都被分为负例的情况。点 $(1,1,0)$ 表示分类器对所有样本都拒绝分类的情况，需要用户样本进行分类。点 $(1,1,1)$ 代表所有样本都被准确划分，并且不需要用户进行干涉，表示一个完美的分类器。完美的分类器通常是不存在的，我们可以采用多目标优化技术通过权衡多个指标之间的关系寻找接近完美分类性能的分类器。

在图 7.2 中，平面 $x+y+z=2$（其中，x 轴表示 tpr，y 轴表示 tnr，z 表示 cr，表示通过邮件检测分类器分类的邮件都采用随机猜测的方式。不妨假设在一个邮件集合中，正样本的概率是 $P(p)$，负样本的概率为 $P(n)$，并且 80% 的邮件需要用户参与分类，剩余 20% 的邮件由垃圾邮件分类器分类，分类器映射的点是 $(0.2P(p)+0.8, 0.2P(n)+0.8, 0.2)$，如式（7.1）所示：

$$\text{tpr} = 0.2P(p) + 0.8$$
$$\text{tnr} = 0.2P(n) + 0.8 \qquad (7.1)$$
$$\text{cr} = 0.2$$

因为 $P(p)+P(n)=1$，很容易得出该平面的方程是 tpr + tnr + cr = 2，表示一组最糟糕的解。因此，对于三种方式分类器最大化 ROCCH 上的体积，其中点 $(1,1,0)$、$(0,1,1)$ 和 $(1,0,1)$ 作为固定的点处理。

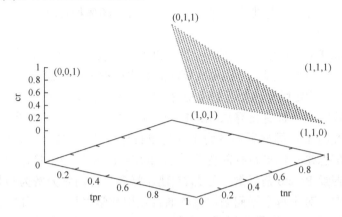

图 7.2　三种方式分类器的分类性能图

7.2.3　多目标优化算法进展

对于一般的进化多目标优化问题，选择操作算子对算法的性能有很大的影响。在每次迭代中，选择算子挑选出要传递给下一代的个体，用于父代个体的交配阶段。基于 Pareto 支配的进化多目标优化算法，如 NSGA[17] 和 MOGA[18] 是首批采用个体排序和选择中使用 Pareto 支配策略的算法。其次是采用精英机制的进化多目标优化算法，包括 NSGA-II[17] 和 SPEA[19]，其特点是保存每一代中最好的个体。基于区域的进化多目标优化算法是另外一种方法，如 PESA-II[20]，其主要关注客观空间区域种的竞争而非个体的竞争。

基于指标的进化多目标优化算法吸引了很多学者的研究，如基于指标的进化算法(IBEA)[21] 和基于超体积的多目标优化算法(SMS-EMOA)[22]。一般而言，任何指标都可以用于进化多目标优化算法中。

NSGA-II 是 NSGA 的改进版，采用相同的非支配排序策略，将种群中的所有解按照非支配关系排成不同的等级[23]。为了从父代个体中选择出合适的个体用于产生好的后代个体，优先选择性能较好的个体。在进行选择操作时，先随机从种群中选择两个个体，如果这两个个体处于不同的优先级，则优先选择处于高优先级的个体，如果两个个体处于相同的优先级，则根据两个个体的拥挤距离进行选择，即有限选择拥挤距离大的个体。类似地，为了从父母和后代的联合种群中选择种群填充下一个种群，首先选择具有更高等级的前沿个体。当最后一个优先级的个体超过种群规模时，根据个体的拥挤距离选择个体。然而，在处理三个目标以上的问题时，基于拥挤距离的多样性保持机制很差。

为了改善 NSGA-II 的性能并解决选择算子中的多样性保持问题，提出了 SMS-EMOA，它在初始阶段执行非主导的种群分类以构建单个后代。然后，将后代与已经排序的种群进行排序，并且剔除具有最小超体积贡献的最后非支配前沿的个体。

受到 SMS-EMOA 的启发，Nebro 等提出了稳定版的 NSGA-II[24]，在该算法中每代只创建一个后代，因此，在每次算法的迭代过程中仅从群体中移除最差的个体。NSGA-II 的稳定版比原始版效果更好[17]，但是计算成本更高。

基于分解的多目标进化算法(MOEA/D)中采用了一种新的策略，该算法通过采用聚合函数将多目标问题划分为不同的单目标优化子问题，同时通过考虑相邻子问题的信息来实现多目标的优化[25]。MOEA/D 使用一组目标和对应的一组权重向量来搜索 Pareto 前沿解，文献[25]建议将多目标问题分解为与目标数量一样多的子问题。对于每个子问题，应该通过使用数学编程方法(如加权和、边界交叉等)来解决相应的标量化问题。在每一次的迭代过程，选择最近邻的解进行交叉产生新的个体，父代和子代中 Pareto 前沿解被保留下来进行下一次的进化迭代。

基于凸包的多目标遗传规划(CH-MOGP)[15]算法是一种基于指标的进化多目标优化算法，旨在最大化 ROC 凸包下的面积。CH-MOGP 算法是基于以下假设提出的：与优化分类器性能的超体积相比，ROC 凸包体积是指导搜索的更好指标。事实上，两个硬分类器可以成功地组合成一个新的分类器，其 fpr 和 fnr 的性能位于连接 ROC 空间中两个硬分类器的线段上。因此，不仅要考虑群体中所有对应硬分类器性能点的超体积，还要考虑由这些点的任何线性组合所覆盖的区域的超体积。它通过计算种群中所有的点以及三个附加点(1,0)、(0,1)和(1,1)构成的凸包面积实现，其中 x 轴和 y 轴分别代表 fnr 和 fpr。

基于凸包的进化多目标优化算法(CH-EMOA)[13,14]是 CH-MOGP 算法的泛化版，它适用于多种不同的分类器，通过采用不同的编码方式实现分类器参数的学习任务。CH-EMOA 与 SMS-EMOA 类似，但有三个重要的区别。首先，不采用非支配排序来确定种群的优先级，并且在每次迭代中，确定位于凸包上的那些点并从该组中移除。其次，如果根据种群优先级不能确定是否删除某个点，则选择对凸包体积贡献最大的那些点，为了计算每个点对凸包体积的贡献，需要查找其在凸包上的两个相邻点，并计算由这三个点组成的三角形面积。最后，始终优先删除种群中已经保留的冗余点。图 7.3(a)给出了凸包体积的示意图，图 7.3(b)给出了基于凸包的种群排序方法的示意图。

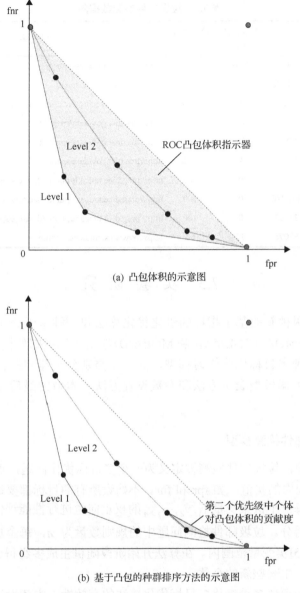

(a) 凸包体积的示意图

(b) 基于凸包的种群排序方法的示意图

图 7.3 基于凸包的种群排序以及凸包体积计算示意图

7.2.4 垃圾邮件检测数据集

为了推进垃圾邮件检测新方法的开发，一些公司和学术界的专家公开了垃圾邮件检测数据库。这些数据库可以用来测试新的算法，同时也可用于对比不同方法的性能。表 7.1 给出了几个常用的垃圾邮件检测数据集。

表 7.1　垃圾邮件检测数据集

数据集名称	大小	正常邮件占比/%	垃圾邮件占比/%	网站链接
SpamAssassin	9349	74.49	25.51	http://www.spamassassin.org
Bruce Guenter	171000	0	100	http://untroubled.org/spam/
CSDMC_2010	4327	68.1	31.9	https://www.azsecure-data.org/other-data.html
TREC_Spam_2005	92189	43	57	http://trec.nist.gov/data/spam.html
TREC_Spam_2006	37822	35	65	http://trec.nist.gov/data/spam.html
TREC_Spam_2007	75419	33.5	66.5	http://trec.nist.gov/data/spam.html
PRA_JMLR_2004	17	0	100	http://prag.diee.unica.it/public/datasets/spam/spamArchiveFull/
PRA_JMLR_2005	142876	0	100	http://prag.diee.unica.it/public/datasets/spam/spamArchiveFull/
PRA_JMLR_2006	25522	0	100	http://prag.diee.unica.it/public/datasets/spam/spamArchiveFull/
EnromCorpus	52076	37	63	https://www.cs.cmu.edu/~enron/

7.3　实　验　研　究

为了研究两种新的基于指标的进化优化算法和一种基于分解的进化多目标算法(即 SMS-EMOA、CH-EMOA 和 MOEA/D)应用于垃圾邮件检测领域的性能，本节中定义两种多目标优化学习模型，简约二类别分类器和三种方式分类器，同时设计了分类器模型表示方法和参数设置方法，本节的最后部分给出了实验结果分析。

7.3.1　多目标邮件检测模型

在本研究中，垃圾邮件检测被定义为一个多目标优化问题，每个目标 $f(y)$ 是分布在[0,1]区间内的实值，如 fpr 和 fnr。不妨设所有的目标都要最小化，在优化过程中需要对每一个决策变量 $y_1, y_2, \cdots, y_n$ 的权重向量进行性能评估，即计算每一组规则向量的得分。垃圾邮件检测问题中的规则数量为 n，每个规则对应一个得分，得分在[−5,5]实变量范围内。在算法开始阶段随机生成多组得分，然后通过交叉、变异操作产生一些新的个体。

为了有效地评估多种进化多目标优化算法的有效性，本章设计了两个不同的多目标优化模型：①在优化分类器性能的同时尽可能地降低分类器复杂度；②采用三种方式分类方法，尽量减少用户参与。对于第一个模型，我们称为简约二类别分类模型，在该模型中需要同时最小化 fnr、fpr 和 cr，这三个目标的范围都在[0,1]区间。这个模型首先由 Zhao 等提出[13,14]，在保证分类器性能的情况下，尽可能地提高分类器的泛化性能，降低分类器的复杂度。

第二个模型同样是一个三目标优化的模型。与第一个模型一样，每个决策向量的每一位代表垃圾邮件检测器的分数。在这个模型中需要定义两个阈值：一个阈值用于区分垃圾邮件和非垃圾邮件，另一个阈值让分类器判别是否对该邮件进行拒识，也就是说在这个模型里对邮件分为三类：合法邮件、垃圾邮件和未分类邮件。因此，当根据所有规则计算得到的总分数低于下限阈值的分数时，它就被归类为合法邮件。相反，如果邮件总分数高于上限阈值，则该邮件被归类为垃圾邮件。如果邮件总分数位于两个阈值之间，则把这个邮件交给用户去处理。因为在这种情况下，如果对一个重要的邮件误判可能会造成很大的损失。

在第二个模型中，三个目标分别是最小化 fnr、fpr 和未分类邮件比例(ur)。第三个目标也在[0,1]的范围内，如式(7.2)所示：

$$\text{ur} = \frac{未分类邮件个数}{所有邮件个数} \tag{7.2}$$

7.3.2　实验参数设置

为了保证实验的可重复性，本小节介绍了运行实验中所需的配置细节信息，包括目标规则过滤器的定义、采用的数据集以及有关执行算法配置不同参数的详细信息。在实验中选择 SpamAssassin[26]开发环境，它是默认发布在 Debian GNU/Linux Squeeze 发行版中。采用 SpamAssassin 不仅因为它是垃圾邮件检测的行业标准，也是因为它在邮件检测的研究领域得到了广泛的应用。在实验中设置它的阈值为默认值 5，每个规则的权重范围为[−5,5]。在 SpamAssassin 系统中包含 2440种不同邮件检测规则，然而很多规则并不准确，在本章工作中需要把有用的规则挑选出来，并且设置好权重。

实验中选定表 7.1 中最著名的 SpamAssasin 数据集[26]进行多种模型和算法的性能对比。在这个数据集中包含 9349 封电子邮件，其中 6964 封合法邮件和 2385封垃圾邮件，这个邮件中的正常邮件与垃圾邮件的比例很贴近日常生活中遇到的情况。

在实验中，采用了三个进化多目标优化算法用于垃圾邮件检测的参数学习任务。这些算法包括 CH-EMOA、SMS-EMOA 和 MOEA/D。此外，实验中还对比了经典的 NSGA-II 和 SPEA2 两种算法。所有的实验都基于 jMetal[27]实现，这是一个基于 Java 开发的进化多目标优化框架。

简约二类别分类器和三种方式分类器模型采用了相同的实验环境和参数配置。实验中采用 jMetal 框架中的实数二值编码方案，其中染色体由[−5,5]区间中的实数值阵列构成。染色体中的每一位与一条规则相互关联，如果染色体的第 i 位为 0，表示忽略这条规则。

对于所有的算法，最多评估 25000 次。采用模拟二值交叉算子和多项式比特翻转变异操作算子，交叉概率为 $p_c = 0.9$，变异概率为 $p_m = 1/n$，其中 n 为编码长度，对于所有的算法，种群规模设为 100。对于 SPEA2、SMS-EMOA 和 CH-EMOA，存档大小建立为 100。所有的实验都独立重复 30 次。

7.4　实　验　研　究

对于进化多目标优化算法的性能评价一直是个难题，与单目标优化算法相比，多目标优化算法的性能评价更加复杂。对于多目标优化问题，不仅需要评估解的质量，还要评价算法的计算效率以及考虑方法的稳定性。

对于实际的多目标优化问题，真实的 Pareto 前沿解通常是不知道的，因此无法对算法得到的解与真实的解进行对比。因此，一般采用准确性、收敛性、均匀性等一些指标评估算法的性能。理想的情况下，得到准确的 Pareto 前沿解，意味着尽可能接近真实的 Pareto 前沿解，同时解的分布也非常均匀。解的覆盖范围和扩散度很相似但是并不完全相同，因为前者需要对 Pareto 前沿面中的每个区域进行表示，而后者需要确保 Pareto 前沿面近似点之间的距离均匀分布。

在这种情况下，要充分结合理论和实践上的经验去进行多目标算法的性能评估。一方面，理论分析可以在一定程度上分析算法的性能，但是范围有限，另一方面，实践上可以多次运行算法，进行统计分析。在这种情况下，为了较为准确地获取近似的 Pareto 前沿解，可以综合多种算法的多次运行结果。分析结果可得出各种方法得到的种群在参考 Pareto 前沿面分布的情况。根据各种方法的 Pareto 前沿解的直观展示，可以形象地得到各种算法的性能。

量化的评价指标可以准确地分析出两种或者多种算法的优劣，在哪一方面表现出更好的性能。然而，单一的指标只能衡量某个方面的性能，因此，为了更加准确地评估算法的性能，会选择两个或者多个互补的评价指标。本章选择了 SPREAD[17] 和 VUS[28] 对算法性能进行评价。

SPREAD 指标常用来评估 Pareto 前沿解在目标空间或者决策空间的扩散距离，Pareto 前沿解的扩散范围越大，所涵盖的目标值的范围就越大。VUS 为三维 ROC 凸包下体积，采用 ROC 曲线分析机器学习中分类器的性能具有重要的意义。这个指标利用凸包下的体积，可以直接评估解集的性能。一般来说，VUS 值越大，表示其解集的性能就越好。ROC 曲线上的解集表示对该组最优解的近似。尽管 VUS 与超体积非常相似，但是 VUS 是针对学习任务的一个指标，因此更适合评估机器学习任务的性能。特别地，VUS 考虑了凸包的体积而不是 Pareto 支配子空间的体积，因此要事先选定几个参考点。虽然 ROC 凸包下的面积（AUC）已经成为二类别分类问题的评估标准，并广泛应用于比较不同的分类器的性能，但 AUC 测量仅适用于二类别分类问题。

7.4.1　结果和分析

本节给出实验的结果,并对这些结果进行深入分析,同时总结各种算法的性能。结果分析中对简约二类别分类器和三种方式分类器进行了分别讨论。

首先,扩展了 Zhao 等[13,14]关于简约二类别分类的工作,将其提出的模型应用于垃圾邮件检测问题。这里不仅要降低分类器的复杂度,还要充分挖掘各个规则之间的相关性,同时提升系统的鲁棒性。此外,对于三种方式分类问题,需要用户参与以提升系统性能,在分类器不确定邮件类型时给予指导帮助。

通过分析简约二类别分类的结果可以发现,规则数量的增加不一定会提升垃圾邮件检测器的性能,但增加规则的数量会提升垃圾邮件检测器的复杂性,这样不仅增加垃圾邮件检测器的计算资源,还会增加系统管理员维护系统的工作量。

对于上述实验结果,可以看出分类器在 fnr 和 fpr 两个指标上表现较好。尤其当仅使用 20%的垃圾邮件检测规则时,fpr 的值接近零。因此,仅使用 20%的垃圾邮件检测规则就可以实现最佳性能。反过来说,给系统增加 20%的垃圾邮件检测规则,对系统性能提升有限,但是会增加系统的计算量。

为了更好地理解这些邮件检测规则,我们认真研究了被选中的 20%垃圾邮件检测规则集,这些规则对垃圾邮件检测确实起到很大的作用。表 7.2 列出了最佳规则的等级(所有实验中所有算法都使用了这些规则),它们是参考 Pareto 前沿的最优解中的一部分。

表 7.2　最佳规则统计结果

规则名称	最优解中出现比例/%	最优解中出现的次数	内容或主题
BAYES_99	100.00	99	body
SPF_HELO_FAIL	100.00	99	header
T_LOTS_OF_MONEY	100.00	99	header
BAYES_00	98.99	98	body
FREEMAIL_FROM	96.97	96	header
RDNS_NONE	96.97	96	header
NO_DNS_FOR_FROM	92.93	92	header
NORMAL_HTTP_TO_IP	83.84	83	header
HTML_MESSAGE	82.83	82	body
SPF_SOFTFAIL	81.82	81	header
FROM_EXCESS_BASE64	80.81	80	header
MISSING_MIMEOLE	78.79	78	header

续表

规则名称	最优解中出现比例/%	最优解中出现的次数	内容或主题
RCVD_HELO	71.72	71	header
RCVD_NUMERIC_HELO	71.72	71	header
BAYES_80	57.58	57	body
RDNS_DYNAMIC	55.56	55	header
RATWARE_MS_HASH	54.55	54	header
BAYES_95	52.53	52	body
IMPOTENCE	52.53	52	body

表 7.2 给出参考 Pareto 前沿解中激活(选中)测试结果。从表 7.2 中可以看出,这些规则是邮件的标题和内容中的关键词。前者由不同垃圾邮件检测系统之间的管理措施和信息共享机制决定,后者根据领域知识或机构的活动以及用户偏好来决定,具有个性化的性质。

对于三种方式分类模型,即最小化 fnr、fpr 和 ur 三个指标,采用 Pareto 前沿面和几个客观指标评估算法的性能。针对上述五种对比算法对比了 SPREAD 和 VUS 两个指标的合图,其中描述了多次实验结果的中值、四分位数和异常值。这些算法的比较是相对于参考 Pareto 前沿进行的,参考 Pareto 前沿被视为真实 Pareto 前沿的近似值。

为了分析上述几个进化多目标优化算法得到的 VUS 和 SPREAD 性能指标在统计上的差异,同时考虑这些结果是否符合正态分布,采用 Kruskal-Wallis 测试进行统计分析。Kruskal-Wallis 测试首先针对低 p 值的五种算法进行,这使我们能够拒绝数据来自正态分布的假设,只有 3DCH-EMOA 的两个指标和 NSGA-II 的 SPREAD 指标的 p 值超过 0.1。表 7.3 和表 7.4 分别显示了对应于 VUS 和 SPREAD 性能指标的 Kruskal-Wallis 测试的结果。

表 7.3 VUS 指标的 Kruskal-Wallis 测试结果

算法	NSGA-II	SPEA2	SMS-EMOA	MOEA/D	3DCH-EMOA
最低 p 值	1.68×10^{-5}	1.88×10^{-9}	0.0354759	0.0148229	0.116923
拒绝正态分布置信度/%	99	99	95	95	低于 90

表 7.4 SPREAD 指标的 Kruskal-Wallis 测试结果

算法	NSGA-II	SPEA2	SMS-EMOA	MOEA/D	3DCH-EMOA
最低 p 值	0.593221	0.02838	1.84025×10^{-4}	9.83×10^{-5}	0.268165
拒绝正态分布置信度/%	低于 90	95	99	99	低于 90

使用 Kruskal-Wallis 测试来检验零假设，即五种算法中的每一个中位数都是相同的。为了具体显示哪些中位数彼此显著不同，图 7.4 和图 7.5 分别显示了对应于 VUS 和 SPREAD 指标的盒图。

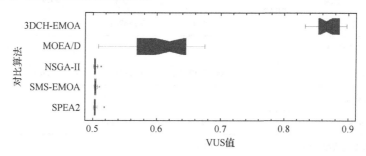

图 7.4　VUS 指标的盒图

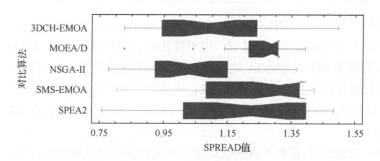

图 7.5　SPREAD 指标的盒图

另外，对于 VUS 和 SPREAD 指标，表 7.5 和表 7.6 中分别给出了每对算法之间统计上显著差异的比较。

表 7.5　VUS 指标显著差异比较结果

指标	算法	3DCH-EMOA	MOEA/D	NSGA-II	SMS-EMOA
拒绝正态分布置信度	SPEA2	95%	95%	—	—
最低 p 值		2.872×10^{-11}	3.175×10^{-11}	0.813	0.214
拒绝正态分布置信度	SMS-EMOA	95%	95%	—	
最低 p 值		2.872×10^{-11}	3.175×10^{-11}	0.214	
拒绝正态分布置信度	NSGA-II	95%	95%		
最低 p 值		2.872×10^{-11}	3.175×10^{-11}		
拒绝正态分布置信度	MOEA/D	95%			
最低 p 值		2.872×10^{-11}			

表 7.6　SPREAD 指标显著差异比较结果

指标	算法	3DCH-EMOA	MOEA/D	NSGA-II	SMS-EMOA
拒绝正态分布置信度	SPEA2	—		95%	—
最低 p 值		0.071247	0.756201	0.0034	0.604838
拒绝正态分布置信度	SMS-EMOA	95%	—	95%	
最低 p 值		0.000748948	0.169143	0.0000286438	
拒绝正态分布置信度	NSGA-II		95%		
最低 p 值		0.169143	0.00000133477		
拒绝正态分布置信度	MOEA/D		95%		
最低 p 值		0.000672439			

实验结果表明，3DCH-EMOA 在以上测试问题中表现最好，不仅能得到较高的 VUS，同时 VUS 方差也最低，说明算法的稳定性最好。能够得到这种良好的性能主要因为 3DCH-EMOA 是一种基于指标的进化算法，其采用 VUS 作为优化指标更适合处理数据分类问题。其次，表现较好的算法是 MOEA/D，它的性能与 3DCH-EMOA 相差很大，不管是在 VUS 指标的均值方面还是在 VUS 指标的方差方面。

此外，SPREAD 指标可以有效地评估对比算法所得到解的多样性。如图 7.5 所示，3DCH-EMOA 相对于该指标达到中等性能水平。事实上，SMS-EMOA 和 MOEA/D 获得的平均性能明显更好。这与 SMS-EMOA 和 MOEA/D 会找到一些分布在凹陷区域的解有关。这不适用于 3DCH-EMOA，因为分布在 ROC 凹陷区域的解对分类器性能的提升没有帮助。MOEA/D 能得到较小的方差，是因为该算法中选取固定的点作为参考点。

图 7.6 中展示了参考 Pareto 前沿面在三维空间中的分布情况，通过在三维空间互补图显示主导空间和非主导空间之间的边界，其中对应可用规则的数量为 330，邮件总数为 9349。图中使用实际的数量，而非归一化的数值对结果进行展示。

通过观察图 7.6 可以发现，如果邮件检测器需要对所有电子邮件进行分类(即使用"合法"或"垃圾邮件"标签)，则错误的数量可以最小化为 13 个错误分类。此外，如果允许"未分类"标签，则错误分类可以进一步减少到 5 个。基于以上结果可以看出，使用三种方式分类器可以有效地减少错误分类的数量。

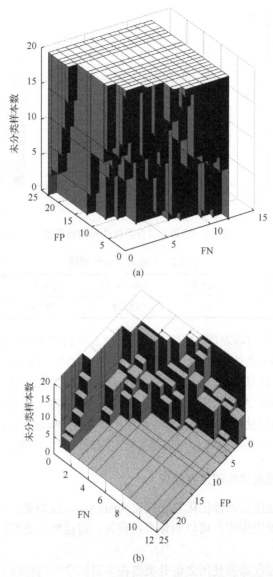

图 7.6　参考 Pareto 前沿面在三维空间中的分布图

　　图 7.7 中显示的结果表明，保持少量电子邮件未分类可以有效地提升模型的分类性能。从图 7.6 中可以看到 Pareto 前沿带有一些未分类的电子邮件(20)，少于 10 个错误(3 个 FP 和 3 个 FN)。因此，当垃圾邮件检测的邮件置信度低于每个阈值时，交给用户自己去评估邮件是可行并且有效的。

　　最后，为了检查这些算法的计算效率，统计了每种算法的运行时间。实验采用 2.27GHz 四核 Intel Xeon E5520 CPU 处理器、8GB 内存的计算机，运行 Debian GNU Linux 操作系统。表 7.7 给出了实验结果。

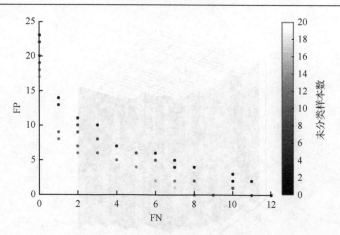

图 7.7　三种方式分类邮件检测结果图

表 7.7　对比算法运行时间　　　　　　　　　　（单位：s）

算法	NSGA-II	SPEA2	SMS-EMOA	MOEA/D	3DCH-EMOA
运行时间	53.02	58.77	258.78	50.56	1759.70

通过分析表 7.7 可以发现，NSGA-II、SPEA2 和 MOEA/D 运行时间相近。这些算法比 SMS-EMOA 大约快五倍，比 3DCH-EMOA 大约快 30 倍。SMS-EMOA 随着目标数量的增加，计算复杂度急剧上升。3DCH-EMOA 计算复杂度高主要与三维凸包的构造有关。MOEA/D 虽然在优化 SpamAssassin 规则集时效率很高，但是性能较差。然而，这些进化多目标优化算法存在计算耗时的问题，直接把这些算法应用到邮件检测问题不可行，实际应用还需要针对实际环境去部署。

7.4.2　多目标垃圾邮件检测系统部署

使用不同的进化多目标优化算法优化 SpamAssassin 规则，可以提供很多规则的组合。在实际的应用中，可以制订多组建议，将这些分类器模型部署到邮件服务器中。

首先，优化过程需要使用之前分类器在多目标空间的性能参数。通过配置邮件传输代理中自定义的脚本，就可以通过修改脚本实现不同配置参数的垃圾邮件的检测任务。此外，还可以通过使用 SpamAssassin 客户端(spamc)来实现分类。为了应对 SpamAssassin 错误分类，可以创建两个电子邮件用户(如 not spam 和 not ham)来接收来自最终用户的反馈。利用这种方式，可以进一步根据用户的反馈优化垃圾邮件检测系统。

然后，考虑到所提出方法的性质以及垃圾邮件检测系统的实际应用情况，系统优化过程应该每月或每周定期重复一次，具体情况取决于服务器的计算能力。但是，建议的优化过程不应在生产电子邮件过滤服务器中实现，以避免消息交换滞后。

最后，为了提高计算速度，建议采用高性能并行计算和集群技术（如MapReduce、CUDA 等）的使用。同时，我们发现这些技术的应用非常适合改进进化多目标优化算法。

7.5　本　章　小　结

本章评估了几种多目标优化算法在处理垃圾邮件检测问题的效用，通过分析垃圾邮件检测问题的特性，提出了两种多目标垃圾邮件检测模型，即简约二类别分类器和三种方式分类器。实验结果表明了两种方法的有效性。通过分析实验结果可以发现，对于系统给定的 330 个规则，实际应用中只需选择 5%～20%的规则就可以得到较好的分类性能。对于三种方式的分类实验，通过让用户参与到邮件分类任务中可以大幅提升邮件检测的准确率，同时有效地提升用户体验。

参 考 文 献

[1] Cormack G V. Email spam filtering: A systematic review[J]. Foundations and Trends in Information Retrieval, 2008, 1(4): 335-455.

[2] Deshpande V P, Erbacher R F, Harris C. An evaluation of naïve Bayesian anti-spam filtering techniques[C]. Information Assurance and Security Workshop, West Point, 2007: 333-340.

[3] Debarr D, Wechsler H. Spam detection using Random Boost[J]. Pattern Recognition Letters, 2012, 33(10): 1237-1244.

[4] Drucker H, Wu D, Vapnik V N. Support vector machines for spam categorization[J]. IEEE Transactions on Neural Networks, 2002, 10(5): 1048-1054.

[5] Pérez-Díaz N, Ruano-Ordás D, Fdez-Riverola F, et al. SDAI: An integral evaluation methodology for content-based spam filtering models[J]. Expert Systems with Applications An International Journal, 2012, 39(16): 12487-12500.

[6] Wang H Y, Zhou R S, Wang Y. An Anti-spam filtering system based on the naive Bayesian classifier and distributed checksum clearinghouse[C]. Third International Symposium on Intelligent Information Technology Application, Shanghai, 2009.

[7] Yevseyeva I, Basto-Fernandes V, Méndez J R. Survey on anti-spam single and multiobjective optimization[C]. International Conference Enterprise Information Systems, Vilamoura, 2011: 120-129.

[8] Yevseyeva I, Basto-Fernandes V, Ruano-Ordás D, et al. Optimising anti-spam filters with evolutionary algorithms[J]. Expert Systems with Applications, 2013, 40(10): 4010-4021.

[9] Méndez J R, Reboiro-Jato M, Díaz F, et al. Grindstone4Spam: An optimization toolkit for boosting e-mail classification[J]. Journal of Systems and Software, 2012, 85(12): 2909-2920.

[10] Yao Y. The superiority of three-way decisions in probabilistic rough set models[J]. Information Sciences, 2011, 181(6): 1080-1096.

[11] Hong T P, Ting C K, Kramer O. Theory and applications of evolutionary computation[J]. Applied Computational Intelligence and Soft Computing, 2010, 1: 1-2.

[12] Coello C A C. Evolutionary multi-objective optimization: A historical view of the field[J]. Computational Intelligence Magazine IEEE, 2006, 1 (1) : 28-36.

[13] Zhao J Q, Basto-Fernandes V, Jiao L C, et al. Multiobjective optimization of classifiers by means of 3-D convex hull based evolutionary algorithms[J]. arXiv: 1412.5710, 2014.

[14] Zhao J Q, Basto-Fernandes V, Jiao L C, et al. Multiobjective optimization of classifiers by means of 3D convex-hull-based evolutionary algorithms[J]. Information Sciences, 2016, 367-368: 80-104.

[15] Wang P, Emmerich M, Li R, et al. Convex hull-based multi-objective genetic programming for maximizing receiver operator characteristic performance[J]. IEEE Transactions on Evolutionary Computation, 2015, 19 (2) : 188-200.

[16] Fawcett T. An introduction to ROC analysis[J]. Pattern Recognition Letters, 2006, 27 (8) : 861-874.

[17] Deb K, Pratap A, Agarwal S, et al. A fast and elitist multiobjective genetic algorithm: NSGA-II[J]. IEEE Transactions on Evolutionary Computation, 2002, 6 (2) : 182-197.

[18] Fonseca C M, Fleming P J. Genetic algorithms for multiobjective optimization: Formulation, discussion and generalization[C]. International Conference on Genetic Algorithms, San Francisco, 1993: 416-423.

[19] Zitzler E, Laumanns M, Thiele L. SPEA2: Improving the Strength Pareto Evolutionary Algorithm: 103[R]. Zurich: Computer Engineering and Networks Laboratory (TIK) , ETH Zurich, 2001.

[20] Corne D W, Jerram N R, Knowles J D, et al. PESA-II: Region-based selection in evolutionary multiobjective[C]. Conference on Genetic and Evolutionary Computation, San Francisco, 2001: 283-290.

[21] Zitzler E, Künzli S. Indicator-based selection in multiobjective search[J]. Lecture Notes in Computer Science, 2004: 832-842.

[22] Beume N, Naujoks B, Emmerich M. SMS-EMOA: Multiobjective selection based on dominated hypervolume[J]. European Journal of Operational Research, 2007, 181 (3) : 1653-1669.

[23] Goldberg D E. Genetic Algorithm in Search, Optimization, and Machine Learning[M]. Boston: Addison-Wesley Longman Publishing Co., Inc., 1989.

[24] Nebro A J, Durillo J J. On the effect of applying a steady-state selection scheme in the multi-objective genetic algorithm NSGA-II[A]//Chiong R. Nature-Inspired Algorithms for Optimisation[M]. Berlin: Springer, 2009: 435-456.

[25] Zhang Q F, Li H. MOEA/D: A multiobjective evolutionary algorithm based on decomposition[J]. IEEE Transactions on Evolutionary Computation, 2007, 11 (6) : 712-731.

[26] The Apache SpamAssassin Project[EB/OL]. https://spamassassin.apache.org. [2010-1-2].

[27] Durillo J J, Nebro A J, Alba E. The jMetal framework for multi-objective optimization: Design and architecture[C]. Proceedings of the IEEE Congress on Evolutionary Computation, Barcelona, 2010: 1-8.

[28] Ferri C, Hernándezorallo J, Salido M A. Volume under the ROC surface for multi-class problems[J]. Lecture Notes in Computer Science, 2003, 2837 (1) : 108-120.

第8章 多目标深度卷积生成式对抗网络

8.1 引　　言

生成式对抗网络(generative adversarial network，GAN)是 2014 年 OpenAI 团队中 Goodfellow 等[1]提出的一种生成式深度学习模型。GAN 的研究已经成为深度学习[2]领域的热点。著名的深度学习领域学者 LeCun 曾称 GAN 为"过去十年间机器学习领域最让人激动的点子"。GAN 的主要思想是学习训练样本的概率分布，并且根据学习到的分布实现数据的表示和扩充。GAN 在结构上受博弈论中二人零和博弈的启发，即博弈双方的收益之和为零，双方不存在合作关系，一方收益必然会导致另一方的损失。生成式对抗网络由两个重要部分组成：一个是生成器(generator)，用于学习数据的分布并根据分布生成新的样本；另一个是判别器(discriminator)，用于判断输入的样本是真实数据还是生成器生成的数据。判别器是一个二类别分类器，它的目的是准确地判断出输入的样本是真实的还是生成器生成的。生成器的目的是生成尽可能像真实样本的数据，让判别器误认为生成的数据是真实的样本。GAN 的学习过程可以看成是判别器和生成器两者间的极小极大博弈(minimaxgame)，最终达到纳什均衡[3]。

GAN 自提出以来，已经被广泛地应用于处理计算机视觉中的很多问题。文献[4]提出无监督深度卷积生成式对抗网络，通过无监督的对抗训练可以达到特征学习的目的。Ledig 等[5]采用 GAN 完成将一张低分辨照片超分辨的任务。文献[6]提出使用 GAN 生成模拟的交通场景，扩充数据用于自动驾驶模型的训练。文献[7]采用对抗网络实现异质图像间的转换，包括遥感图像到地图数据和类标到建筑物的转换。文献[8]采用生成式对抗网络根据视频序列预测下一帧数据，说明生成式对抗网络在多模态(multi-modal)建模方面有很好的效果。2016 年，Zhu 等[9]提出交互式生成式对抗网络(interactive GAN，iGAN)，该模型可以根据用户画出的轮廓生成多幅逼真的图像。文献[10]提出内省对抗式网络(introspective adversarial network，IAN)，该模型可通过交互方式编辑图像，例如，用户可以通过在图片中人物的头部画些黑色的区域，IAN 便会给这个人生成黑色的头发。2016 年，Odena[11]提出了半监督 GAN，通过利用大量无标记的数据，采用无监督的方式学习数据的分布和表示，然后使用少量的有标记的数据微调网络参数用于数据分类任务。

GAN 模型训练一直以来都是个难点问题，并且吸引了很多学者的研究[12]。为了解决 GAN 在训练过程中出现的梯度弥散问题，2017 年，Arjovsky 等[13]提出了 Wasserstein-GAN（W-GAN）模型。在 W-GAN 模型中，采用 Earth-Mover 测度代替 Jensen-Shannon 散度来衡量生成样本和真实数据之间的距离。该模型很好地解决了 GAN 训练过程中出现的梯度弥散现象，但是这并不能保证 W-GAN 可以提供足够的梯度信息训练生成网络。文献[14]中提出了损失敏感 GAN（loss sensitive GAN），通过把损失函数限制在 Lipschitz 连续函数类上，很好地解决了判别器容易过拟合的问题。2017 年，Mao 等[15]提出最小二乘 GAN（least squares GAN），该模型形式更简单，可以使生成的样本更接近决策面。以上工作主要从学习优化方法上进行改进，这些方法比原始的 GAN 网络训练方法更加稳定，但是不能保证可以找到纳什均衡点。本章尝试采用多目标优化技术分别考虑生成器和判别器的损失，同时利用进化算法中群智能搜索的优势，通过种群之间的竞争与合作机制增强算法的搜索性能，可以更加准确地找到纳什均衡点。

8.2　相　关　工　作

8.2.1　生成式对抗网络

GAN 的结构如图 8.1 所示，它的核心思想源于博弈论中的纳什均衡[16]。该网络包含一个生成器 G 和一个判别器 D，生成器的目的是尽量学习数据的真实分布，并且产生尽可能逼真的数据，判别器的目的是准确地判断给定的样本是真实数据还是生成器生成的数据。生成器 G 和判别器 D 的结构都可以选择目前比较流行的深度神经网络，在 GAN 的训练过程它们需要不断地优化学习，在对抗中提高各自的性能。GAN 学习优化的目的是寻找二者之间的一个纳什均衡。

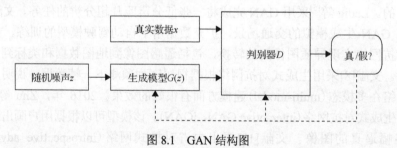

图 8.1　GAN 结构图

生成器 G 的输入是随机噪声 $z \in \mathbf{R}^m$（一般满足均匀分布），其生成的数据 $x \in \mathbf{R}^n$，数据生成的过程如式（8.1）所示：

$$G(z): x = g(z, \theta_G) \tag{8.1}$$

其中，θ_G 为生成网络模型参数。

判别器的输入为真实数据 $x \in \mathbf{R}^n$ 或者生成器生成的数据 x，统称为 x_{data}。判别器的输出为输入样本是真实数据的置信度 $y \in [0,1]$，如式(8.2)所示：

$$D(x_{\text{data}}): y = d(x_{\text{data}}, \theta_{\text{D}}) \qquad (8.2)$$

其中，θ_{D} 为判别器模型参数。当判别器 D 断定输入的数据为真实数据，则输出接近 1；当判别器断定输入的数据为生成器生成的数据，则输出接近 0。

生成器 G 的目的是使生成的数据 $G(z)$ 逼近数据 x 的真实分布并且在判别器 D 上的表现 $D(G(z))$ 与真实数据的表现 $D(x)$ 尽可能一致，如式(8.3)所述：

$$\min_G \max_D V(D,G) = E_{x \sim p_{\text{data}}(x)}[\lg D(x)] + E_{z \sim p_z(z)}[\lg(1 - D(G(z)))] \qquad (8.3)$$

其中，$p_{\text{data}}(x)$ 表示真实数据的分布；$p_z(z)$ 表示噪声分布。

对于式(8.3)，通过训练判别器 D 让目标函数 $V(D,G)$ 值尽可能大，通过训练生成器 G 让目标函数值尽可能小，二者是相互冲突的。通过对生成器 G 和判别器 D 迭代对抗训练，当判别器不能区分出生成器生成的数据时，即二者达到了纳什均衡，认为生成器 G 学会了真实数据的分布。

8.2.2　深度卷积生成式对抗网络

2015 年，Radford 等[4] 提出深度卷积生成式对抗网络(deep convolutional generative adversarial network，DCGAN)模型(模型结构如图 8.2 所示)。该模型通过采用对抗机制实现 CNN 的无监督学习，通过学习得到图像的特征表示，实现图像的分类任务。

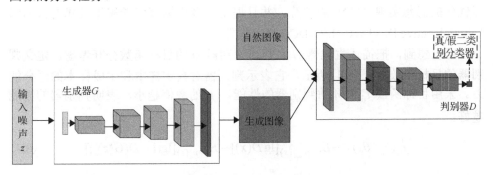

图 8.2　DCGAN 结构图

在 DCGAN 中，对 CNN 做了改进并提出了一系列稳定的结构：①取消了池化层(pooling)，生成网络中采用微步卷积(fractional-strided convolution)操作用于特征图实现图像的上采样，判别网络中采用带步长卷积(strided convolution)，达到减小特征图尺寸的目的；②生成网络和判别网络中都采用批量归一化(batch normalization)操作,这个策略可以有效地降低初始化引起训练崩溃的风险,但在网络输入层不使用归一化操作;③删除全连接层,网络结构变成全卷积网络,这样可以增加模型的稳定性,但是会降低网络的收敛速度;④生成网络的激活函数采用约束线性单元(rectified linear unit,ReLU),最后一层的激活函数采用双曲正切函数(tanh),判别网络中采用 Leaky-ReLU 作为激活函数。实验表明,DCGAN通过无监督的学习可以学到很好的图像表示。但是 DCGAN 训练过程中还会出现不稳定和崩溃现象。DCGAN 通过交替训练生成网络和判别网络实现模型参数的更新,生成网络的性能会影响判别网络的训练,同样判别网络的性能也会影响生成网络的训练。本章尝试采用进化多目标优化技术,通过采用群搜索技术和 Pareto占优的生成网络和判别网络筛选策略,提升 DCGAN 的训练稳定性。

8.3　多目标深度卷积生成式对抗网络模型

8.3.1　模型设计

通过上述描述可以发现,训练生成器 G 和训练判别器 D 是两个相互冲突的任务。如果判别器性能太好会把所有的通过生成器生成的数据识别出来,则不利于生成器的学习。如果学习过程中生成器的性能特别好,即生成器可以很好地捕获真实数据的分布,则不利于判别器性能的提升。因此 GAN 训练过程中经常会出现训练过程不稳定和崩溃模式(collapse mode)现象[12]。在训练过程中两个网络的性能需要保证平衡,即生成网络生成图像的能力和判别网络识别图像的能力要同步提升。GAN 训练是一个典型的多目标优化问题,本章的工作尝试使用多目标优化的思想实现 GAN 的训练,并且提出了多目标深度卷积生成式对抗网络(multiobjective DCGAN,MO-DCGAN)模型。

可以想到,把描述生成器 G 和描述判别器 D 的目标函数分开考虑。定义判别器的目标函数如式(8.4)所示,它表示判别器对真实样本和生成样本的区分能力。采用目标函数 f_d 来评估判别器的性能,f_d 的数值越小,表明判别器的性能越好:

$$f_d(\theta_d : \theta_g) = -E_{x \sim p_{\text{data}}(x)}[\lg D(x)] - E_{z \sim p_z(z)}[\lg(1 - D(G(z)))] \tag{8.4}$$

定义生成器 G 的目标函数如式(8.5)所示,它表示了生成器误导判别器的能力,生成器 G 对真实数据分布掌握得越好,误导判别器 D 的能力就越强,目标函数值就越小:

$$f_g(\theta_g) = -E_{z \sim p_z(z)}[\lg(D(G(z)))] \tag{8.5}$$

DCGAN 训练可以看成一个多目标优化问题，如式(8.6)所示，其中 Ω 表示可行解空间。进化算法[17]在多目标优化领域扮演着很重要的角色[18]，进化多目标优化算法已经成为主流的多目标优化算法[19]。本章尝试采用进化多目标优化中的思想处理 MO-DCGAN 学习优化问题：

$$\min \text{ MO} - \text{DCGAN}(\theta_g, \theta_d) : (f_d(\theta_d : \theta_g), f_g(\theta_g))$$
$$\text{s.t.} \quad (\theta_g, \theta_d) \in \Omega \tag{8.6}$$

进化多目标优化算法是一种基于群智能的启发式搜索算法，然而基于群智能的启发式搜索算法会带来很大的计算负担。深度学习网络本身的计算复杂度就高，使基于 Pareto 占优的 DCGAN 学习算法的复杂度保持在合理的范围是本章的第一个创新点。本章中不论是 DCGAN 中的生成网络还是判别网络都采用深度卷积神经网络，两个网络都有大量的参数需要训练，大量参数的优化对进化计算来说是一个挑战。有效地利用梯度信息辅助进化算法寻优是本章的第二个创新点。为解决上述两个难点问题，我们提出了一个通用的 MO-DCGAN 学习框架，此为本章的第三个创新点。

8.3.2　群搜索策略

进化计算的核心是群智能，依靠种群的并行搜索机制实现解空间中的全局寻优。对于 MO-DCGAN 的求解，我们也采用群搜索策略。MO-DCGAN 和经典的多目标优化问题有很大的不同，常见的多目标优化问题只有一组不可划分的参数需要优化(如第 1 章中的 ZEJD 测试问题)，MO-DCGAN 中有两个深度网络需要优化(物理结构上它们是可以分割开的)，并且两组参数是相互影响的，一组参数不合适会导致另外一组参数训练困难。

本章中，种群中包含 n 个生成器 G 和 n 个判别器 D，如式(8.7)所示：

$$\Theta_G = \left\{ \theta_g^1, \theta_g^2, \cdots, \theta_g^n \right\}$$
$$\Theta_D = \left\{ \theta_d^1, \theta_d^2, \cdots, \theta_d^n \right\} \tag{8.7}$$

不同的生成器 G 和判别器 D 通过相互两两组合，可以得到 $n \times n$ 组 DCGAN 模型，我们定义其为种群 Pop，如式(8.8)所示：

$$\text{Pop} = \begin{pmatrix} \langle \theta_g^1, \theta_d^1 \rangle & \langle \theta_g^1, \theta_d^2 \rangle & \cdots & \langle \theta_g^1, \theta_d^n \rangle \\ \langle \theta_g^2, \theta_d^1 \rangle & \langle \theta_g^2, \theta_d^2 \rangle & \cdots & \langle \theta_g^2, \theta_d^n \rangle \\ \vdots & \vdots & & \vdots \\ \langle \theta_g^n, \theta_d^1 \rangle & \langle \theta_g^n, \theta_d^2 \rangle & \cdots & \langle \theta_g^n, \theta_d^n \rangle \end{pmatrix} \tag{8.8}$$

当每组生成网络参数 Θ_G 和对抗网络参数 Θ_D 给定后，可以得到每个生成式对抗网络组合的目标函数的评估值，如式 (8.9) 所示：

$$
\text{Pop}_{\text{obj}} = \begin{pmatrix}
\text{MO-DCGAN}(\theta_{\text{g}}^1, \theta_{\text{d}}^1) & \text{MO-DCGAN}(\theta_{\text{g}}^1, \theta_{\text{d}}^2) & \cdots & \text{MO-DCGAN}(\theta_{\text{g}}^1, \theta_{\text{d}}^n) \\
\text{MO-DCGAN}(\theta_{\text{g}}^2, \theta_{\text{d}}^1) & \text{MO-DCGAN}(\theta_{\text{g}}^2, \theta_{\text{d}}^2) & \cdots & \text{MO-DCGAN}(\theta_{\text{g}}^2, \theta_{\text{d}}^n) \\
\vdots & \vdots & & \vdots \\
\text{MO-DCGAN}(\theta_{\text{g}}^n, \theta_{\text{d}}^1) & \text{MO-DCGAN}(\theta_{\text{g}}^n, \theta_{\text{d}}^2) & \cdots & \text{MO-DCGAN}(\theta_{\text{g}}^n, \theta_{\text{d}}^n)
\end{pmatrix}
$$

$$
\tag{8.9}
$$

得到种群中每个个体的目标函数评估值之后可以通过非支配排序技术筛选出若干组性能较好的组合，并采用梯度下降算法训练产生新的种群用于下一代的更新。MO-DCGAN 学习框架将在 8.3.5 节给出。

8.3.3 基于 Pareto 占优的选择策略

进化计算通过种群之间的竞争与合作达到全局优化的目的。种群间的竞争表现为在每一代中淘汰种群中性能差的解，个体之间的合作行为体现在通过交叉操作产生新个体的行为。在 MO-DCGAN 模型优化中，种群的个数是 $n \times n$，我们需要选择 n 个个体用于下一阶段的训练。在每一代评估种群中个体性能时，我们采用经典进化多目标优化算法 (NSGA-II)[20] 中快速非支配排序和拥挤距离测度，通过"优胜劣汰"机制选择性能较好的组合用于下一代的训练。

对于多目标优化理论，Pareto 支配是一个很重要的概念。对于给定的两组 MO-GAN 的参数 $\text{MO-DCGAN}(\theta_{\text{g}}^a, \theta_{\text{d}}^a)$、$\text{MO-DCGAN}(\theta_{\text{g}}^b, \theta_{\text{d}}^b)$。如果 $f_{\text{d}}(\theta_{\text{d}}^a : \theta_{\text{g}}^a)$ $\leqslant f_{\text{d}}(\theta_{\text{d}}^b : \theta_{\text{g}}^b)$ 和 $f_{\text{g}}(\theta_{\text{g}}^a) \leqslant f_{\text{g}}(\theta_{\text{g}}^b)$ 并且 $\text{MO-DCGAN}(\theta_{\text{g}}^a, \theta_{\text{d}}^a) \neq \text{MO-DCGAN}(\theta_{\text{g}}^b, \theta_{\text{d}}^b)$，那么称参数 $\text{MO-DCGAN}(\theta_{\text{g}}^a, \theta_{\text{d}}^a)$ 支配参数 $\text{MO-DCGAN}(\theta_{\text{g}}^b, \theta_{\text{d}}^b)$，通常记作 $\text{MO-DCGAN}(\theta_{\text{g}}^a, \theta_{\text{d}}^a) \succ \text{MO-DCGAN}(\theta_{\text{g}}^b, \theta_{\text{d}}^b)$。如果种群中没有其他模型参数解可以支配 $\text{MO-DCGAN}(\theta_{\text{g}}^*, \theta_{\text{d}}^*)$，那么称其为 Pareto 最优解。Pareto 最优解的集合称为 Pareto 集 (PS)。

图 8.3 给出了非支配排序的示意图。在图中每个点代表一个个体，种群分为两个优先级，其中实心点分布在第一个优先级，空心点分布在第二个优先级。当一个优先级中个体的数量多于我们所需要的数量时，需要根据个体的重要性进行筛选。对于同一个优先级上个体的重要性采用拥挤距离 (crowding distance) 度量，个体的拥挤距离为同一个优先级上与其相邻的两个个体构成矩形的面积，图 8.3 中个体 c 的拥挤距离为虚线框的面积。拥挤距离越大，个体存活的概率越大。在每一次的迭代中，我们选择 n 个个体存活下来进行新一轮的训练。

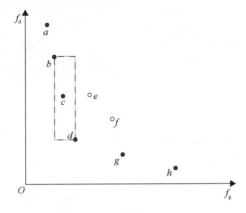

图 8.3　非支配排序示意图

8.3.4　交叉算子设计

与传统的神经网络相比，卷积神经网络中至少有一层采用卷积操作代替矩阵相乘。卷积神经网络有三个核心：局部感受野、权值共享和池化。局部感受野体现在滤波器的设计上，卷积核模拟了生物视觉系统中眼睛在看东西时只能聚焦在一个很小的局部，卷积核每次只能观测图像中和它相同大小的区域。权值共享策略通过将隐藏层不同的节点设置成相同的滤波器参数，实现训练参数的减少，同时使网络具有一定能力的平移不变性，并且提升了网络的泛化性能。池化操作使网络可以在不同的尺度上对图像进行观测，降低了模型的计算复杂度，同时提升了模型的鲁棒性[2]。卷积核在卷积神经网络中扮演着重要的角色，卷积核的参数直接决定网络的性能，本章通过交叉算子实现不同网络之间卷积核的交换。

本章中采用二值编码对判别器 G 和生成器 D 的网络结构进行编码，其中每个比特位表示每个卷积层中的参数，如图 8.4 所示。在图中生成器 g_1 的编码为 $(0,0,0,0,0)$，生成器 g_2 的编码为 $(1,1,1,1,1)$，通过交叉操作得到新的编码为 $(1,0,0,1,1)$，对应的生成器为 g_{new}。对判别器的交叉操作和生成器的交叉操作相似，这里不再赘述。交叉操作有助于全局寻优，当生成器或者判别器陷入局部极值点时，通过采用交叉操作可以让它跳出局部极值点，然后再通过梯度下降算法寻优。

为了保证算法的稳定性，每一代的进化中只随机选择一个个体进行交叉操作，并且对于选中的个体以 50% 的概率选择生成网络交叉或者判别网络交叉，每一代中只采用交叉操作对一个网络参数变更。因为同时对生成网络和判别网络交叉会造成网络的不稳定，不利于后期的训练。

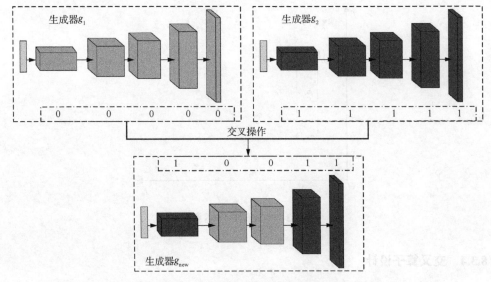

图 8.4 生成器网络交叉操作示意图

8.3.5 MO-DCGAN 学习框架

本小节提出一个通用的 MO-DCGAN 学习框架，在该框架中，不仅利用了进化算法中群智能搜索的优势提升了算法的全局搜索性能，还结合梯度信息加速算法的收敛。该框架采用贪婪策略，每次都选择 Pareto 占优的生成网络和对抗网络的组合用于下一阶段的训练。通过群智能搜索策略与局部搜索策略相结合，不仅可以有效地提升 DCGAN 训练稳定性，还可以有效地解决进化算法计算复杂度较高的问题。MO-DCGAN 学习框架如算法 8.1 所示。

算法 8.1 MO-DCGAN 学习框架

1：初始化。随机初始化 n 个生成器参数 $\Theta_{\mathrm{G}} = \{\theta_{\mathrm{g}}^1, \theta_{\mathrm{g}}^2, \cdots, \theta_{\mathrm{g}}^n\}$ 和 n 个判别器参数 $\Theta_{\mathrm{D}} = \{\theta_{\mathrm{d}}^1, \theta_{\mathrm{d}}^2, \cdots, \theta_{\mathrm{d}}^n\}$。

2：局部搜索阶段。单独训练多对生成对抗网络 $\{\theta_{\mathrm{g}}^1, \theta_{\mathrm{d}}^1\}, \{\theta_{\mathrm{g}}^2, \theta_{\mathrm{d}}^2\}, \cdots, \{\theta_{\mathrm{g}}^n, \theta_{\mathrm{d}}^n\}$，更新参数 Θ_{G}、Θ_{D}。

3：种群生成和评估阶段。对 Θ_{G}、Θ_{D} 所有参数两两组合得到多组生成对抗网络 Pop，并且评估每组对抗网络的性能得到 $\mathrm{Pop}_{\mathrm{obj}}$。

4：基于 Pareto 占优选择。根据多目标优化中 Pareto 占优理论分别选择 n 个生成器参数 $\Theta_{\mathrm{G}}^{\mathrm{new}} = \{\theta_{\mathrm{g}}^1, \theta_{\mathrm{g}}^2, \cdots, \theta_{\mathrm{g}}^n\}$ 和 n 个判别器参数 $\Theta_{\mathrm{D}}^{\mathrm{new}} = \{\theta_{\mathrm{d}}^1, \theta_{\mathrm{d}}^2, \cdots, \theta_{\mathrm{d}}^n\}$。

5：全局搜索阶段。分别在 Θ_G^{new} 和 Θ_D^{new} 随机选取两个网络参数进行交叉操作。

6：令 $\Theta_G = \Theta_G^{new}$，$\Theta_D = \Theta_D^{new}$，重复步骤 2 和步骤 6 直到满足最大迭代次数。

在该算法中第 1 步随机初始化 n 个生成器参数 Θ_G 和 n 个判别器参数 Θ_D，选择随机初始化是为了保证每组参数不一样，从而保证了种群的多样性。第 2 步中采用文献[1]中梯度下降算法中交替训练的方式依次训练对抗网络 $\{\theta_g^1, \theta_d^1\}, \{\theta_g^2, \theta_d^2\}, \cdots, \{\theta_g^n, \theta_d^n\}$，一共需要训练 n 组生成式对抗网络。第 3 步中通过对 Θ_G 和 Θ_D 中所有的参数两两组合得到多组对抗网络 Pop 如式(8.8)所示，通过评估可以得到每个个体(生成式对抗网络)对应的目标函数 Pop_{obj} 如式(8.9)所示。在第 4 步中，基于 Pareto 占优选择策略选择 n 组 Pareto 最优的生成式对抗网络，并且依次把参数存入生成器 G 参数 Θ_G^{new} 和判别器参数 Θ_D^{new}。在第 5 步中分别在 Θ_G^{new} 和 Θ_D^{new} 中随机选取两个网络参数进行交叉操作，采用交叉操作时只更新其中一个网络参数，这与进化算法中常用的交叉操作不同。采用这种方式不仅可以避免模型在训练过程中剧烈振荡，还可以提升学习全局搜索能力。在第 6 步中令 $\Theta_G = \Theta_G^{new}$，$\Theta_D = \Theta_D^{new}$。重复步骤 2 到步骤 6 直到满足最大迭代次数。

在 MO-DCGAN 学习框架中利用多目标优化中 Pareto 占优策略选择生成器 G 和判别器 D 中潜在的最优组合方式。通过 Pareto 占优选择策略抛弃不好的组合方式，也体现了达尔文进化论中"优胜劣汰，适者生存"的思想。同时算法中还采用了交叉操作，通过不同个体之间的"合作"提升了算法的全局搜索能力。

8.4　实　验　研　究

本节采用三个数据集用于训练模型以及验证模型和学习算法的有效性，因为本章的重点是 MO-DCGAN 模型的提出和学习算法的设计，本节实验主要通过对比生成图片的结果展示算法的有效性。

8.4.1　参数设置

实验采用的生成器结构如图 8.5 所示。该网络的输入为 100 维服从均匀分布的随机噪声，第一层为全连接层，将 100 维的随机噪声向量映射成 4×4 的特征图谱，通道数为 512。然后依次采用 5×5 的微步卷积，这样使得每次卷积之后特征图谱的尺寸翻倍，通道数变为原来的一半。对于最后一层输出大小为 64×64 的 RGB 三通道图像。

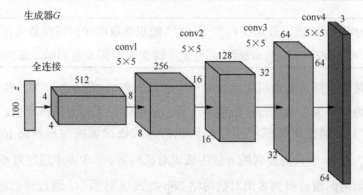

图 8.5　DCGAN 中生成器结构

判别器与生成器的结构相似，各层特征图谱尺寸和通道数与生成器保持一致，判别器中采用带步长卷积。判别器的输入为 64×64 的真实图像或者生成器生成的伪图像，判别器前四层得到的特征图谱依次减半，其通道数与生成器相对应。在最后一层把得到的特征输入一个逻辑回归分类器，用于判别输入图像的真伪。

对于全局搜索阶段设置交叉概率 $p_c = 0.1$，最大迭代次数为 30，种群 $n = 5$，即在局部搜索阶段需要训练五组生成式对抗网络。在局部搜索阶段，采用 Adam 优化器[21]用于参数训练，学习率设为 0.0002，参数 $\beta = 0.5$。在局部搜索阶段每次迭代 10 次，这样保证每对生成式对抗网络最多迭代 300 次（即每个个体采用 Adam 最多优化 300 次，每个个体的计算量与随后的 DCGAN 相当）。采用最小批量梯度下降方式训练，其中每批数据为 64。在对比实验中采用 DCGAN，网络参数和优化参数设计与 MO-DCGAN 相同，最大迭代次数为 300 次。Leaky-ReLU 的斜率设置为 0.2。本章涉及的所有实验在图形工作站 HP-820 上完成，其具有 Intel Xeon E5-2620 处理器、64GB 内存，以及一块 GeForce GTX TITAN X 图形处理器（12GB 显存）。操作系统为 Ubuntu 14.04LTS，深度学习平台为 TensorFlow[22]。对比算法 DCGAN 的代码网址为 https://github.com/carpedm20/DCGAN-tensorflow。本章实验采用三个数据集：Flower102[23]、CelebA[24]和 CUB-200-2011[25]，接下来给出每个数据集的实验细节。

8.4.2　结果和分析

1. Flower102 数据集

Flower102 数据集包含 102 类英国盛开花朵的图片，其中每类有 $40\sim258$ 幅图片，本章实验共使用 8189 幅图片用于模型的训练。数据集中图片的大小不规则，在实验之前把所有的图片都处理成 64×64 的大小。从 Flower102 数据集中随机选择 64 幅图像，以 8×8 的方式组成一幅图像，如图 8.6 所示。

图 8.6　Fower102 数据集随机选择 64 幅图像样例

　　图 8.7 给出了 DCGAN 模型和 MO-DCGAN 模型生成图像的效果图，其中图 8.7(a) 是 DCGAN 模型迭代 300 次生成的图像，图 8.7(b)～(f) 是 MO-DCGAN 模型中五个不同的生成器生成的图像。通过对比生成的图像可以发现，两种模型都可以捕捉到 Flower102 数据集中丰富的细节信息。MO-DCGAN 模型生成的图像多样性更好，从图 8.7(a) 中可以发现 DCGAN 模型生成的图像有很多重复的。MO-DCGAN 模型中 5 个个体在 $f_g \times f_d$ 空间中的分布如图 8.8 所示，其中个体 1 和个体 2 在空间中的边缘区域，根据非支配排序策略，给个体 1 和个体 2 最大的适应度值。个体 3～5 的重要性根据其拥挤距离的大小排序。

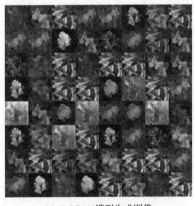

(a) DCGAN模型生成图像

(b) MO-DCGAN模型个体1生成图像

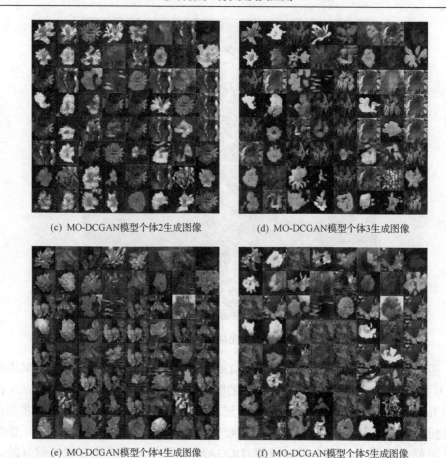

(c) MO-DCGAN模型个体2生成图像　　　　(d) MO-DCGAN模型个体3生成图像

(e) MO-DCGAN模型个体4生成图像　　　　(f) MO-DCGAN模型个体5生成图像

图 8.7　DCGAN 模型第 300 次迭代和 MO-DCGAN 模型第 30 次迭代生成的图像（Flower102 数据集）

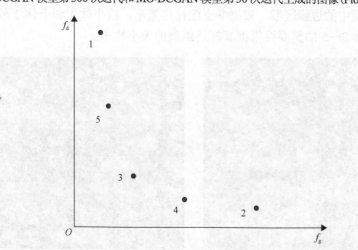

图 8.8　MO-DCGAN 模型中 5 个个体在 $f_g \times f_d$ 空间中的分布示意图

为了进一步观察生成图像的细节部分，图 8.9 给出了图 8.7 中每个图像的左上角局部放大图。从图中可以看出，MO-DCGAN 模型生成的图像不仅多样性更好，而且可以看到更多的细节信息。从图 8.9(a) 中可以看出 DCGAN 模型生成的 16 幅图像中包含两组相似图像，另外花的结构并不明显。另外，对于 MO-DCGAN 模型中的 5 个个体，个体 1 和个体 2 生成的图像的背景不太光滑，可以明显看出有人为干预的痕迹，但是其生成的图像的结构和颜色信息比较逼真。个体 3～5 生成的图像中花和背景看起来都比较自然，整体性能较好。从图 8.8 中可以看出个体 1 和个体 2 中 f_g 和 f_d 两个目标值相差较大，因此这两个个体生成的图像不够理想。实验结果也证实不合适的生成式对抗网络的搭配不利于生成式对抗网整体性能的提升。

图 8.10(a) 给出了 DCGAN 模型第 200 次迭代生成图像的结果。为了更加清晰地

(a) DCGAN模型生成图像

(b) MO-DCGAN模型个体1生成图像

(c) MO-DCGAN模型个体2生成图像

(d) MO-DCGAN模型个体3生成图像

(e) MO-DCGAN模型个体4生成图像　　　　(f) MO-DCGAN模型个体5生成图像

图8.9　DCGAN模型第300次迭代和MO-DCGAN模型第30次迭代生成的图像(Flower102数据集)

(a) DCGAN模型生成图像　　　　(b) MO-DCGAN模型个体3生成图像

(c) MO-DCGAN模型个体4生成图像　　　　(d) MO-DCGAN模型个体5生成图像

图8.10　DCGAN模型第200次迭代和MO-DCGAN模型第20次迭代生成的图像(Flower102数据集)

展示生成图像的细节信息，图 8.10 中只给出了 MO-DCGAN 模型第 20 次迭代个体 3～5 生成图像的结果。从图中可以看出 MO-DCGAN 模型生成的图像已经可以以假乱真，而 DCGAN 模型生成的图像不仅很容易被看出来是伪造的，而且图片的多样性很差。实验结果表明，MO-DCGAN 模型的稳定性较好，并且训练过程中可以较快地收敛到理想解。通过对比以上结果可以发现，MO-DCGAN 模型中的每个个体生成的图像都不尽相同，该模型可以用来很好地扩充数据，生成更多相似的图片用于后期深度学习模型的训练。

2. CelebA 数据集

CelebA 数据集是一个大型人脸数据集，它包含 202599 幅人脸图像，这些图像包括复杂的背景和多种姿态，实验中随机选择了 10%的图像用于模型的训练。预处理阶段只把图像中人脸部分截取出来并且变成 64×64 的大小。从随机产生的数据集中随机选择 64 幅图像以 8×8 的方式显示，如图 8.11 所示。可以看出，图中的人脸有各种不同的角度和肤色，同时也存在一些不清楚的人脸(如第一行第六幅)。

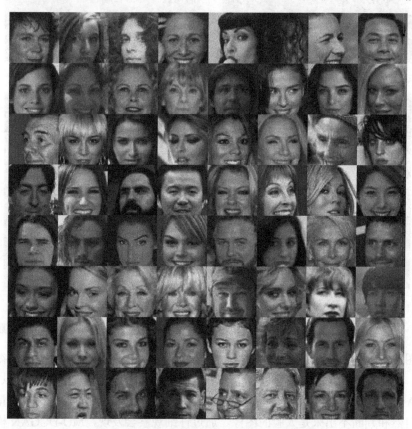

图 8.11　CelebA 数据集随机选择 64 幅图像样例

　　图 8.12 显示了 DCGAN 模型训练 200 次，MO-DCGAN 模型训练 20 次得到的图像，其中 MO-DCGAN 模型只显示了个体 3～5 生成的图像。通过观察可以发现，DCGAN 模型和 MO-DCGAN 模型生成的大多数图像人脸结构都很明显，可以明显地辨识出来。但是它们生成的图像中都包含少量质量特别差的人脸图像。仔细观察发现，通过 MO-DCGAN 模型生成人脸图像的肤色看起来要比 DCGAN 模型生成的图像看起来自然，DCGAN 模型生成的图像人脸结构不清晰。通过 MO-DCGAN 模型生成的图像中人物的表情更丰富。

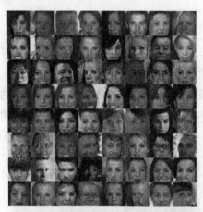
(a) DCGAN模型生成图像

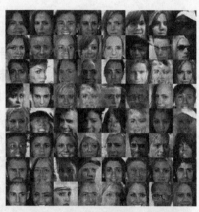
(b) MO-DCGAN模型个体3生成图像

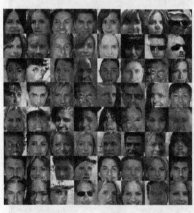
(c) MO-DCGAN模型个体4生成图像

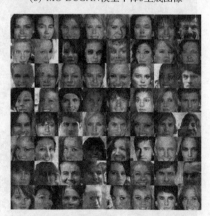
(d) MO-DCGAN模型个体5生成图像

图 8.12　DCGAN 模型第 200 次迭代和 MO-DCGAN 模型第 20 次迭代生成的图像（CelebA 数据集）

　　图 8.13 显示了 DCGAN 模型训练 300 次，MO-DCGAN 模型训练 30 次得到的图像，其中 MO-DCGAN 模型只显示了个体 3～5 生成的图像。通过观察可以发现，DCGAN 模型和 MO-DCGAN 模型生成的图像大部分都很逼真，但都存在少量看起来不自然和判断不出来是人脸的图像。通过仔细观察会发现，MO-DCGAN 模型生

成图像的细节信息更丰富些，人脸的立体感更强。另外，通过采用 MO-DCGAN 模型可以生成更多更丰富的人脸数据。

(a) DCGAN模型生成图像

(b) MO-DCGAN模型个体3生成图像

(c) MO-DCGAN模型个体4生成图像

(d) MO-DCGAN模型个体5生成图像

图8.13　DCGAN模型第300次迭代和MO-DCGAN模型第30次迭代生成的图像（CelebA数据集）

3. CUB-200-2011 数据集

CUB-200-2011 数据集是包含 200 种北美鸟类图像的数据集，其中每个类别图像的数量从 20 到 40 不等，共计 6033 幅图像。数据集中图片的大小不规则，在实验之前把所有的图片都处理成 64×64 的大小。从 CUB-200-2011 数据集中随机选择 64 幅图像以 8×8 的方式显示，如图 8.14 所示。可以看出，每个图中的背景不同并且鸟的姿态各异，同时每只鸟在图中占的比例也不一样。

图 8.14　CUB-200-2011 数据集随机选择 64 幅图像样例

　　图 8.15 给出了 DCGAN 模型和 MO-DCGAN 模型生成图像的效果图。通过对比可以发现，MO-DCGAN 模型生成的图像具有更好的多样性，因为从生成的图8.15(b)～(d)中可以看出图像的灰度更自然，包含的场景更丰富。对于 MO-DCGAN模型生成的大多数图像，可以轻松辨识出图像中鸟所处的场景，从中可以挖掘出很多语义信息，如空中鸟儿的背景是天空，水面上飞的鸟儿的下方是有波纹的水面，树林中鸟儿的背景是绿色的植物。DCGAN 模型生成的图像中鸟和背景并不一致，如有的鸟儿立在空中，有的图像中判断不出来鸟儿所处的环境。因为该数据库较复杂，所以两种模型生成的图像细节都不太理想，但总体来看，通过 MO-DCGAN 模型生成的图像包含更丰富和准确的细节信息。图 8.15(b)～(d)可以找到若干幅鸟结构很清晰的图像，但是图 8.15(a)中生成的图像对鸟的细节刻画并不理想，仔细观察也很难辨识出鸟的结构。CUB-200-2011 数据集的实验结果表明，本章提出的 MO-

DCGAN 模型生成的数据要优于传统 DCGAN 模型生成的数据。

(a) DCGAN模型生成图像

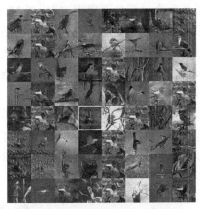

(b) MO-DCGAN模型个体3生成图像

(c) MO-DCGAN模型个体4生成图像

(d) MO-DCGAN模型个体5生成图像

图 8.15　DCGAN 模型第 300 次迭代和 MO-DCGAN 模型第 30 次迭代生成的图像
（CUB-200-2011 数据集）

8.5　本 章 小 结

　　本章针对 DCGAN 训练不稳定问题，提出了 MO-DCGAN 模型，并且根据模型的特点提出了基于 Pareto 占优的 MO-DCGAN 学习框架。DCGAN 模型中包含生成器 G 和判别器 D，生成器 G 的目的是通过生成尽可能真实的图像"欺骗"判别器，判别器 D 的目的是尽可能准确地分辨输入的图像是真实图像还是判别器生成的图像。生成器 G 和判别器 D 的目标是相互冲突的，一个网络性能的提升会造成另外一个性能的降低，当二者达到"纳什均衡"状态时，生成器 G 生成较为真实的图像，同时判别器 D 学习到图像的有效表示。DCGAN 模型的训练是一个难题，训练过程容易出现不稳定的现象。在本章中把生成器 G 的损失和判别器 D 的损失当作两个目标分开考虑，提出了 MO-DCGAN 模型及其学习方法。MO-DCGAN 学习框架采用进化计算中的群搜索策略提升网络学习的稳定性，同时采用梯度下降算法加快算法的收敛速度，此外还设计适合于卷积神经网络的交叉算子用于种群之间的协同优化。实验中采用多个数据集测试网络的性能，实验结果证明了新提出模型的有效性。

本章尝试用进化多目标优化的思想处理生成式对抗网络学习问题，实验结果证明了方法的有效性。该方法中还存在一些问题需要继续探索，例如，寻找更适合评价生成网络和判别网络性能的评价准则，研究高效的生成式对抗网络局部优化学习算法。

参 考 文 献

[1] Goodfellow I J, Pougetabadie J, Mirza M, et al. Generative adversarial networks[J]. Advances in Neural Information Processing Systems, 2014, 3: 2672-2680.

[2] Bengio Y I, Goodfellow J, Courville A. Deep Learning[M]. Cambridge: MIT Press, 2016.

[3] Ratliff L J, Burden S A, Sastry S S. Characterization and computation of local Nash equilibria in continuous games[C]. Allerton Conference on Communication, Control, and Computing, Monticello, 2013: 917-924.

[4] Radford A, Metz L, Chintala S. Unsupervised representation learning with deep convolutional generative adversarial networks[J]. arXiv:1511.06434, 2015.

[5] Ledig C, Theis L, Huszar F, et al. Photo-realistic single image super-resolution using a generative adversarial network[J]. arXiv:1609.04802, 2016.

[6] Santana E, Hotz G. Learning a driving simulator[J]. arXiv:1608.01230, 2016.

[7] Isola P, Zhu J Y, Zhou T, et al. Image-to-image translation with conditional adversarial networks[J]. arXiv:1611.07004, 2016.

[8] Lotter W, Kreiman G, Cox D. Unsupervised learning of visual structure using predictive generative networks[J]. arXiv: 1511.06380v1, 2015.

[9] Zhu J Y, Krähenbühl P, Shechtman E, et al. Generative visual manipulation on the natural image manifold[C]. European Conference on Computer Vision, Amsterdam, 2016.

[10] Brock A, Lim T, Ritchie J M, et al. Neural photo editing with introspective adversarial networks[J]. arXiv: 1609.07093, 2016.

[11] Odena A. Semi-supervised learning with generative adversarial networks[J]. arXiv: 1606.01583, 2016.

[12] Goodfellow I. NIPS 2016 tutorial: Generative adversarial networks[J]. arXiv: 1701.00160, 2016.

[13] Arjovsky M, Chintala S, Bottou L. Wasserstein GAN[J]. arXiv: 1701.07875, 2017.

[14] Qi G J. Loss-sensitive generative adversarial networks on Lipschitz densities[J]. arXiv: 1701.06264, 2017.

[15] Mao X D, Li Q, Xie H R, et al. Least squares generative adversarial networks[J]. arXiv: 1611.04076, 2016.

[16] 王坤峰, 苟超, 段艳杰, 等. 生成式对抗网络 GAN 的研究进展与展望[J]. 自动化学报, 2017, 43(3): 321-332.

[17] Zelinka I. A survey on evolutionary algorithms dynamics and its complexity-Mutual relations, past, present and future[J]. Swarm and Evolutionary Computation, 2015, 25: 2-14.

[18] Lücken C, Barán B, Brizuela C. A survey on multi-objective evolutionary algorithms for many-objective problems[J]. Computational Optimization and Applications, 2014, 58(3): 707-756.

[19] 公茂果, 焦李成, 杨咚咚, 等. 进化多目标优化算法研究[J]. 软件学报, 2009, 20(2): 271-289.

[20] Deb K, Pratap A, Agarwal S, et al. A fast and elitist multiobjective genetic algorithm: NSGA-II[J]. IEEE Transactions on Evolutionary Computation, 2002, 6(2): 182-197.

[21] Kingma D P, Ba J. Adam: A method for stochastic optimization[J]. arXiv: 1412.6980, 2014.

[22] Abadi M, Barham P, Chen J, et al. TensorFlow: A system for large-scale machine learning[C]. Proceedings of the 12th USENIX Conference on Operating Systems Design and Implementation, Savannah, 2016: 265-283.

[23] Nilsback M E, Zisserman A. Automated flower classification over a large number of classes[C]. The Sixth Indian Conference on Computer Vision, Graphics and Image Processing, Bhubaneswar, 2008: 722-729.

[24] Yang S, Luo P, Loy C C, et al. From facial parts responses to face detection: A deep learning approach[C]. IEEE International Conference on Computer Vision and Pattern Recognition, Santiago, 2015: 3676-3684.

[25] Welinder P, Branson S, Mita T, et al. Caltech-UCSD Birds 200: CNS-TR-2010-001[R]. Pasadena: California Institute of Technology, 2010.

[18] Loni B, Liao S, Hanjalic A, et al. Factorization machines for data with implicit feedback[J]. Evaluation and Applications, 2014, 51: 51-56.

[19] 陈国良, 王煦法, 庄镇泉, 等. 遗传算法及其应用[M]. 北京: 人民邮电出版社, 2001.

[20] Deb K, Pratap A, Agarwal S, et al. A fast and elitist multiobjective genetic algorithm: NSGA-II[J]. IEEE Transactions on Evolutionary Computation, 2002, 6(2): 182-197.

[21] Cai Z, Hu J. Adaptive method for stochastic approximation[J]. IEEE, 2012, 65(3): 2013.

[22] Abadi M, Barham P, Chen J, et al. Tensorflow: A system for large-scale machine learning[C]. 12th USENIX Symposium on Operating Systems Design and Implementation, 2016: 265-283.

第 9 章 总结和展望

9.1 本书主要工作总结

随着经济的发展和社会的进步, 数据成为越来越重要的资源。如何从数据中挖掘出有用信息是机器学习的一个重要任务, 数据分类是机器学习领域一个很重要的课题。数据分类的任务中存在很多多目标优化的问题。进化计算是受自然界生物进化过程中自然选择机制和遗传信息传递规律启发发展的一种优化算法, 其在解决多目标优化问题时表现出了很好的性能。本书的工作都是围绕进化多目标优化机器学习展开的。下面将对取得的工作成果进行总结:

(1) 第 2 章针对降低二分类分类器复杂度问题, 把 DET 图扩展到三维情况并且提出了增广 DET 空间的概念。在增广 DET 空间中采用假正例率 (fpr)、假负例率 (fnr) 和分类器复杂度率 (ccr) 描述分类器的分类性能。我们希望获得的分类器不仅具有好的分类性能, 还具备较低的计算复杂度。第 2 章系统分析了增广 DET 空间的几何性质, 并且把该空间中的分类器学习问题转化为 ADCH 最大化问题。ADCH 最大化问题可以通过进化多目标优化计算求解。针对 ADCH 最大化问题, 我们设计三个多目标优化测试问题 (即 ZEJD) 用于测试多目标优化算法, 处理 ADCH 最大化问题的性能。同时, 我们还针对 ADCH 最大化问题提出了一种进化多目标优化算法, 即 3DCH-EMOA, 该算法采用基于非冗余三维凸包的排序算法对种群进行排序, 同时采用凸包的体积作为指标指导算法中种群的进化, 该算法不仅具有很好的收敛性, 还可以很好地保持种群的多样性。实验中, 该算法和多种经典的进化多目标优化算法进行了对比, 验证了其求解 ADCH 最大化问题的有效性。

(2) 第 3 章针对 3DCH-EMOA 计算复杂度高的问题提出了 3DFCH-EMOA。因为只有分布在凸包表面上的解才能提升 ADCH 最大化问题的性能, 我们把算法中种群进化的过程看成增量凸包的构造过程。在整个算法的执行过程中, 把分布在凸包表面的解保留下来, 把性能不好的解从凸包表面剔除, 并且不停地更新凸包的结构。整个算法的执行过程中利用凸包的结构信息, 避免多次冗余的凸包构造, 在很大程度上降低了算法的计算复杂度。原算法的计算复杂度为 $O(n^2 \lg n)$, 新提出的算法的计算复杂度降为 $O(n \lg n)$。实验中采用了 6 个多目标优化的测试问题, 在多种实验参数设置下进行测试, 实验表明, 3DFCH-EMOA 的性能与 3DCH-EMOA 相当, 大幅减少了计算时间。其中种群规模为 100 时 3DFCH-EMOA 速度比 3DCH-

EMOA 提升了 30 倍以上。

(3) 第 4 章提出了进化多目标稀疏集成学习。集成学习是通过结合多个弱分类器来提升分类器性能的机器学习方法。近年来,很多学者开始关注稀疏集成学习,即通过选择少量的分类器进行集成并且得到一个满意的分类结果。第 4 章提出了多目标稀疏集成学习模型,首先在 DET 空间评估分类器性能,因为 DET 图可以更加准确地刻画分类器的性能,即最小化假正例率(fpr)、假负例率(fnr)。其次,把选择集成分类器的稀疏率(sr)作为第三个目标函数。多目标稀疏集成分类器等价为 ADCH 最大化问题。通过使用多目标稀疏集成模型可以在增广 DET 空间中直观地分析集成分类器的稀疏性和分类性能之间的关系。实验部分采用多种经典的进化多目标优化算法对其进行优化求解,结果表明该模型可以获得比单目标优化更高的分类准确率。

(4) 第 5 章提出了多目标稀疏神经网络学习方法。首先介绍了神经网络的概念和基本功能,其次介绍了稀疏神经网络的发展过程,还介绍了稀疏神经网络参数学习方法以及稀疏神经网络结构修剪算法,多组实验验证了所提出模型的有效性。

(5) 第 6 章提出了多目标卷积神经网络及其学习算法。深度学习在近年来取得了快速发展,卷积神经网络是深度学习领域一个最经典的模型,在很多图像和视频处理领域都取得了成功。深度学习模型具有大量的参数,需要大量的样本对其模型参数进行训练,在很大程度上限制了其应用的范围。我们把 DET 图扩展到了高维空间,提出了 MaDET 空间。在 MaDET 空间中,单独考虑每个类别的分类错误率,这样可以更加准确地刻画分类器的性能。我们在 MaDET 空间中提出了MaO-CNN 模型,对于这个模型我们只需要少量的样本就可以得到较好的训练效果。针对 MaO-CNN 模型,提出了混合高维多目标优化学习算法,并且设计了混合编码技术用于模型的编码和优化。与经典的卷积神经网络相比,第 6 章提出的新模型在较少样本情况下可以获得更好的分类结果。

(6) 第 7 章针对垃圾邮件检测问题,提出了多种多目标垃圾邮件检测模型,同时采用多种多目标优化算法验证了模型和算法的有效性。

(7) 第 8 章针对 DCGAN 训练不稳定问题,提出了 MO-DCGAN 模型及其学习算法。DCGAN 模型中包含生成器 G 和判别器 D,生成器 G 的目的是生成尽可能逼真的图像误导判别器,判别器 D 的目的是尽可能准确地分辨输入的图像是真实图像还是判别器生成的图像。生成器 G 和判别器 D 的目标是相互冲突的,生成式对抗网络的训练是一个二人零和博弈问题。DCGAN 模型的训练是一个难题,训练过程容易出现不稳定的现象。第 8 章还提出了 MO-DCGAN 模型通过把生成器 G 的损失和判别器 D 的损失当作两个目标,从而变成多目标优化问题。MO-DCGAN 学习框架采用进化计算中的群搜索策略提升网络学习的稳定性,同时采用梯度下降算法提升算法的收敛速度,此外还设计适合于卷积神经网络的交叉算子用于种群之间的协同优化。实验结果证明了新提出模型和学习算法的有效性。

9.2　工作展望

多目标学习算法相对于传统的机器学习提供了一个解决问题的新思路，该领域发展较传统的机器学习方法晚，因此该领域还存在很多问题亟待解决，例如，针对具体的应用背景需要设计新的多目标学习模型，同时针对不同的模型也需要新的多目标学习算法。随着计算机硬件计算能力的提升，新的模型和算法也将会不断涌现出来。